JN440656

ARCHITECTURE MATER

최신

건축재료학

조준현 김봉주 홍정석 주진형 조민석 공저

기문당

머리말

최근에 건축기술의 눈부신 발전과 더불어 건축재료도 날로 발전되어 가고 있다. 현대 건축에서 재료의 고급화, 다양화, 경량화가 요구되고 있는 추세에 따라 새로운 재료의 개발과 품질 향상이 지속적으로 이루어지고 있다.

이 책은 기본재료, 성능별 재료, 부위별 재료로 구분하여 각 재료에 대한 최신 문헌을 통해, 이해하기 쉽게 저술하도록 노력했으며, 대학 및 전문대학에서의 교재로서 뿐만 아니라 각종 자격시험의 준비서로서도 널리 활용될 수 있도록 많은 자료를 수록했다.

그러나 혹 미비하고 불충분한 점이 있으리라 사료되는바, 그 점에 대해서는 차후 수시로 보완 · 교정하여 보다 참신한 「건축재료학」이 되도록 노력을 기울일 것을 다짐하고, 이 책이 다소나마 여러분에게 많은 도움이 되었으면 한다.

끝으로 이 책을 집필함에 있어 좋은 내용과 자료를 제공해준 기관 및 건축자재 생산 · 판매업체와 건축재료 분야 학자들의 업적에 대하여 경의를 표하며, 이 책의 출판에 협력해 주신 기문당의 강해작 사장님께 깊은 감사의 뜻을 표하는 바이다.

2020
저 자

| 차 례 |

머리말

I 재료일반

1. 개 요 13
2. 건축재료의 분류 14
3. 건축재료의 성능 14
4. 건축재료의 일반적 성질 15
5. 건축재료의 규격 21
6. 건축재료의 시험 21

II 기본재료

01 시멘트 · 골재 · 용수 · 혼화재료

1-1 시멘트 25
1-2 골 재 35
1-3 용 수 46
1-4 혼화재료 47

02 콘크리트

2-1 개 요 53
2-2 콘크리트의 배합 및 배합설계 54
2-3 콘크리트의 성질 57
2-4 각종 콘크리트 71

03 시멘트 및 콘크리트 제품

3-1 개 요 83
3-2 시멘트 제품 84
3-3 콘크리트 제품 92

04 석 재

4-1 개 요 97
4-2 석재의 분류 98
4-3 석재의 조직 100
4-4 석재의 성질 101
4-5 주요 석재 104
4-6 인조석 및 석재 제품 109
4-7 석재의 채취 및 가공 114

05 금속재료

5-1 개 요 119
5-2 철금속 120
5-3 비철금속 125
5-4 금속 제품 130

06 세라믹 제품

6-1 개 요 165
6-2 점 토 166
6-3 세라믹 제품의 분류 및 제조 166
6-4 세라믹 제품 168

07 목 재

7-1 개 요 179
7-2 목재의 분류 180
7-3 목재의 성질 181
7-4 목재의 조직 및 성분 188
7-5 목재의 흠 192
7-6 목재의 건조 194

7-7 목재의 내구성 및 내연성 195
7-8 목재의 제재 및 치수 198
7-9 목재의 가공 제품 200

08 유 리

8-1 개 요 209
8-2 유리의 주성분 및 제조 209
8-3 유리의 성질 210
8-4 유리의 종류 212
8-5 건축용 유리 제품 213

09 플라스틱

9-1 개 요 223
9-2 플라스틱의 종류 및 특징 223
9-3 플라스틱 제품의 구성 및 종류 225
9-4 주요 플라스틱 제품 227

10 미장재료

10-1 개 요 237
10-2 미장재료의 분류 238
10-3 각종 미장재료 239

11 도장재료

11-1 개 요 245
11-2 도료의 구성 및 원료 246
11-3 도료의 종류 248
11-4 유성페인트 249
11-5 바니시 250
11-6 래 커 251
11-7 에나멜페인트 252
11-8 합성수지 도료 253
11-9 수성페인트 254
11-10 수용성 도료 254
11-11 특수 도료 256
11-12 옻칠 · 캐슈칠 · 단청 도료 259

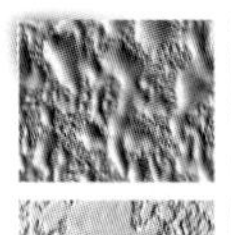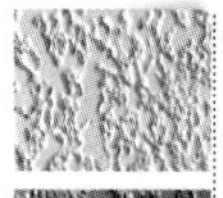
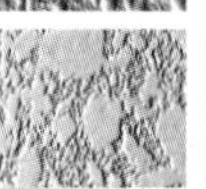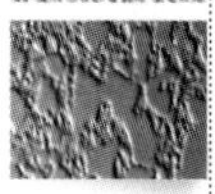

III 성능별 재료

12 방수재료

12-1 개 요 263
12-2 아스팔트 방수재료 264
12-3 시멘트 방수재료 267
12-4 시트 방수재료 269
12-5 도막 방수재료 270

13 단열재료

13-1 개 요 271
13-2 단열재의 분류 및 형상 272
13-3 단열재와 그 제품 273
13-4 단열재의 특성과 선택 280

14 음향재료

14-1 개 요 283
14-2 흡음과 차음 283
14-3 흡음재료 286
14-4 차음재료 290

15 방화재료 · 내화재료

15-1 개 요 293
15-2 건축물의 화재성상 293
15-3 방화재료 294
15-4 내화재료 296
15-5 각종 방화재료 297
15-6 방화재료의 시험 299

16 접착제 · 실링재

16-1 접착제 301
16-2 퍼티 · 코킹재 · 실링재 307

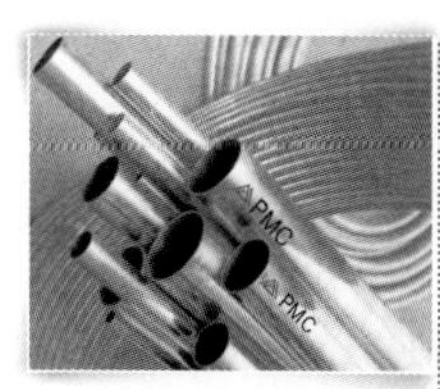

IV 부위별 재료

17 구조 · 지붕재료

17–1 구조재료 313
17–2 지붕재료 318

18 외벽 · 내벽재료

18–1 개 요 321
18–2 벽의 기능과 요구성능 322
18–3 외벽재료 323
18–4 내벽재료 324

19 천장 · 바닥재료

19–1 천장재료 327
19–2 바닥재료 329

20 개구부 재료

20–1 개 요 335
20–2 개구부의 요구성능 336
20–3 개구부 재료의 일반적 요구조건 339
20–4 개구부 재료의 종류 340

V 건축설계 · 시공 측면에서의 외장재료 341

참고문헌 360

I 재료일반

1. 개 요
2. 건축재료의 분류
3. 건축재료의 성능
4. 건축재료의 일반적 성질
5. 건축재료의 규격
6. 건축재료의 시험

1. 개 요

건축재료(building materials)란 건축물을 구성하는데 필요한 재료의 총칭으로서, 건축물에 직접적으로 사용되는 재료 이외에 간접적으로 사용되는 가설공사용 자재, 건축설비재료, 장식재료 및 장치에 이용되는 자재(utensil)도 광의적인 개념으로 보고 건축재료에 포함한다. 현대 건축물의 종류·용도 및 기능이 여러모로 복잡해짐에 따라 건축물을 구성하는 재료도 여러 종류와 형상을 갖게 되었으며, 건축물의 수요가 증대되고 규모도 대형화되어

건축재료의 분류

분류		내용
생산방법에 의한 분류		• 천연재료 ; 목재·석재·골재·점토 등 • 인공재료 ; 콘크리트 및 그 제품·금속제품·요업제품·석유제품 등
화학적 조성에 의한 분류	무기재료	• 금속재료 ; 철강·알루미늄·동·연·아연·합금류 등 • 비금속재료 ; 석재·시멘트·벽돌·유리·석회·콘크리트·도자기류 등
	유기재료	• 천연재료 ; 목재·아스팔트·섬유류 등 • 합성수지 ; 플라스틱재·도료·접착재·실링재 등
기능에 의한 분류		• 방수 및 방습재료·방화 및 내화재료·음향재료·단열 및 보온재료·표면보호재료·접합재료 등
부위에 의한 분류		• 구조재료·지붕재료·외벽재료·내벽재료·천장재료·바닥재료·개구부재료 등
용도에 의한 분류		• 구조재료 ; 목구조용 재료(목재)·철근콘크리트구조용 재료(철근·콘크리트)·철골구조용 재료(철강)·조적구조용 재료(석재·벽돌·블록) 등 • 수장재료 ; 내외장마감재료(타일·유리·도료·보드류·금속판·섬유판·석고판 등)·차단재료(페어글라스·유리섬유·암면·아스팔트·루핑·실링재 등)·채광재료(유리·플라스틱·종이 등)·창호재료(목제 창호·금속제 창호·플라스틱제 창호·셔터 등)·방화 및 내화재료(방화문·방화셔터·PC부재·내화벽돌·내화점토 등) • 설비재료 ; 급배수재료·냉난방재료·전기재료·가스재료 등 • 기타 재료 ; 장식재료·접착재료·가구재료·긴결재료 등
공사구분에 의한 분류		• 목공사용 재료·철근콘크리트공사용 재료·철골공사용 재료·조적공사용 재료·타일공사용 재료·방수공사용 재료·지붕공사용 재료·금속공사용 재료·미장공사용 재료·창호공사용 재료·유리공사용 재료·도장공사용 재료·수장공사용 재료·설비공사용 재료·기타 잡공사용 재료

많은 종류의 건축재료를 대량으로 사용하게 되었다. 따라서 건축재료를 사용함에 있어서도 선택의 범위가 넓어졌으며, 재료에 대한 지식 또한 더욱 필요하게 되었고 새로운 재료의 개발이 요구되고 있다. 건축재료의 성질과 선택 및 사용방법 등을 충분히 파악·이해하고 건축물을 설계·시공함으로써 궁극적으로는 안전하며 기능성 및 내구성 있는 좋은 건축물을 만들 수 있다.

건축재료의 여러 가지 성질을 해독하고 합리적인 이용방법 등을 체계적으로 탐구하는 것이 건축재료학의 목적이다.

2. 건축재료의 분류

건축재료는 종류가 많아 여러 가지로 분류할 수 있으나 일반적으로 앞 표와 같이 분류하며, 생산방법·화학적 조성 및 공사구분에 의한 분류를 적당히 조합하여 사용하는 경우가 많고 또한 이러한 방법이 실용적이다.

3. 건축재료의 성능

건축재료에 요구되는 성능(character and ability)은 사용하는 재료의 종류 및 목적에 따라 다르고, 건축물의 각 부분, 즉 사용하는 장소에 따라 다르다. 실제로는 성능 모두를 만족시키는 만능적인 재료는 없다. 따라서 만족시키지 못하는 성능, 즉 떨어지는 성능은 다른 재료와 조합하여 필요한 성능을 보충하거나 시공방법에 따라 필요한 조건을 만족시키는 수밖에 없다. 그러므로 각 재료가 갖고 있는 성능을 충분히 알아두어야 한다. 건축재료에 요구되는 일반적인 성능을 들면 다음과 같다.

· 역학적 성능 ; 강도, 경도, 강성, 탄성, 소성, 점성, 인성, 연성 등
· 물리적 성능 ; 비중, 함수, 흡수, 열전도, 투과, 반사, 흡음, 차음 등
· 화학적 성능 ; 화학반응 및 화학약품에 의한 부식, 변질 등
· 내구성능 ; 산화, 변질, 풍화, 재해, 충해, 부패 등
· 방화·내화성능 ; 연소, 인화, 용융, 발연, 유독성 가스 등
· 감각적 성능 ; 색채, 명도, 감촉, 오염 등
· 생산성능 ; 생산성, 가공성, 시공성, 공해, 운반, 재활용 등

4. 건축재료의 일반적 성질

4-1 역학적 성질

1) 탄성(elasticity) · 소성(plasticity) · 점성(viscosity)

① 탄성이란 재료에 외력이 작용하면 순간적으로 변형(deformation)이 되었다가 외력을 제거하면 순간적으로 원래의 형태로 회복(restoration)하는 성질을 말한다. 탄성의 성질을 가진 물체를 탄성체(elastic body)라 하고, 탄성변형을 하는 외력의 한도가 큰 재료를 탄성재료(elastic materials)라고 한다.

② 소성이란 재료에 외력을 제거하여도 재료가 원상으로 돌아가지 않고 변형된 그대로의 상태로 남아 있는 성질을 말한다. 소성의 성질을 가진 물체를 소성체(plastic body)라 하고, 탄성변형을 하는 외력의 한도가 작은 재료를 소성재료(plastic materials)라고 한다.

③ 점성이란 재료에 외력이 작용했을 때의 변형이 하중속도에 따라 영향을 받는 성질, 즉 고무와 같이 유동(flow)하려고 할 때 각부에 서로 저항이 생기는 성질을 점성이라고 한다. 소성과 점성을 총칭하여 비탄성(nonelastic)이라고 하며, 건축재료 중 비탄성적 성질을 가진 것도 많다.

2) 응력-변형률 곡선(stress-strain curve)

① 재료의 외력과 변형의 관계는 보통 응력-변형률 곡선으로 나타낸다. 연강재에 인장시험을 실시하면 응력-변형률 곡선이 얻어지는데, 이 응력-변형률 곡선, 즉 $\sigma-\varepsilon$ 곡선을 표시한 것이 다음 그림이다. 이 그림에서 실선으로 나타난 $\sigma-\varepsilon$ 곡선은 비례한도(proportional limit, P점)까지는 직선으로 되고, 훅의 법칙(Hooke's Law)이 성립한다. 그 후 조금 구부러져 탄성한도(elastic limit, E점)를 나타내고 마침내 항복점(yielding point)에 도달한다. 항복점에는 상항복점(upper yielding point, Y_1점)과 하항복점(lower yielding point, Y_2점)이 있으며, 상항복점을 보통 항복점이라 한다. 항복점을 넘으면 $\sigma-\varepsilon$ 곡선은 변형축과 거의 평행으로 되어 소성 성질을 나타내고, 그 후 다시 응력이 상승하기 시작하여 최대내력, 즉 극한강도(ultimate strength, M점) 또는 인장강도(tenisile strength)를 나타낸다. 이와 같이 항복점을 넘은 S점에서부터 응력이 다시 상승하는 현상을 변형률 경화(strain hardening)라 한다. 최대내력 이후 응력은 저하하기 시작하여 파괴점(breaking point,

B점)에 이른다. 파괴점에 이를 때까지의 변형량을 신율(elongation)이라 한다.

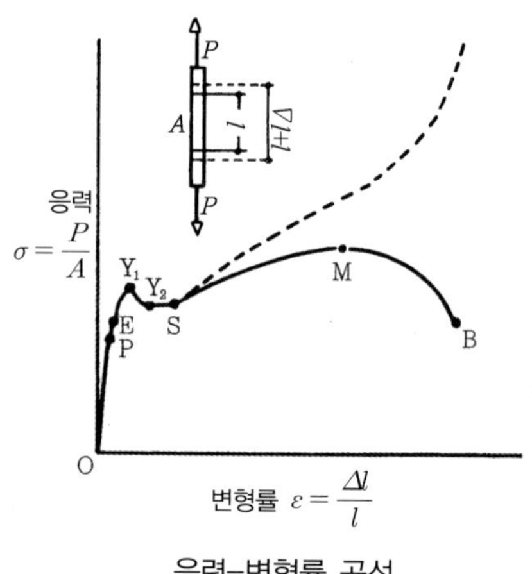

응력-변형률 곡선

📖 참고

탄성성질을 나타내는 재료의 수직응력(σ)과 수직변형(ε)의 관계를 나타낸 것이 응력-변형률 곡선이다.

즉 $\sigma = \frac{P}{A}$

여기서, σ : 수직응력(kgf/㎠)

P : 하중(kgf)

A : 단면적(㎠)

$\varepsilon = \frac{\Delta l}{l}$

여기서, ε : 수직변형

l : 실험 전 길이(cm)

Δl : 변형량(cm)

② 재료가 항복점을 넘어서 계속 응력을 받으면 하중을 제거한 후에도 잔류변형(residual deformation)이 남으며, 그 일부는 시간의 경과와 함께 원상으로 회복된다. 이와 같은 탄성의 회복현상을 탄성여효(elastic after-effect)라 하며, 또 그 후에 남은 변형을 소성변형(plastic deformation) 또는 영구변형(permanent set)이라 한다.

3) 탄성계수(modulus of elasticity)와 푸아송비(Poisson's ratio)

① 재료의 대부분은 실용범위 내에서 응력과 변형률이 비례한다. 이러한 성질을 훅의 법칙(Hooke's Law)이라 한다. 훅의 법칙에 의하여 응력 $\sigma(P/A)$는 변형률 $\varepsilon(\Delta l/l)$에 비례하므로 이때의 비례상수(proportional constant) E를 탄성계수 또는 영계수(Young's modulus)라 하며, 단위는 kgf/㎠이다.

$$E = \frac{\sigma}{\varepsilon} = \frac{P / A}{\Delta l / l} = \frac{P \cdot L}{A \cdot \Delta l}$$

탄성계수의 값이 클수록 그 물체는 변형되기 어렵다.

② 탄성체는 인장력이나 압축력이 작용할 때 외력의 방향으로 변형이 생기지만 외력과 직각방향으로도 변형이 생긴다. 이들 두 변형률의 비를 푸아송비라 하고, 이것의 역수를 푸아송수(Poisson's number)라 하는데, 이 값은 재료에 따라 일정하며, 보통은 3~4이다.

$$\text{푸아송비}(\nu) = \frac{\text{횡방향 변형률}}{\text{종방향 변형률}} = \frac{1}{m} \quad , \quad \text{푸아송수}(m) = \frac{1}{\nu}$$

4) 강도(strength)

강도란 재료에 외력(하중)이 작용했을 때 그 외력에 의하여 변형이나 파괴되지 않고 이에 저항할 수 있는 응력(stress)을 말한다. 강도의 단위는 kgf/㎠로 표시한다. 외력을 받은 재료의 내부에 생기는 저항하는 힘을 응력이라 하며, 단위면적에 대한 응력을 응력도(intensity of stress)라 한다. 어떤 재료의 응력도를 강도 또는 세기라고 한다. 강도는 다음과 같은 종류로 구분한다.

① 외력의 작용상태에 따른 구분

압축강도(compressive strength), 인장강도(tensile strength), 휨강도(bending strength), 전단강도(shearing strength), 비틀림강도(torsional strength)

② **하중속도 및 작용에 따른 구분**

정적강도(static strength), 충격강도(impact strength), 피로강도(fatigue strength), 크리프강도(creep strength)

5) 경도(hardness)와 강성(rigidity, stiffness)

① 경도란 재료의 단단한 정도를 말한다. 경도는 바닥 마감재의 내마모성, 흠 등에 영향을 미치는 요인이 된다. 금속재료는 경도로서 기계적 성질의 대략을 알 수 있다.

② 강성이란 재료가 외력을 받아도 잘 변형되지 않는 성질을 말하며, 외력을 받아도 변형을 적게 일으키는 재료를 강성이 큰 재료라 한다. 강성은 탄성계수와 관계가 있으나 강도와 직접적인 관계는 없다.

6) 인성(toughness)과 취성(brittleness)

① 인성이란 재료가 외력을 받아 변형을 일으키면서도 파괴되지 않고 견딜 수 있는 성질을 말한다. 압연강 · 고무와 같은 재료는 인성이 큰 재료이다.

② 취성이란 재료가 외력을 받아도 변형되지 않거나 극히 미미한 변형을 수반하고 파괴되는 성질을 말한다. 주철 · 유리 · 콘크리트 등은 취성이 큰 재료이다.

7) 연성(ductility)과 전성(malleability)

① 연성이란 재료가 탄성한계 이상의 힘을 받아도 파괴되지 않고 가늘고 길게 늘어나는 성질을 말한다.

금속재료로서 연성이 작은 순서대로 들면 금, 은, 알루미늄, 철, 니켈, 구리, 아연, 주석, 납이다.

② 전성이란 재료가 압력이나 타격에 의해 파괴됨이 없이 판상의 펼쳐지는 성질을 말한다. 금속재료로서 전성이 큰 순서대로 들면 금, 은, 알루미늄, 구리, 주석, 백금, 납, 아연, 철, 니켈이다.

4-2 물리적 성질

1) 비중(specific gravity)

재료의 중량을 그와 동일한 체적의 4℃인 물의 중량으로 나눈 값을 말하며, 재료 내의 공극이나 수분을 포함하지 않는 실질적인 비중을 진비중(true specific gravity), 공극과 수분을 포함시킨 비중을 겉보기비중(apparent specific gravity)이라 한다. 비중의 단위는 무명수이고, 진비중과 겉보기비중을 알면 그 재료 속에 공극이 얼마나 있는가 또는 실적이 얼마나 있는가를 알 수 있다.

2) 함수율(percentage of water content) · 흡수율(coefficient of water absorption)

함수율은 재료 속에 포함된 수분의 중량을 그 재료의 건조시의 중량으로 나눈 값을 말하며, 완전히 건조된 재료는 함수율이 0이다. 흡수율은 재료를 일정시간 물 속에 넣었을 때 재료의 건조중량에 대한 흡수량의 비율이며, 중량 백분율(°/wt)로 표시한다.

3) 비열(specific heat) · 열전도율(thermal conductivity) · 열팽창계수(coefficient of thermal expansion)

비열은 중량이 1g인 재료의 온도를 1℃ 높이는 데 필요한 열량을 말하며, 단위는 cal/g℃, kcal/kg℃이다. 물의 비열은 1cal/g℃이다. 비열은 가열이나 냉각을 측정할 때 사용되는 중요한 수치이다. 열전도율은 단위두께를 가진 재료의 상대하는 두 면에 단위온도차를 주었을 때 단위시간당 전해지는 열량을 말하며, 단위는 kcal/mh℃로 표시한다. 열전도율은 재료의 단열성을 나타내며, 단열성을 가진 재료를 단열재료(adiabatic materials, heat isulating materials)라고 한다.

열팽창계수는 재료가 온도의 변화에 따라 팽창 · 수축하는 비율을 말하며, 단위는 l /℃로 표시한다.

4) 연화점(softening point) · 인화점(flash point) · 착화점(catch fire point)

재료에 열을 가하면 물러지기 시작하여 액체로 변화하는데 이 상태에 달할 때의 온도를 연화점이라 하고, 계속 열을 가하면 열분해를 일으켜 증발가스가 발생하여 불에 닿으면 인화하는데 이 온도를 인화점이라 한다. 또한 재료가 가열에 의해 자연발화하는 온도를 착화점 또는 발화점이라 한다. 금속재료 · 유리와 같은 건축재료의 대부분은 연화점으로 표시하고, 목재의 인화점은 250℃ 내외, 착화점은 450℃ 내외로 알려져 있다.

5) 투과율(transmission factor) · 반사율(reflection factor)

투과율은 광선이 채광재료(lighting material)를 얼마나 투과하는가에 대한 정도를 말하고, 단위는 %로 표시한다. 투과율은 재료 표면의 평활도, 두께, 가시광선, 적외선 및 자외선 등의 파장에 따라 달라진다. 반사율은 재료에 입사하는 광속에너지(luminous flux energy)에 대해 반사하는 광속에너지 비율의 백분율로서 단위는 %로 표시한다. 재료에 대한 반사는 난반사(diffused reflection)와 정반사(regular reflection)로 구분하며, 난반사는 재료의 색깔을 표현하고, 정반사는 재료의 광택을 나타낸다.

6) 흡음률(sound absorption coefficient) · 차음도(noise insulating factor)

흡음률은 재료에 입사한 음의 에너지에 대하여 재료에 흡수되거나 투과된 음의 에너지 비율을 말한다. 음의 흡수 성능이 있는 재료를 흡음재료(sound absorbing materials)라고 한다.

차음도는 재료의 한편에 투사된 음의 세기가 반대편에서 얼마나 약화되었는가, 즉 재료가 음을 얼마나 차단하는가의 정도를 말하며, 단위는 dB(데시벨)로 표시한다. 차음성(sound insulation)이 높은 재료를 차음재료(sound insulation materials)라고 한다.

4-3 화학저항성과 내구성

1) 화학저항성(chemical resistance)

재료는 화학성분과 조성, 화학반응, 화학약품에 대한 저항성 등 여러 가지 화학적 성질을 포함하고 있다. 재료가 산 · 알칼리 · 염류 · 기름 등의 작용에 대해 저항하는 성질을 화학저항성이라 한다. 예를 들면 철강재는 대기중에서 녹이 슬고 염분이 많은 해안지방에서는 빨리 부식되며, 알루미늄 새시는 알칼리성인 콘크리트나 모르타르에 접하면 부식되고, 대리석은 우수를 맞는 외부에 사용하면 장기간에 걸쳐서 광택이 상실되어 장식적 효과가 감소된다.

2) 내구성(durability)

재료가 장기간에 걸쳐 외부로부터의 물리적 · 화학적 · 생물적 작용에 저항하는 성능을 내구성이라 한다. 재료의 내구성에 영향을 주는 인자에 저항할 수 있도록 해줌으로써 다음과 같은 성질을 갖는 재료로 만들 수 있다.

① 내후성(weather resistance) ; 동해, 건습, 온도변화 등 풍화작용에 대해 저항하는 성질
② 내마모성(abrasion resistance) ; 기계적 작용 등의 마모작용에 대해 저항하는 성질
③ 내식성(corrosion resistance) ; 철강의 녹, 목재의 부식 등의 작용에 대해 저항하는 성질
④ 내화학약품성(chemical medicine resistance) ; 산, 알칼리, 염류, 기름 등의 작용에 대해 저항하는 성질
⑤ 내생물성(biological resistance) ; 충류, 균류 등의 작용에 대해 저항하는 성질

5. 건축재료의 규격

① 건축재료를 포함한 모든 공산품(manufactured goods)에 대한 일정한 규격(standard)을 정하여 품질, 모양, 크기, 시험방법 등을 국가별 또는 국제적으로 통일하고 단순화함으로써 생산자나 수요자에게 경제적으로 이익을 줄 뿐만 아니라 품질의 개선과 기술 향상에도 도움을 주고 있다.
② 우리나라의 한국산업규격(Korean Industrial Standards : KS)은 1961년 제정된 산업표준화법에 의거 산업표준심의회의 심의를 거쳐 제정한 규격으로서, 전 규격은 16개 부문으로 분류되어 있고, 건축재료는 금속(D) · 토건(F) · 요업(L) · 화학(M) 부문에 주로 규정되어 있다.
③ 외국에서도 마찬가지로 미국의 ASTM(American Society for Testing and Materials), 영국의 BS(British Standards), 독일의 DIN(Deutsche Industrie Normen), 일본의 JIS(Japanese Industrial Standard) 등과 같이 각국마다 국가산업규격을 제정하고 있으며, 국제적으로는 1947년에 국제표준화기구(International Standards Organization : ISO)가 설립되어 국제적인 규격 통일에 노력을 기울이고 있다.

6. 건축재료의 시험

① 건축재료의 시험은 건축재료의 물리적 · 화학적 · 기계적 성질 및 구조

등을 조사하기 위해 실시하는 것으로서 대부분은 기계적인 성질을 위주로 시험한다. 건축재료의 시험에는 압축 · 인장 · 휨 · 전단 · 부착 등을 조사하기 위한 강도시험(strength test)과 경도 · 마모 등을 조사하기 위한 표면시험(surface test)이 주가 되고 있다. 시험은 반드시 어떤 결과치를 얻기 위해서 행해지며, 그 시험결과치는 대부분 수치로 표시되어 실제에 응용되기 때문에 무엇보다도 정확도와 정밀도가 요구된다.

② 건축재료의 시험은 한국산업규격(KS)에 규정된 시험방법에 의하여 실시하는 것을 표준으로 하고 한국산업규격(KS)에 규정되어 있지 않은 건축재료에 대해서는 공사시방서 등에서 제시한 시험방법에 따라 시험을 실시한다.

③ 건축재료의 시험이 완료되면 시험한 결과에 대한 보고서를 관련 분야의 연구자, 감독자, 기술자는 물론 보통의 전문지식을 가진 사람에게도 충분히 이해되도록 정확하고도 간결하게, 또한 알기 쉬운 양식과 문장으로 작성해야 한다.

Ⅱ 기본재료

01 시멘트 · 골재 · 용수 · 혼화재료
02 콘크리트
03 시멘트 및 콘크리트 제품
04 석 재
05 금속재료
06 세라믹 제품
07 목 재
08 유 리
09 플라스틱
10 미장재료
11 도장재료

01 시멘트 · 골재 · 용수 · 혼화재료

1-1 시멘트

1.1.1 개 요

시멘트(cement)란 물과 섞어 이겨두면 굳는 무기질의 접착물(adhesion material)을 말한 것으로, 원래 시멘트란 말의 근원은 '굳힌다', '접합한다', '결합한다' 라는 경우와 '굳힌 것' 또는 '결합된 것' 이라는 어원에서 19세기 초부터 재료의 고유명사로 사용하게 되었다. 오늘날 일반적으로 사용되는 시멘트는 포틀랜드시멘트(portland cement)를 지칭한 것으로서, 1824년 영국의 벽돌공 조셉 아스프딘(Joseph Aspdin)은 석회석(lime stone)과 점토(clay)를 혼합 · 소성하여 제조된 시멘트의 경화 후 색상이 영국 포틀랜드산의 자연석(석회석의 일종으로 조적공사용으로 많이 쓰이는 자연석으로서 일명, portland석을 말함) 색깔과 비슷해서 포틀랜드시멘트라고 명명하였으며, 1885년 독일 뮌헨에서 이에 대한 표준규격과 시험법이 제정되었다. 이것이 포틀랜드시멘트의 규격을 공인한 세계 최초의 것으로 각 나라에서는 이를 따랐다. 우리나라에서는 시멘트의 주원료인 석회석이 여러 곳에 대량으로 매장되어 있었고, 시멘트 제조기술도 일찍부터 발달되어 유리한 생산 여건을 갖추고 있었다.

오늘날의 시멘트는 철근콘크리트구조물의 발전에 기여하는 데 커다란 역할을 하고 있으며, 현대 건축물을 건축하는 데 없어서는 안 될 재료로서 사용이 보편화되었다.

1.1.2 시멘트의 종류

시멘트의 종류는 매우 많으나 중요한 시멘트는 다음과 같으며, 일반적으로 사용되는 보통 시멘트라 하면 포틀랜드시멘트와 이와 성질이 닮은 시멘트를 말한다.

(1) 포틀랜드시멘트(portland cement)

① 보통포틀랜드시멘트(normal portland cement)
② 중용열포틀랜드시멘트(moderate - heat portland cement)
③ 조강포틀랜드시멘트(high - early - strength portland cement)
④ 초조강포틀랜드시멘트(superhigh - early - strength portland cement)
⑤ 저열포틀랜드시멘트(low - heat portland cement)
⑥ 내황산염포틀랜드시멘트(sulphate - resisting portland cement)
⑦ 백색포틀랜드시멘트(white portland cement)

(2) 혼합시멘트(blended cement, mixed cement)

① 고로슬래그시멘트(blast - furnace slag cement)
② 포틀랜드포졸란시멘트(portland pozzolan cement)
③ 플라이애시시멘트(fly - ash cement)
④ 착색시멘트(colored cement)

(3) 특수시멘트(special cement)

① 초속경시멘트(regulated - set cement)
② 내화물용 알루미나시멘트(alumina cement for refractories)
③ 팽창성수경시멘트(expansive hydraulic cement)
④ 폴리머시멘트(polymer cement)
⑤ 메이슨리시멘트(masonry cement)

1.1.3 시멘트의 제조 및 화학성분

(1) 시멘트의 제조

시멘트는 석회질(calcareous) 및 점토질(clayey) 원료를 적당한 비율로 충분히 혼합한 후 소성로(kiln)로 보내 소성한 후 급속히 냉각시킴으로써 얻어지는 클링커(clinker)에 적당량(3~5%)의 석고(gypsum)를 가하고 분쇄하여 만든 것이다. 원료의 배합은 대략 석회질 원료 4와 점토질 원료 1의 비율이다. 시멘트 제조방법은 사용 원료의 처리방법에 따라 건식법(dry process), 습식법(wet process), 반습식법(semi-wet process)으로 대별되며, 열효율(thermal efficiency)이 좋은 건식법이 세계적으로 널리 이용되고 있다.

시멘트 클링커

시멘트 포대

시멘트

(2) 시멘트의 화학성분

포틀랜드시멘트의 화학성분(chemical component)은 실리카(SiO_2) · 알루미나(Al_2O_3) · 석회(CaO)의 3가지 주요성분 이외에 소량의 산화철(Fe_2O_3) · 산화마그네슘(MgO) · 아황산(SO_3) · 알칼리(K_2O, Na_2O) · 탄산가스(CO_2) · 물 등의 원소(element) 및 산화물(oxide)을 포함하고 있다. 화학분석에 의하면 시멘트의 종류뿐만 아니라 제조공정에 따라서도 화학성분이 다소 다르다.

각 화학성분은 상호 결합하여 복잡한 화합물(chemical compound)로 존재하고 있으며, 그 비율을 화합물 조성(chemical compound composition)이라 한다. 포틀랜드시멘트의 화합물조성은 그 생성량으로 시멘트의 물리적 성질과 수화열(heat of hydration) 등을 추정할 수 있으며, 주요 화합물조성과 그 특성은 다음 표와 같다.

시멘트의 화합물조성

화학명			화학식	약호
한 글	영 문	광물명		
규산3석회	Tricalcium Silicate	Alit	$3CaO \cdot SiO_2$	C_3S
규산2석회	Dicalcium Silicate	Belit	$2CaO \cdot SiO_2$	C_2S
알루민산3석회	Tricalcium Aluminate	Celit	$3CaO \cdot Al_2O_3$	C_3A
알루민산철4석회	Tetra Calcium Aluminoferrite	Felit	$4CaO \cdot Al_2O_3 . Fe_2O_3$	C_4AF

시멘트 화학물 조성의 특징

화학물 조성 \ 항목	수화반응 속도	강도	수화열	화학 저항성	건조 수축
규산3석회(C_3S)	상당히 빠름	재령 28일 이내의 조기강도	대	중	중
규산2석회(C_2S)	늦음	재령 28일 이후의 장기강도	소	대	소
알루민산3석회(C_3A)	대단히 빠름	재령 1일 이내의 초기강도	극대	소	대
알루민산철4석회(C_4AF)	비교적 빠름	강도에 거의 구애받지 않음	중	중	소

1.1.4 시멘트의 일반적 성질

(1) 비중(specific gravity) 및 단위용적중량(unit volume weight)

시멘트의 비중은 그 종류에 따라 화학조성(chemical composition)에 의하여 달라지는 것으로 포틀랜드시멘트의 비중은 한국산업규격(KS)에 3.05 이상으로 규정하고 있다. 이 비중은 풍화(weathering)의 정도를 아는 척도(measure)가 되고 이물질(foreign material)의 혼입 여부를 알 수 있으며, 콘크리트의 배합 · 단위용적 · 중량계산 등에 필요하다. 시멘트의 단위용적중량은 시멘트의 비중, 분말도, 담기방법 등에 따라 다르지만 대체로 1,300~2,000kg/m^3이고, 일반적으로는 1,500kg/m^3를 표준으로 한다.

(2) 분말도(fineness)

시멘트의 분말도는 클링커(clinker)를 분쇄할 때 그 입자의 고운정도를 말한다. 분말도가 큰 시멘트일수록 물과의 혼합시에 접촉하는 표면적(surface area)이 증대하므로 수화작용(hydraulic action)이 빠르고, 초기강도 발현(revelation)이 빠르며, 강도 증진율이 높다. 그러나 지나치게 분말이 미세한 것은 풍화되기 쉽고 건조수축(drying shrinkagc)이 커져서 균열이 발생하기 쉽다.

시멘트분말도는 한국산업규격(KS L 5201)에서 포틀랜드시멘트인 경우 2,800㎠/g 이상, 백색포틀랜드시멘트인 경우 3,000㎠/g 이상으로 규정하고 있고, 분말도는 블레인방법(Blaine's method, KS L 5106)으로 측정하며 블레인 값은 ㎠/g으로 표시한다.

(3) 수화(hydration) 및 풍화(weathering)

시멘트가 물에 접촉되면 화학반응(chemical reaction)을 일으켜 응결(setting) · 경화(hardening)하는 현상을 수화 또는 수화반응(hydraulic reaction)이라 한다. 시멘트 수화반응에서의 발생열을 수화열(heat of hydration)이라 하고, 이 수화열은 시멘트가 응결 · 경화하는 과정에서 발열하며, 이 발열량(heating value)은 시멘트의 종류 · 화학조성 · 물시멘트비 · 분말도 등에 의해 달라진다. 시멘트가 완전히 반응하면 125cal/g 정도의 열을 발생한다.

시멘트풀(cement paste)이 시간이 경과함에 따라 수화에 의하여 유동성(liquidity)과 점성(viscosity)을 상실하고 고화(solidification)하는 현상을 응결이라하고, 이 과정 이후를 경화라 한다. 응결의 초결시간(initial set time)은 4시간, 응결의 종결시간(final set time)은 6.5시간 정도로 보고 있다.

시멘트를 대기중에 저장하게 되면 공기중의 수분을 흡수하여 변질되는 현상을 풍화 또는 풍화작용(weathering reaction)이라 한다. 시멘트의 풍화는 공기중의 습기와 탄산가스가 시멘트와 결합하여 이를 입상(granule form) 또는 괴상(massive form)으로 고화시키는 등 변질시킨다. 풍화한 시멘트를 사용하면 응결이 늦어지고 경과 후의 강도가 저하되므로 시멘트를 취급할 때는 대기에 노출시키지 않거나 습기에 접하지 않도록 하는 등의 주의가 필요하다. 시멘트가 풍화하면 수화열은 감소되며, 물시멘트비가 높을수록 수화열은 높아진다.

(4) 안정성(stability)

시멘트가 경화 중에 체적이 팽창하여 팽창균열(expansion crack)이나 뒤틀림(twist, torsion) 등이 생기는 정도를 가르켜 안정성이라 한다. 시멘트가 안정성이 나쁘면 구조물이 팽창성 균열을 일으키는 경우가 있으며 구조물의 내구성을 해치는 원인이 된다. 시멘트의 안정성 시험은 한국산업규격(KS L 5107)에 규정되어 있다.

(5) 강도(strength)

강도는 시멘트가 경화하는 힘의 대소를 나타내는 것이다. 시멘트 강도는 콘크리트 및 모르타르 강도에 어느 정도까지 비례하여 영향을 미치므로 품질관리상 매우 중요한 요소 중의 하나이다. 시멘트의 강도에 미치는 요인은 제조시의 요인과 함께 시멘트 경화 후의 재령(material age) · 사용하는 모래 · 배합 · 수량(water volume) · 온도 · 풍화 · 양생(curing) · 화학적 외부작용 등에 좌우될 때가 많다.

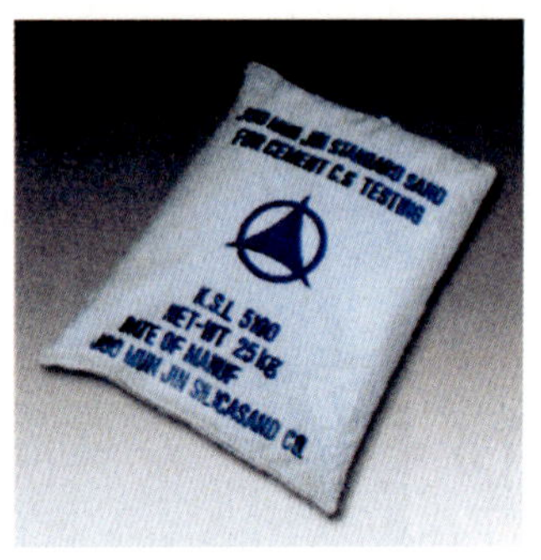

주문진표준사

시멘트의 강도시험 방법은 한국산업규격(KS L 5105)에 규정되어 있다. 시멘트 자체로서는 시험이 곤란하므로 모래와 배합한 모르타르의 압축강도 시험방법에 의하여 시멘트 강도를 시험한다. 이 시험에 사용하는 모래는 강원도 강릉시 주문진읍 향호리 산(産)을 표준사로 하여 사용하도록 되어 있고, 이 모래를 주문진표준사(注文津標準砂)라 칭한다.

1.1.5 각종 시멘트의 특징

(1) 보통포틀랜드시멘트(normal portland cement)

여러 시멘트 중 가장 많이 쓰이는 보편화된 시멘트이다. 우리나라 전 시멘트 생산량의 거의 90%가 보통포틀랜드시멘트이며, 일반적으로 시멘트 또는 포틀랜드시멘트라고 말할 때는 이 보통포틀랜드시멘트를 가르킨다.

(2) 조강포틀랜드시멘트(high-early strength portland cement)

보통포틀랜드시멘트보다 규산3석회(C_3S)나 석고량을 많게 하고 분말도를 크게 하여 초기에 고강도를 발현시키게 한 시멘트이다. 보통포틀랜드시멘트가 재령(age) 28일에 나타내는 강도를 재령 7일 정도에서 나타내지만 장기강도는 보통포틀랜드시멘트와 큰 차이가 없다. 수화속도가 빠르고 수화열이 커서 저온시에도 강도 발현성(revealedness)이 크므로 동기공사에 유리하고 긴급공사, 수중공사, 시멘트2차제품 등에 사용된다.

(3) 초조강포틀랜드시멘트(superhigh-early strength portland cement)

조강포틀랜드시멘트보다 조금 더 규산3석회(C_3S)나 석고량을 많게 하고 미분쇄(fine pulverization)한 시멘트로서 조강포틀랜드시멘트의 3일 강도를 1일에 발휘할 수 있을 정도로 조기에 발현시킨다. 주로 긴급공사, 한중공사, 콘크리트제품, 그라우트(grout)용으로 적합하다. 초조강포틀랜드시멘트를 "one day cement"라고 부르기도 한다.

(4) 중용열포틀랜드시멘트(moderate-heat portland cement)

시멘트의 수화열을 적게 하기 위해서 화학조성 중 규산3석회(C_3S)와 알루민산3석회(C_3A)의 양을 적게 하고 그 대신 장기강도(long age strength)를 발현하기 위하여 규산2석회(C_2S)량을 많게 한 시멘트이다. 수화열이 보통포틀랜드시멘트보다 적고, 건조수축이 포틀랜드시멘트 중에서 가장 적고, 화학저항성(chemical resistance)이 크며, 내산성이 우수하므로 댐 등의 두꺼운 콘크리트공사에 사용할 뿐만 아니라 최근에는 건축용 매스콘크리트(mass concrete), 원자로의 차폐용 콘크리트(radial rays shielding concrete) 등에도 사용한다.

(5) 저열포틀랜드시멘트(low-heat portland cement)

중용열포틀랜드시멘트보다 수화열이 적게 나오도록 화학조성 중 규산3석회(C_3S)와 알루민산3석회(C_3A)의 양을 아주 적게 한 시멘트로서, 단면이 큰 초고층 건축물의 기초 또는 지하구조물의 매스콘크리트(mass concrete)에 사용한다.

(6) 내황산염포틀랜드시멘트(sulphate resisting portland cement)

황산염(sulphate) 저항성이 약한 알루민산3석회(C_3A)의 양을 적게 하고 저항성이 큰 알루민산철4석회(C_4AF)의 양을 증가시킨 시멘트이다. 황산염을 함유한 지하수, 공장폐수 및 해수에 접하는 콘크리트에 적합하다.

(7) 백색포틀랜드시멘트(white portland cement)

보통포틀랜드시멘트의 제조원료인 석회석(lime stone)을 흰색의 석회석으로 사용하고, 점토는 천연의 점토로서 산화철(Fe_2O_3)을 가능한 한 포함하지 않도록 한 시멘트이다. 백색포틀랜드시멘트는 순백색으로 각종 안료를 섞어 넣으면 각종 착색시멘트(colour cement)를 만들 수 있다. 주로 도장용·장식용·인조대리석 제조용으로 사용되며 통상 백색시멘트(white cement)라고 부르고 있다.

(8) 고로슬래그시멘트(blast-furnace slag cement)

포틀랜드시멘트 클링커(clinker)에 급랭한 고로슬래그(blast-furnace slag)를 적당량 혼합하고 다시 소량의 석고를 가하여 미분쇄한 시멘트이다. 고로슬래그시멘트는 팽창과 균열이 없고 화학저항성이 높아 해수·공장폐수·하수 등에 접하는 콘크리트에 적합하고 수화열이 적어 매스콘크리트(mass concrete)에 적합하다.

(9) 포틀랜드포졸란시멘트(portland pozzolan cement)

포틀랜드시멘트 클링커에 포졸란(pozzolan : 천연산이나 인공의 실리카질 혼화재료인 화산회·규산질백토·소점토 등의 총칭)을 혼합하여 적당량의 석고를 가해 만든 시멘트로서 실리카시멘트(silica cement)라고도 한다. 실리카질 혼화재료는 그 자체는 수경성을 갖지 않으나 상온에서 물과 수산화칼슘(hydroxide calcium)이 화합하여 불용성의 염(salt)을 형성하여 경화한다. 이 작용을 포졸란반응(pozzolanic reaction)이라 하며, 이로 인하여 시멘트의 성질이 개선되고, 수밀성이 증가하며, 장기 강도도 증가된다. 실리카시멘트는 구조용 또는 미장모르타르용으로 적합하고 화학공장, 해수와 관련된 공사에도 적합하다.

(10) 플라이애시시멘트(fly-ash cement)

포틀랜드시멘트에 플라이애시(fly-ash)를 혼합한 시멘트이다. 여기서 플라이애시는 미분탄(pulverized coal) 연소보일러의 연도가스에서 채취한 석탄재(coal ashes)로서 주로 화력발전소에서 대량으로 얻을 수 있는 것이다. 이 시멘트는 콘크리트의 워커빌리티(workability)가 커지게 되고, 수밀성이 좋으며, 수화열과 건조수축이 적고, 초기강도는 작으나 장기강도는 큰 특성을 가지고 있어 일반 건축 및 토목공사에 널리 사용되고 있다.

(11) 착색시멘트(colored cement)

포틀랜드시멘트에 여러 기지 색깔을 착색할 목적으로 만든 시멘트로서, 착색 클링커(clinker)를 소성하여 분쇄하거나 백색포틀랜드시멘트에 안료를 가하여 착색하는 방법으로 만든다. 이 시멘트는 건축물의 내·외벽 등에 사용하는 색모르타르(color mortar)의 원료로 사용하거나 테라조, 타일, 블록 등을 제조할 때 사용되기도 한다.

(12) 알루미나시멘트(alumina cement)

보크사이트(bauxite ; 알루미늄 원광을 말함)에 거의 같은 양의 석회석을 원료로 한 시멘트로서 산·염류·해수 등에 대한 화학적 침식에 저항성이 크다. 또한 발열량이 크기 때문에 긴급을 요하는 공사나 한중공사에 적합하다. 이 시멘트는 알칼리성에 약하고, 철근 등이 부식되기 쉬운 결점이 있고, 수화시의 발열량이 많아 시공시 온도의 상승에 특히 주의할 필요가 있다.

(13) 초속경시멘트(regulated-set cement)

초조강포틀랜드시멘트보다 더욱 빠른 강도발현 성능이 있도록 미국 포틀랜드시멘트협회(PCA)에서 개발된 시멘트로서 제트시멘트(Jet cement)라고 부르는데, 주수 후 2~3시간 안에 압축강도 100kgf/㎠에 이르므로 “one hour cement”라고도 부른다. 이 시멘트는 긴급공사, 동기공사, 시멘트 2차제품 및 그라우트(grout)용으로 사용한다.

(14) 팽창시멘트(expansive cement)

보크사이트·석회석·석고의 혼합물을 소성한 칼슘 클링커(calcium clinker)는 팽창성(expansibility)이 있어 이를 분쇄하여 포틀랜드시멘트에 혼합한 시멘트이다. 이 시멘트는 수화작용시 건조수축에 의한 균열발생을 감소시키기 위해 수화시에 계획적으로 팽창성을 갖도록 한 것이다. 저수탱크, 지붕슬래브, 지하벽 등의 방수용으로 사용한다.

(15) 폴리머시멘트(polymer cement)

포틀랜드시멘트에 폴리머(polymer ; 고분자재료)를 혼입한 시멘트로서 방수성, 내약품성, 내충격성, 내마모성 및 접착성을 향상시킬 목적으로 만든 것이므로 바닥재 · 포장재 · 방수재 및 접착재로 사용하는 콘크리트 및 모르타르의 주재료로 사용한다.

(16) 메이슨리시멘트(masonry cement)

포틀랜드시멘트에 소석회, 석고, 소량의 AE제(공기연행제)를 혼합시킨 시멘트로서 접착력(adhesive strength) 및 성형성(plasticity)이 좋고 보수성(water holdingness)이 크기 때문에 모르타르용 시멘트로서 미장공사 또는 조적공사용으로 사용한다.

1.1.6 시멘트의 포장 · 저장

시멘트가 만들어지면 시멘트공장의 저장고인 사일로(silo) 등에 저장했다가 포장시멘트(packing cement), 즉 종이포대(paper sack)에 넣어서 포대단위로 출하하는 것이 일반적이고, 무포장시멘트(bulk cement)로 출하하기도 한다. 시멘트 1포대의 무게는 국제규격으로 42.637kg(94pound)이고 체적은 0.028m^3 이다. 우리나라에서 포장되는 시멘트 1포대의 무게는 40kg이고 시멘트 1m^3 의 무게는 1,500kg(37.5포대)이다.

시멘트는 풍화(weathering)되기 쉬우므로 풍화되지 않도록 저장해야 한다. 시멘트가 풍화하면 응결이 늦어지고, 경화 후의 강도가 저하되므로 3개월 이상 창고에 저장된 시멘트는 사용하기 전에 강도시험을 해야 한다. 시멘트는 방습적인 구조로 된 사일로 또는 창고에 종류별로 구분하여 저장하고 포대시멘트(sack cement)는 지상 30cm 이상되는 마루 위에 통풍이 되지 않도록 한 후 13포대 이하로 올려쌓기 하는 등의 저장에 주의가 필요하고 조금이라도 굳은 시멘트는 사용하지 않는 것이 좋다.

1-2 골 재

1.2.1 개 요

골재(aggregate)란 모르타르(mortar) 또는 콘크리트(concrete)를 만들기 위해 시멘트 · 물 등과 함께 일체로 굳어지는 불활성(inertness)의 재료로서, 모래 · 자갈 · 부순돌 · 광재(slag) · 기타 이와 비슷한 재료를 통틀어 말한다. 골재는 콘크리트 용적의 대부분(65~80% 정도)을 차지하기 때문에 골재의 종류 및 성질에 따라 콘크리트의 성질이 크게 좌우된다.

1.2.2 골재의 종류

(1) 입자의 크기에 의한 분류

① 잔골재(fine aggregate) ; 체규격 5mm의 체(NO4의 체를 말함)에서 중량비로 85% 이상 통과하는 골재

② 굵은골재(coarse aggregate) ; 체규격 5mm의 체에서 중량비로 85% 이상 남는 골재

(2) 생산방식에 의한 분류

① 천연골재(natural aggregate) ; 천연작용에 의해 암석에서 생긴 골재로서 개울 · 바다 · 야산 등에서 천연으로 채취한 강모래(river sand) · 강자갈(river gravel) · 산모래(pit sand) · 산자갈(pit gravel) · 바닷모래(sea sand) · 바닷자갈(sea gravel)이 있다.

② 인공골재(artificial aggregate) ; 암석을 부수어 만든 부순모래(crushed sand) · 깬자갈(crushed gravel)이 있고 광재(slag)를 부수어 만든 광재자갈(slag aggregate), 소성(baking)해서 만든 팽창점토(expanded clay) · 펄라이트(perlite) 등이 있다.

천연골재 · 인공골재

(3) 무게에 의한 분류

① 보통골재(common aggregate) ; 강자갈과 부순자갈, 강모래와 부순모래 등으로서 절대건조비중이 2.5~2.65(보통 2.4~2.6)에 해당되는 골재를 말한다.

② 경량골재(light-weight aggregate) ; 보통골재보다 가벼운 골재로서 절대건조비중이 2.0 이하인 골재를 말하며, 팽창혈암(expanded shale) · 팽창점토(expanded clay) · 팽창슬래그(expanded slag) · 팽창진주석(expanded perlite) · 팽창질석(expanded vermiculite) · 석탄찌꺼기(cinder, coal ash) 등이 있다.

③ 중량골재(heavy-weight aggregate) ; 보통골재보다 무거운 골재로서 절대건조비중이 2.7 이상인 골재를 말하며, 자철광(magnetite ore) · 갈철광(limonite ore) · 적철광(hematite ore) · 중정석(haryte) · 사철(sand iron) 등이 있다.

1.2.3 골재의 품질

① 골재는 청정(purity) · 견경(hardness)하고, 물리적 · 화학적으로 안정되

어야 한다.

② 골재는 유해량의 먼지·흙·유기불순물·염류 등이 포함되지 않고 소요의 내화성과 내구성을 가져야 한다.

③ 골재는 유동성이 좋고 밀실한 콘크리트를 만들 수 있는 입형(grain shape)과 입도(grading)를 갖는 것이 좋으며, 형태가 너무 매끄러운 것, 납작한 것, 길죽한 것, 예각(acute angle)으로 된 것은 좋지 않다.

④ 골재는 콘크리트의 강도를 확보할 수 있는 강도를 가져야 한다.

⑤ 골재는 콘크리트에 적합한 비중을 가져야 한다.

1.2.4 골재의 일반적 성질

골재의 성질이라 함은 개개의 골재입자 성질이 아니라 크고 작은 입자로 구성된 전체로서의 성질을 말한다. 콘크리트용 골재로서 요구되는 일반적인 성질은 다음과 같다.

(1) 비 중

골재의 비중(specific gravity)이라고 하는 것은 실제 비중이 아니라 내부의 미세한 금과 표면이 가늘게 팬 것을 포함한 상태의 비중을 말하고, 골재를 구성하고 있는 암석의 종류에 따라 차이가 있다. 표면건조포화상태의 잔골재 비중은 보통 2.50~2.65, 굵은골재는 2.55~2.70 범위에 있다. 일반적으로 콘크리트용 골재로서 주로 사용하는 암석의 종류는 안산암, 현무암, 경질사암 등과 같이 균질·치밀·견경한 암석이다.

보통 비중이 클수록 치밀하며 흡수량이 낮고 내구성도 크다. 골재의 비중은 콘크리트의 배합설계·실적률·공극률 등의 계산에 사용된다. 골재의 비중은 다음과 같이 구분되며, 겉보기 비중을 사용하는 것이 보통이다.

① 진비중(true specific gravity) ; 공극을 포함하지 않는 원석만의 비중

② 겉보기 비중(apparent specific gravity) ; 절대건조상태(absolute dry condition)의 비중과 표면건조포화상태(surfacedried and saturated con dition)의 비중으로 구분한다.

절대건조상태의 비중(절건비중)은 절대건조상태의 골재중량을 표면건조포화상태의 골재용적으로 나눈 값을 말하고, 표면건조포화상태의 비

중(표건비중)은 표면건조포화상태의 골재중량을 그의 용적으로 나눈 값을 말한다.

(2) 단위용적중량 · 실적률 · 공극률

① 골재의 단위용적중량(unit volume weight)은 기건상태에 있어서 단위용적당(m^3당) 골재중량을 말하며, 실적률 및 공극률의 산정 또는 소규모 현장의 골재 계량 등에 이용된다. 단위용적중량은 골재의 비중 · 입도 · 모양 · 함수량, 계량용기의 형태 및 크기와 용기에 다져넣는 방법 등에 따라서 달라진다. 다른 조건이 같으면 비중이 큰 골재일수록 단위용적중량은 크다. 또 단위용적중량은 함수상태에 따라 변하게 된다.

② 실적률(percentage of absolute volume)은 골재를 어떤 용기 속에 채워 넣을 때 그 용기 내에 골재립(aggregate particle)이 점하는 실용적의 백분율을 말하며, 골재의 입도 · 입형이 좋고 나쁨을 알 수 있는 지표가 된다. 실적률이 클수록 골재의 입도분포(grain size distribution)가 적당하여 시멘트풀의 양이 적게 든다.

골재의 공극률을 v, 실적률을 d, 골재의 비중(절대건조상태의 비중)을 ρ, 단위용적중량을 $w\,(\mathrm{kg}/l)$라 하면

$$d = \frac{w}{\rho} \times 100\,(\%)$$

$$v = \left(1 - \frac{w}{\rho}\right) \times 100\,(\%) = 100 - d\,(\%)$$로 나타낼 수 있다.

골재의 단위용적중량과 실적률의 개략치

골재의 종류		단위용적중량(kg/ l)	실적률(%)
자갈	25mm	1.70	65.4
	20mm	1.65	63.5
쇄석	20mm	1.45~1.55	55~60
모래(조립률)	5mm(3.3)	1.75	67.3
	2.5mm(2.8)	1.70	65.3
	1.2mm(2.2)	1.60	61.5
인공경량골재	20mm 굵은골재	0.7~0.8	60~65
	2.5mm 잔골재	0.9~1.2	50~59

③ 공극률(percentage of void)은 골재 단위용적 중량 중의 공극 비율을 백분율로 나타낸 것을 말하며, 골재의 공극률이 적으면 시멘트풀의 양이 적게 들며, 경제적으로 원하는 강도의 콘크리트를 만들 수 있고, 콘크리트의 건조수축이 적어지므로 균열발생의 위험은 줄어든다.

골재의 공극률을 v, 단위용적중량을 w, 절대건조상태의 비중을 ρ라 하면

$v = \left(1 - \frac{w}{\rho}\right) \times (100\%)$ 로 나타낼 수 있다.

(3) 골재중의 수분

건조골재가 물에 접하면 흡수현상이 처음에는 급히, 나중에는 완만하게 진행된다. 인공경량골재(artificial light-weight aggregate)에서는 완전한 내부포화상태(internal saturated state)에 이르기까지 장시간을 요한다. 골재의 함수상태는 다음 그림 같은 4가지 상태로 분류된다.

골재가 절대건조상태에서 표면건조포화상태가 될 때까지 흡수하는 수량을 흡수량(water absorption)이라 하고, 보통 24시간 침수에 의하여 절대건조상태에 대한 골재중량의 백분율(°/wt)로 나타낸다.

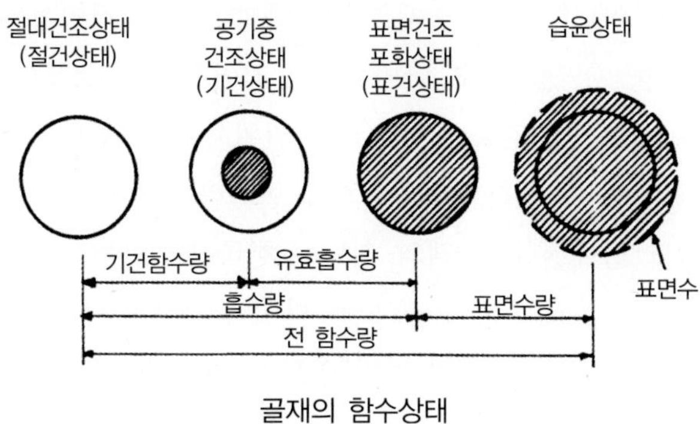

골재의 함수상태

① 절대건조상태(absolute dry condition) ; 105℃ ±5℃의 온도에서 중량변화가 없을 때까지(24시간 이상) 골재를 건조시킨 상태로서 절건상태(絕乾狀態)라고 한다.

② 공기중 건조상태(room dry condition) ; 실내에 방치한 경우 골재 입자의 표면과 내부의 일부가 건조한 상태로서 기건상태(氣乾狀態)라고도 한다.

③ 표면건조포화상태(saturated surface dry condition) ; 골재입자의 표면에 물은 없으나 내부의 공극에는 물이 꽉 차 있는 상태로서 표건상태(表乾狀態)라고도 한다.

④ 습윤상태(wet condition) ; 골재 입자의 내부에 물이 채워져 있고, 표면에도 물이 부착되어 있는 상태를 말한다.

콘크리트 내의 대부분이 골재이므로 그 함수상태는 콘크리트의 품질관리상 매우 중요하다. 각종 골재의 흡수량 개략치는 다음 표와 같다.

각종 골재의 흡수량(%)

골재의 종별		잔골재	굵은골재
보통골재		3~4	2~4
인공경량골재	조립형	4~11	2~9
	비조립형	7~14	6~11
천연경량골재		7~35	15~50

(4) 골재의 입도와 최대치수

① 골재의 입도(grading)란 골재의 작고 큰 입자의 혼합된 정도를 말한다. 적당한 입도를 가진 골재를 사용하면 소요의 작업성을 가진 콘크리트를 만들 수 있으므로 단위수량이 적어지며, 재료분리현상(segregation appearance)을 감소시키고 적은 단위시멘트량으로 소요품질의 콘크리트를 만들 수 있다. 이와 동시에 콘크리트의 건조수축이 적어지며, 내구성도 증대된다. 골재의 입도는 한국산업규격(KS F 2502)에 규정된 체가름시험(sieve analysis test) 방법에 의하여 구한다. 이 시험에 의하여 구한 결과를 정리한 것이 입도곡선(grading curve)이다.

② 골재의 입도를 수량적으로 나타내는 방법으로서 조립률(fineness modulus, 약칭 F·M)이 있다. 건축용 조립률은 40, 20, 10, 5, 2.5, 1.2, 0.6, 0.3, 0.15mm의 9개의 체(sieve)를 1조로 하는 체가름시험을 하여 각각의 체를 통과하지 않는 시료(sample)의 전 골재중량에 대한 중량백분율의 합계를 100으로 나눈 값을 말하며, 골재 크기 및 입도분포(grain size distribution)의 개략치를 표시하는 지수로 사용된다.

조립률은 입경이 큰 것일수록 커진다. 일반적으로 잔골재는 조립률이

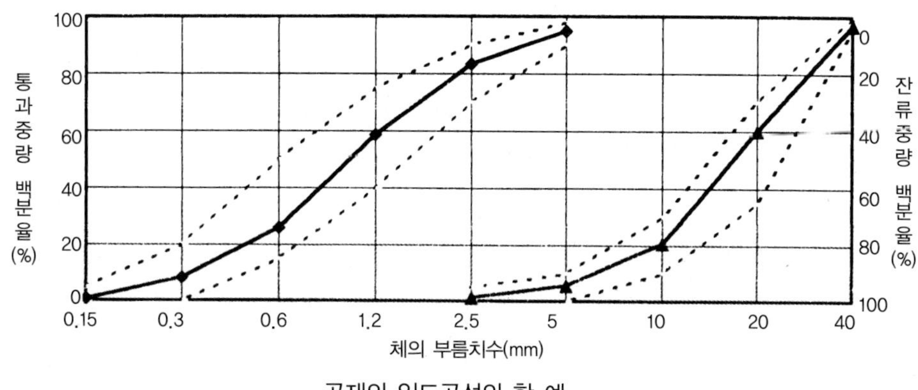

골재의 입도곡선의 한 예

2.6~3.1, 굵은골재는 6~8이 되면 입도가 좋은 편이 된다.

③ 골재의 최대치수란 골재 입자 크기의 한도를 최대골재치수로 호칭하는 것을 말한다. 즉 골재의 중량으로 90% 이상 통과하는 체눈의 공칭치수로 나타내는 굵은골재의 크기를 말한다. 골재의 최대치수가 클수록 소요품질의 콘크리트를 얻기 위한 단위수량 및 시멘트량이 일반적으로 감소하여 경제적이 되지만 지나치게 커지면 혼합이 완전하게 되지 않고 또한 재료의 분리현상(separative appearance)이 일어나게 되며 취급에 어려움이 따르게 된다. 특히 굵은골재의 최대치는 철근의 간격 및 피복두께(covering depth)와 관계가 되므로 이에 적합한 굵은골재의 최대치수를 정하여 사용해야 한다.

건축공사표준시방서에서는 굵은골재의 최대치수를 아래 표의 범위 내에서 철근순간격의 4/5 이하 또는 피복두께 이하가 되도록 규정하고 있다.

부재 종류에 따른 굵은골재의 최대치수

부재 종류	굵은골재의 최대치수(mm)	
	자갈	부순돌, 고로슬래그 부순돌
기둥 · 보 · 슬래브 · 벽	20, 25	20, 25
기초	20, 25, 40	20, 25, 40

(5) 유해물

골재에 함유되어 있는 유해물(harmful object)이란 먼지, 개흙(silt), 찰흙(clay), 점토덩어리(clay lumps), 운모(mica), 석탄(coal) · 갈탄(lignite) · 석편

(piece of stone) 등의 이물질, 부식토(humus soil)나 이탄(peat) 등의 유기불순물 및 염류 등의 가용성 불순물(solubility impurities)로서 콘크리트의 강도·내구성·안정성 등을 해치는 물질을 말한다.

유해물 중 특히 개흙, 찰흙, 점토가 골재표면에 부착할 경우에는 골재와 시멘트풀의 부착(bond)이 저하되며, 점토덩어리가 골재 속에 포함되어 있으면 건습의 반복에 의해 수축·팽창을 일으켜 콘크리트의 표면에 손상을 주기 때문에 유해하므로 건축공사표준시방서에서는 골재에 포함되는 점토덩어리량을 잔골재의 경우 1.0% 이하, 굵은골재의 경우 0.25% 이하로 규정하고 있다.

석탄·갈탄 등 비중이 작은 물질이 골재에 많이 포함되어 있으면 콘크리트의 강도가 저하되고 외관을 해치며, 연한 석편을 많이 함유한 골재는 콘크리트의 강도를 저하시키고 균열·박리·붕괴 등의 손상을 주는 요인이 되기도 한다. 또한 부식토나 이탄 등의 유기불순물이 골재 속에 포함되어 있으면 콘크리트의 강도·내구성·안정성을 해치고 심한 경우에는 시멘트가 경화되지 않는다.

잔골재(모래)의 유기불순물 유해량을 판정하기 위해서는 한국산업규격(KS F 2510)에서 정하고 있는 비색시험법(colorimetric testing method)에 의한다.

바닷모래 등과 같은 염화물(chloride)을 함유하고 있는 모래를 철근콘크리트용으로 사용하면 철근과 반응하여 철근부식을 유발시켜 콘크리트의 장기내구성에 나쁜 영향을 주게 된다. 따라서 바닷모래를 사용하기 전에 반드시 방청조치(rustproof management)를 강구해야 한다.

1.2.5 각종 골재

(1) 강모래(riversand)·강자갈(river gravel)

강모래와 강자갈은 모양과 입도가 좋고 강도가 큰 것이 많으므로 콘크리트용 골재로서는 가장 알맞다. 물리적·화학적으로 안정되어 있고 유해물의 혼입량이 적어 콘크리트용 골재의 대표적이라 할 수 있다.

강자갈

(2) 산모래(pit sand) · 산자갈(pit gravel)

산모래와 산자갈의 품질은 강모래 · 강자갈과 큰 차이는 없으나 찰흙 · 점토덩어리 등의 함유량이 많고, 또한 표도(surface soil)로부터 섞이는 유기불순물이 많다. 이러한 유해물을 함유한 골재를 사용한 콘크리트는 초기에 균열을 일으키는 경우가 많으므로 산모래 · 산자갈은 충분히 씻어서 사용한다.

(3) 바닷모래(sea sand) · 바닷자갈(sea gravel)

바닷모래와 바닷자갈의 비중, 흡수율, 입형 등의 면에서는 강모래 · 강자갈과 비슷하여 별 문제가 되지 않으나 조개껍질이 많이 섞인 것을 사용하면 전체적으로 비중이나 흡수율이 저하한다. 또한 바닷모래는 일반적으로 조립률이 적어서 입도면에서 문제가 될 수도 있고, 특히 문제점으로는 염화물(chloride)의 함유량이다. 염화물을 함유한 바닷모래 · 바닷자갈을 철근콘크리트용 골재로 사용하게 되면 철근의 부식을 유발시켜 콘크리트의 내구성에 나쁜 영향을 주므로 반드시 물뿌리기 또는 물씻기를 하여 염분을 제거한 후 사용한다.

바닷모래 · 바닷자갈은 염분 함유 허용한도를 0.04%로 하고, 이를 초과하는 경우에는 염분을 제거하여 0.04% 이하가 되게 하여 사용한다. 염분량 0.04%를 초과하여 방청조치를 할 경우에는 염분량 0.1%까지는 사용해도 좋다. 염분을 제거하기 위해서는 연속적 보다 반복적으로 물뿌리기 또는 물씻기를 하는 것이 좋다. 현장에서 실제로 염분을 제거하는 데는 물뿌리기하는 것이 편리하다.

바닷모래에 포함된 염화물 함유량의 시험은 한국산업규격(KS F 2515)에서 정한 것에 의한다.

(4) 깬자갈(crushed stone) · 부순모래(crushed sand)

① 깬자갈의 원석은 현무암 · 안산암 · 경질사암 · 화강암 · 섬록암 · 점판암 등이 많고 석회암 등도 사용되고 있다. 이러한 원석을 파쇄기로 파쇄하여 체로 쳐서 분류한 골재가 깬자갈이며, 부순자갈(crushed gravel) 또는 부순돌(crushed stone)이라고도 한다.

깬자갈이 강자갈과 다른 점은 각진 모양 및 거친 표면조직과 풍화암이 섞여 있기 쉬운 점이며, 깬자갈을 사용한 콘크리트는 동일한 워커빌리

깬자갈

티(workbility)의 보통콘크리트보다 단위수량이 일반적으로 약 10% 정도 많이 요구된다. 그러나 시멘트풀(cement paste)과의 부착이 좋기 때문에 강자갈을 사용한 콘크리트와 거의 동등한 강도 이상을 낸다. 수밀성 · 내구성 등은 강도와 달리 오히려 약간 저하한다. 콘크리트용 굵은 골재로 깬자갈을 사용할 때는 한국산업규격(KS F 2527)에서 정한 품질에 적합한 것으로 한다.

② 부순모래의 원석은 깬자갈의 원석과 같고, 이러한 원석을 파쇄기로 부수어 인공적으로 만든 모래가 부순모래이며, 깬모래(crushed stone sand)라고도 한다. 부순모래는 강모래 및 바닷모래보다 모가 나 있기 때문에 콘크리트에 사용할 때에는 혼화제(chemical agent)를 사용하여 단위수량을 적게 할 필요가 있으며, 또한 먼지 · 진흙 · 유기불순물 등의 유해량이 포함되지 않는 청정 · 견경 · 내구성이 있는 것을 사용한다.

③ 깬자갈 · 부순모래는 강모래 · 강자갈의 부족과 바닷모래 · 바닷자갈의 염분 제거 및 입도조정 등 여러 어려움을 가지고 있으므로 이에 따라 최근들어 생산 및 사용이 증가되고 있는 추세이다.

(5) 고로슬래그쇄석(crushed blast-furnace slag)

고로슬래그쇄석은 철을 생산하는 과정에서 용광로에서 생기는 광재(slag)를 공기중에서 서서히 냉각시켜 경화된 것을 파쇄하여 입도를 고른 것이다.

고로슬래그쇄석은 다른 암석을 사용한 콘크리트보다 건조수축(drying shrinkage)이 적고, 내열성도 우수하다. 투수성은 보통골재를 사용한 콘크리트보다 크므로 수밀콘크리트에는 부적당하다. 고로슬래그쇄석은 다공질이기 때문에 흡수율이 높으므로 사용하기 전에 충분히 살수(watering)하여 표면건조상태로 사용하는 것이 좋다. 콘크리트용 고로슬래그 굵은골재의 품질은 한국산업규격(KS F 2544)에 규정되어 있다.

고로슬래그 쇄석

(6) 경량골재(lightweight aggregate) · 중량골재(heavy weight aggregate)

① 경량골재는 다음 표와 같은 종류가 있고, 보통골재보다 비중이 작은 골재로서 콘크리트의 중량경감 및 단열 등의 목적으로 사용한다.
경량골재는 청정하고 내구·내화적이며, 유해량의 유해물질을 포함하지 않는 것을 사용한다. 인공경량골재로서 구조용은 한국산업규격(KS F 2534)에 규정된 품질에 적합한 것을 사용해야 한다.

② 중량골재는 원자로 감마선(γ線 ; gamma rays)과 같은 투과성이 큰 방사선(radial rays) 등의 차폐효과를 높이기 위해 자철광·갈철광·적철광·중경석·사철 등과 같이 비중이 큰 것이 사용된다. 중량골재는 보통의 콘크리트에는 사용되지 않고 방사선 차폐용 콘크리트에 주로 사용된다. 중량골재는 실적률이 높고, 크고 작은 입자가 적당히 섞여 있는 것이 좋다.

경량골재의 종류

종 류		주요 원료
인공경량골재	구조용	팽창혈암·팽창점토·팽창점판암·소성플라이애시 등
	비구조용	팽창규조토·팽창진주암·팽창흑요석 등
천연경량골재		경석화산력·응회암·용암 등
부산경량골재		팽창슬래그·석탄찌꺼기·가공석탄재 등

인공경량골재 현미경 사진

1-3 용수

1.3.1 콘크리트 용수

콘크리트에 사용되는 용수(light water)로는 수돗물, 하천수, 호소수, 저장수 등을 이용할 수 있으나 만약 공장폐수 등으로 오염된 용수를 이용하게 되면 콘크리트의 응결 · 경화 · 강도발현, 체적변화, 백화, 워커빌리티, 내구성 저하 등에 나쁜 영향을 미칠 수 있으므로 오염의 우려가 있는 물을 사용할 경우에는 물을 화학적으로 분석하여 유해물 함유량을 조사하여 사용 여부를 판정하는 것이 좋다. 따라서 콘크리트에 사용되는 용수는 유해한 불순물인 기름, 산, 알칼리, 염류, 유기물 등을 포함하지 않은 청정(purity)한 것이어야 한다.

또한 바닷물은 철근을 사용한 콘크리트의 혼합수로 사용할 경우에는 반드시 염분제거 조치를 해야 한다.

1.3.2 회수수

회수수(recycling water)는 레디믹스트콘크리트(레미콘) 공장의 운반차(transport-truck)나 믹서차(mixer-truck) 등의 세척배수에 포함되어 있는 골재를 제거한 물을 말한다. 최근에는 레디믹스트콘크리트 공장에서 회수수처리시설(recycling water treatment plant)을 설치하도록 의무화하고 있어 여기서 발생하는 회수수를 사용할 경우에는 수도법(수질기준)에서 정하고 있는 물의 품질 규정에 만족해야 한다.

시멘트로부터 용출한 물인 상징수(clarified supernatant liquid)는 수돗물과 같이 사용해도 좋다.

1-4 혼화재료

1.4.1 개 요

혼화재료(admixture, additive)란 시멘트·물·골재 이외의 재료로서 비빔시에 필요에 따라 모르타르나 콘크리트에 그 한 성분으로 첨가하는 재료를 말하며, 굳지 않은 콘크리트나 경화된 콘크리트의 제성질을 개선·향상시킬 목적으로 사용된다. 혼화재료의 효과는 시멘트나 골재의 품질·배합·온도 등에 의하여 매우 달라지는 경향이 있으므로 혼화재료를 선정, 사용하기 전에 시험 또는 충분한 검토를 거쳐 성능상의 효과를 확인한 다음에 적절히 사용해야 한다.

혼화재료는 소요의 성능을 얻기 위한 사용량의 많고 적음에 따라 다음과 같이 대별한다.

① 혼화제(chemical agent) ; 사용량이 비교적 적어 그 자체의 부피가 콘크리트의 배합계산(mixing calculation)에서 무시되는 것으로 콘크리트 속의 시멘트 중량에 대해 5% 이하, 보통은 1% 이하의 극히 적은 양을 사용한다. 혼화제는 주로 화학제품이 많다.

② 혼화재(mineral admixture) ; 사용량이 비교적 많아서 그 자체의 부피가 콘크리트의 배합계산에 고려되는 것으로 시멘트 중량의 5% 이상, 경우에 따라서는 50% 이상 다량으로 사용한다. 혼화재는 주로 광물질 분말이다.

1.4.2 각종 혼화제

(1) AE제(air-entraining agent)

AE제는 콘크리트용 표면활성제(surface active agent)의 일종으로서 콘크리트 속에 독립된 미세한 기포(foam, 지름 0.025~0.25mm 정도)를 생성, 골고루 분포시키는 작용을 하는 것이다. 이 기포가 시멘트 및 골재의 미립자(corpuscle)를 떠오르게 하거나 물의 이동을 도움으로써 유효면적을 줄여주기 때문에 블리딩(bleeding)을 감소시키는 이점이 있다.

이와 같은 작용에 의해 펌프압송(pump boost)시에 재료가 분리되지 않으며, 콘크리트 타설이 용이하게 된다. AE제를 공기연행제(air-entraining agent)라고도 한다. 콘크리트가 굳은 다음은 동결융해작용(freeze-thaw action)에 의한 파괴 또는 마모에 대한 저항성을 증대시키고 경화 때는 수축도 감소시키며, 균열을 방지하기도 한다. 이것이 AE제의 주된 역할이다. 최근에는 대부분의 레미콘(remicon)에 AE제가 사용되고 있다.

콘크리트 속에 AE제를 섞으면 미세한 기포가 형성되는데 이 기포를 엔트레인드에어(entrained air)라 하고, 이것을 포함하는 콘크리트를 AE콘크리트(airentrained concrete)라 한다. AE제의 품질규격은 한국산업규격(KS F 2560)에 규정되어 있다.

(2) 감수제(water reducing agent), AE감수제(air-entraining water reducing agent)

① 감수제는 표면활성제의 일종으로 기포작용은 하지 않고 분산 및 습윤작용에 의해 시멘트 입자를 분산시켜 시멘트풀의 유동성을 증가시킴으로써 콘크리트의 워커빌리티(workability)를 개선하여 단위수량을 감소시키는 혼화제이다. 감수작용(low water action)의 대부분이 시멘트입자의 분산효과에 의하기 때문에 분산제(dispersing agent)라고도 불린다. 감수제를 사용하면 워커빌리티가 개선되고 분산된 시멘트입자는

물과 충분히 접촉하게 되어 시멘트 사용 효율이 증대되며, 동일한 강도를 내면서 시멘트 사용량을 6~10% 정도 감소시킬 수도 있다.

② 감수제 중에서 AE제의 성능을 겸비한 것, 즉 콘크리트 속에 공기를 도입한 것을 AE감수제라고 한다. AE감수제는 AE제의 도입공기에 의한 감수효과(water reducing)와 분산작용(dispersion action)에 의한 감수효과를 겸비한 것으로 AE콘크리트보다 더 좋은 감수효과를 얻을 수 있다. 감수제 · AE감수제의 품질규격은 한국산업규격(KS F 2560)에 규정되어 있다.

(3) 고성능감수제(high range water reducing agent), 유동화제(super plasticizer)

① 고성능감수제는 일반 감수제와 비교하여 시멘트 입자를 분산시키는 분산능력이 현저하게 높으며, 다량으로 사용해도 응결의 지연, 과도한 공기연행 및 강도저하 등의 나쁜 영향 없이 단위수량을 대폭 감소시키는 것이 가능한 혼화제이다.

② 유동화제는 미리 반죽된 콘크리트에 첨가하고 이것을 교반(agitation)함으로써 그 유동성(liquidity)을 증대시키는 것을 주목적으로 하는 혼화제이다. 유동성이 개선된 콘크리트를 유동화콘크리트라고 하며, 1983년에 일본에서 개발되었다. 일반적으로 유동화제도 고성능감수제의 범주에 넣어 분류한다.

(4) 기타 혼화제

① 촉진제(accelerator) ; 촉진제는 콘크리트의 초기강도 발현을 촉진시켜 콘크리트 구조물을 빨리 사용하고 싶을 때 또는 한랭시에 온난시와 같은 경화속도(hardened velocity)를 갖게 할 목적으로 사용되는 혼화제이다. 촉진제로는 염화칼슘(calcium chloride)이 가장 대표적이지만 이를 단독으로 사용하면 콘크리트 속의 철근을 부식시키는 작용을 하므로 일반적으로 철근콘크리트에는 사용하지 않는다. 그러나 응결강도(strength of setting)를 촉진하는 효과와 저온에서도 상당한 강도증진을 볼 수 있으므로 한중콘크리트(cold-wather concrete) 사용에 유효하다.

② 지연제(retardant) ; 지연제는 콘크리트의 응결, 초기경화를 지연시킬 목적으로 사용하는 혼화제이다. 기온이 높은 여름철에는 시멘트의 응결

이 촉진됨에 따라 굳지 않은 콘크리트의 운송시간 단축, 콜드조인트(cold and work joint : 작업이음)의 대책, 양생의 부실 우려, 균열발생 초래 등 여러 가지 문제점이 발생하게 된다. 이러한 대책으로 지연제가 사용되고 있다.

③ 급결제(accelerating agent) ; 급결제는 시멘트의 응결시간을 매우 빠르게 하기 위하여 사용되는 혼화제이다. 급결제를 사용하면 콘크리트의 응결이 수십 초 정도로 빨라지며, 1~2일까지 콘크리트의 강도증진은 매우 크나 장기강도는 일반적으로 느린 경우가 많다. 누수방지용 시멘트풀, 그라우트(grout)에 의한 지수공사(water-stop work), 뿜어붙이기 공사, 주입공사(grouting work) 등에 사용되고 있다.

④ 방수제(water - proof agent) ; 방수제는 콘크리트의 흡수성과 투수성을 감소시켜 수밀성(water tightness)을 높이기 위하여 사용되는 혼화제이다. 방수제는 방수성을 갖게 하거나 균열 및 누수를 방지할 목적으로 사용되며, 무기질계 및 유기질계로 대별되며 그 종류도 많다.

⑤ 발포제(gas-foaming agent) · 기포제(foaming agent) ; 발포제는 시멘트와의 화학반응에 의해 특수한 가스(gas)를 발생시켜 기포를 도입하는 것이다. 발포제를 콘크리트에 섞으면 시멘트 속에 수소가스(hydrogen gas)를 발생시켜 콘크리트 속에 미세한 기포를 생기게 한다. 발포제를 이용한 대표적인 제품으로는 경량기포콘크리트(light weight aerated concrete)가 있다.

기포제는 표면활성작용(surface active action)에 의해 콘크리트에 공기 · 거품을 도입하는 것이다. 기포제를 콘크리트 타설시 섞으면 무수한 미세 독립기포를 발생시켜 용적률을 증가시키고 경량으로 하여 단열성 등의 성질을 개량한다. 기포제를 이용한 콘크리트를 기포콘크리트(cellular concrete, aerated concrete) 또는 발포콘크리트(gas foaming concrete)라고 한다.

⑥ 방청제(corrosion-inhibiting agent) ; 방청제는 콘크리트 중의 염분(염화물)에 의한 철근의 부식을 억제할 목적으로 사용되는 혼화제이다. 방청제는 철근 표면의 보호피막(protective coating)을 보강하는 것, 산소를 소비하여 철근에 도달하기 어렵게 하는 등의 작용을 한다. 방청제의 성능은 한국산업규격(KS F 2561)에 규정되어 있다.

1.4.3 각종 혼화재

(1) 플라이애시(flyash) · 포졸란(pozzolan)

① 플라이애시는 미분탄 연소보일러로부터 나오는 식탄재의 미분 입자를 집진장치로 포집(dust collection)한 것으로서 표면이 매끄러운 구형 입자로 되어 있으며, 양질의 것은 화력발전소의 집진기에서 채취한다. 플라이애시의 비중은 1.95~2.40 정도이다. 플라이애시를 콘크리트에 사용하면 콘크리트의 유동성을 개선하고 장기강도가 증가되며 수화열(heat of hydration)의 감소, 알칼리골재반응(alkali-aggregate reaction)의 억제, 황산염에 대한 저항성 및 수밀성 향상을 기대할 수 있다. 플라이애시의 품질규격은 한국산업규격(KS L 5405)에 규정되어 있다.

② 포졸란은 화산회 등의 실리카질(silica temper) 분말로 된 콘크리트 혼화재의 일종이다. 그 자체에는 수경성이 없으나 콘크리트 중의 물에 용해되어 있는 수산화칼슘(calcium hydroxide)과 상온에서 서서히 반응하여 불용성의 화합물을 만드는, 즉 포졸란반응(pozzolan reaction)을 하는 광물질 미분말의 재료로서 시멘트의 절약과 콘크리트의 성질을 개선하기 위해 쓰인다.

(2) 고로슬래그(blast-furnace slag)

제철소 용광로에서 선철을 제조할 때 용광로에 넣은 석회석은 철광석(iron ore) 속의 불순물과 화합하여 슬래그(slag)로 되어 상층으로 들뜬다. 이것을 일정시간마다 끄집어낸 것이 고로슬래그이다. 비중은 2.7 정도이며, 품질규격은 한국산업규격(KS L 5210)에 규정되어 있다.

고로슬래그 미분말(fine powder)을 혼화재로 사용한 콘크리트는 수화발열속도(calorific velocity of hydration)의 감소, 장기강도 증진, 수밀성 향상, 황산염 등에 대한 화학저항성의 향상, 알칼리골재반응의 억제효과를 기대할 수 있다.

(3) 실리카흄(silica fume)

실리카흄은 제강용의 탈산제(deoxidizing agent)로 사용되는 페로실리콘(Ferrosilicon) 합금이나 실리콘(Silicone) 금속 등의 규소합금(silicon alloy)을 전기로에서 제조할 때 발생하는 폐가스(waste gas)를 집진하여 얻어지는 부산물의 일종으로 구형 입자로 된 초미립자이다. 실리카흄을 콘크리트에 혼화재로 사용하면 강도증진 효과와 수밀성의 향상, 고성능감수제와 병용하면 단위수량을 감소시킬 수 있는 효과를 갖게 한다. 최근에는 고강도콘크리트(high strength concrete) 및 특수콘크리트(special concrete)에 많이 이용되고 있다. 국내에서는 생산이 되지 않아 전량 수입에 의존하고 있다.

(4) 팽창재(expansive producing admixtures)

팽창재는 콘크리트의 건조수축, 구조물의 균열 및 변형을 방지할 목적으로 사용되는 혼화재이다. 팽창재를 포틀랜드시멘트에 혼합하여 팽창시멘트(expansive cement)제조에 사용한다. 팽창재의 품질규격은 한국산업규격(KS F 2562)에 규정되어 있다.

(5) 착색재(coloring admixture)

착색재는 모르타르나 콘크리트에 착색하고 싶을 때 시멘트와 혼합하여 사용하는 미분말 안료의 일종인 혼화재이다. 물이나 알칼리 및 일광에 의해 변색되지 않고 시멘트 경화에 끼치는 영향이 적어야 품질 좋은 착색재라 할 수 있다. 착색재의 안료로는 제2산화철(빨강), 크롬산바륨(노랑), 군청(파랑), 산화크롬(초록), 이산화망간(갈색), 카본블랙(검정) 등이 사용된다.

02 콘크리트

2-1 개 요

콘크리트(concrete)란 시멘트 · 골재 · 물 및 필요에 따라 혼화재료(admixture)를 혼합한 것 또는 그 경화물(hardened thing)을 말한다. 콘크리트라는 말은 라틴어의 "concretus"에서 유래되어 "성장하는 것 (to grow)"이라는 의미를 갖는다. 시멘트와 물을 혼합한 시멘트풀(cement paste)에 잔골재를 혼합한 모르타르(mortar)도 넓은 의미에서 말하면 콘크리트의 일종이다.

콘크리트는 건축재료 중에서 가장 중요하고 다량으로 사용되는 재료로서, 내화성 · 차음성 · 내구성 · 내진성 등이 양호하고 압축강도가 다른 재료에 비해 비교적 크며, 성분상 강알칼리성(strong alkalinity)이므로 철강재의 방청

경화 전

경화 후

콘크리트 형상

상 유효한 장점 등이 있는 반면 자중이 비교적 크고 압축강도에 비해 인장강도 및 휨강도가 작으며 건조수축성(dry contractibility)이 있어서 균열이 생기기 쉽고 경화하는데 시간이 걸려 시공일수가 길다는 단점도 있다.

콘크리트는 성질면에서 굳지 않은 콘크리트(fresh concrete)와 경화된 콘크리트(hardened concrete)로 크게 나눌 수 있다. 그러나 일반적으로 콘크리트라고 하면 경화된 콘크리트를 의미한다.

2-2 콘크리트 배합 및 배합설계

2.2.1 콘크리트 배합

콘크리트 배합(mix proportion)이라 함은 콘크리트 조성재료인 시멘트·골재(잔골재·굵은골재)·물 및 혼화재료 등의 혼합비율 또는 사용량을 말한다. 콘크리트 배합을 콘크리트 조합(mixing)이라고 부르기도 한다. 콘크리트 배합은 이미 실시된 동등한 콘크리트 배합의 데이터(data), 즉 참고배합표로부터 얻은 경우도 있으나 이와 같이 구한 배합은 어디까지나 참고치로 활용할 뿐이다.

콘크리트 배합에는 다음과 같은 종류로 구분할 수 있다.

① 계획배합(specified mix) ; 시방서 또는 책임기술자의 지시에 의해 실시되는 배합으로서 시방배합(specified proportion)이라고도 한다.

② 현장배합(field mix) ; 실제 현장골재(field aggregate)의 표면수·흡수량 및 입도상태를 고려하여 시방배합을 현장상태에 적합하게 보정(revision)하는 배합을 말한다.

③ 중량배합(weight mix) ; 콘크리트 1㎥를 비벼내는 데 소요되는 각 재료의 양을 중량(kg)으로 표시한 배합으로 가장 정확한 방법이다.

④ 용적배합(volume mix) ; 콘크리트 1㎥를 비벼내는 데 소요되는 각 재료의 양을 용적(㎥)으로 표시한 배합을 말하며, 다음과 같이 구분한다.

- 절대용적배합(absolute volume mix) ; 콘크리트 1㎥를 비벼내는 데

소요되는 각 재료의 양을 절대용적(l)으로 표시한 배합으로 각 배합의 기본이 된다.

- 표준계량용적배합(normal measuring volume mix) ; 콘크리트 1m³를 비벼내는 데 소요되는 각 재료의 양을 표준계량용적으로 표시한 배합이다. 이 경우 시멘트는 1,500kg을 1m³로 계산한다.
- 현장계량용적배합(field measuring volume mix) ; 콘크리트 1m³를 비벼내는 데 소요되는 각 재료 중 시멘트는 포대수, 골재는 보통 현장계량에 의한 용적(m³)으로 표시한 배합이다. 즉 시멘트 : 모래 : 자갈은 1 : 2 : 4 혹은 1 : 3 : 6 등이다.

2.2.2 콘크리트 배합설계

(1) 콘크리트 배합설계(design of mix proportion)란 소요강도 · 내구성 · 균일성 · 수밀성 · 작업에 알맞은 워커빌리티(workability) 등을 가진 콘크리트가 가장 경제적으로 얻어지도록 시멘트 · 잔골재 · 굵은골재 및 혼화재료의 비율을 정하는 것을 말한다.

콘크리트 배합설계에는 시험배합(trial mix)에 의한 방법, 계산에 의한 방법 및 배합표에 의한 방법이 있다. 이 중 시험배합에 의한 방법이 가장 실용적이고 합리적인 방법이다. 배합설계 전에 각 재료에 대한 품질시험(시멘트 및 골재의 비중, 골재의 입도 · 흡수량 · 단위용적중량 등)을 통하여 필요한 자료를 충분히 확보하고 이 자료에 의거하 이상적인 콘크리트가 될 수 있도록 배합설계를 해야 한다. 콘크리트의 배합설계 순서를 들면 다음과 같다.

① 콘크리트 소요강도(설계기준강도, 배합강도) 설정
② 굵은골재 최대치수 결정
③ 강도 및 내구성을 고려한 물시멘트비(W/C) 결정
④ 물시멘트비 및 굵은골재의 최대치를 고려한 슬럼프값(slump value) 결정
⑤ 공기량, 잔골재율, 단위수량 결정
⑥ 배합조건에 따른 잔골재율, 단위수량 결정
⑦ 시멘트량 및 혼화재량 결정
⑧ 굵은골재 및 잔골재량 결정

⑨ 계획배합의 결정 및 시험비빔에 의한 결과 분석

⑩ 현장배합의 결정

콘크리트 배합설계시 제 요소인 설계기준강도 및 배합강도, 굵은골재 최대치수, 슬럼프값, 단위수량, 잔골재율, 물시멘트비, 단위시멘트량, 공기량과 혼화재료의 단위량을 결정하는 방법은 건축공사표준시방서 또는 콘크리트표준시방서에 명시된 내용에 따라 결정한다.

콘크리트의 배합설계는 근래에 레디믹스트콘크리트(ready mixed concrete)를 많이 사용하기 때문에 건축현장에서 직접 시행하지 않는 경우가 많다.

(2) 콘크리트의 배합설계에 필요한 제 요소가 결정되면 여러 참고자료(참고배합표 등)를 이용하여 재료배합을 가정하고, 이를 기초로 콘크리트의 요구성능에 만족시키도록 시험비빔(trial mixing)을 실시하여 계획배합(specified mix)을 결정하고 계획배합을 아래 표로 작성하여 관리하게 된다.

계획배합의 표시방법

배합강도 (kgf/㎠)	슬럼프 (cm)	공기량 (%)	물시멘트비 (%)	굵은골재의 최대치수 (mm)	잔골재율 (%)	단위수량 (kg/㎤)	절대용적(l/㎥)				중량(kg/㎤)				혼화제의 사용량 (ml/㎥) 또는 (kg/㎥)
							시멘트	잔골재	굵은골재	혼화재	시멘트	잔골재[1]	굵은골재[1]	혼화재	

비고 1) 절건상태인지 표면건조 포화상태인지를 명기한다. 다만, 경량골재는 절건상태를 표시한다. 혼합골재를 사용하는 경우, 필요에 따라 혼합 전의 각 골재 종류 및 혼합비율을 나타낸다.

2) 본 표는 건축공사표준시방서에 게재된 내용이다.

계획배합이 결정되면 이를 실제의 골재조건에 따라 콘크리트를 생산할 때 잔골재와 굵은골재 간에 각 입도에 따른 보정으로서 현장배합(field mix)을 결정한다.

2.2.3 콘크리트의 참고배합표

콘크리트의 배합설계를 경험이 없는 상태에서 처음 실시하는 일은 매우 어려운 일이고, 경우에 따라서는 많은 시행착오를 반복하지 않으면 안 된다. 이러한 경우에는 기존의 배합설계 자료라든가 문헌을 이용하여 작성된 배합표를 참고하여 배합을 정하는 것이 편리하다. 이렇게 정한 배합표는 골재 등의 조건에 따라 실제로는 맞지 않을 때도 있으므로 시험배합을 해본 다음 확정하는 것이 좋다.
참고배합표에는 일반적으로 모래의 조립률, 자갈의 최대치수, 물시멘트비, 슬럼프값, 잔골재률, 단위시멘트량, 단위잔골재량, 단위굵은골재량, 혼화재료 사용량 등이 표기되어 있다.

2-3 콘크리트의 성질

2.3.1 굳지 않은 콘크리트의 성질

굳지 않은 콘크리트(fresh concrete)란 조성재료(composition materials)의 비빔 직후로부터 응결과정을 거쳐 소정의 강도를 나타낼 때까지의 콘크리트를 말한다.

(1) 반죽질기(consistency) 및 워커빌리티(workability)

① 반죽질기란 주로 물의 양이 많고 적음에 따른 반죽이 되고 진 정도를 나타내는 굳지 않은 콘크리트의 성질을 말한다. 반죽질기를 컨시스턴시(consistency)라고 부르기도 한다. 반죽질기는 콘크리트의 워커빌리티를 나타내는 하나의 지표이나 어디까지나 일면만을 나타내는 데 불과하다. 반죽질기는 단위수량이 많을수록 커지고 콘크리트의 온도가 높을수록 작아진다. 반죽질기는 보통 슬럼프시험에 의한 슬럼프값(slump value)으로 표시되는 것이 일반적이다.

② 워커빌리티란 반죽질기 여하에 따른 작업의 난이 정도 및 재료분리(material segregation)에 저항하는 정도를 나타내는 굳지 않은 콘크리트의 성질을 말한다. 일반적으로 워커빌리티의 양부는 반죽질기에 좌우되는 경우가 많다. 보통 묽을수록 워커빌리티가 좋다고 하는 경우가 많지만 반죽질기가 너무 좋아도 재료분리라는 측면에서는 워커빌리티가 나빠지므로 워커빌리티의 평가에는 경험에 기초를 둔 판정이 중요하다.

워커빌리티는 복잡한 성질로 인해 영향을 주는 요인은 상당히 많지만 그 중에서 주된 요인이라고 생각되는 것은 시멘트의 양, 시멘트의 품질, 단위수량, 잔골재 및 굵은골재의 입도와 입형, 배합, 혼화재료, 비빔 등을 들 수 있다.

③ 워커빌리티를 정확하게 측정하는 방법이 아직도 확립되어 있지 않아 워커빌리티를 정량적으로 나타내지는 못하고 있으며, 반죽질기의 정도를 가지고 워커빌리티를 대표하는 경우가 많다. 워커빌리티의 측정방법으로 여러 나라에서 가장 많이 이용되고 있는 것이 슬럼프시험(slump test)이다. 슬럼프시험 방법은 한국산업규격(KS F 2402)에서 정하고 있는 포틀랜드시멘트콘크리트의 슬럼프시험 방법에 따른다.

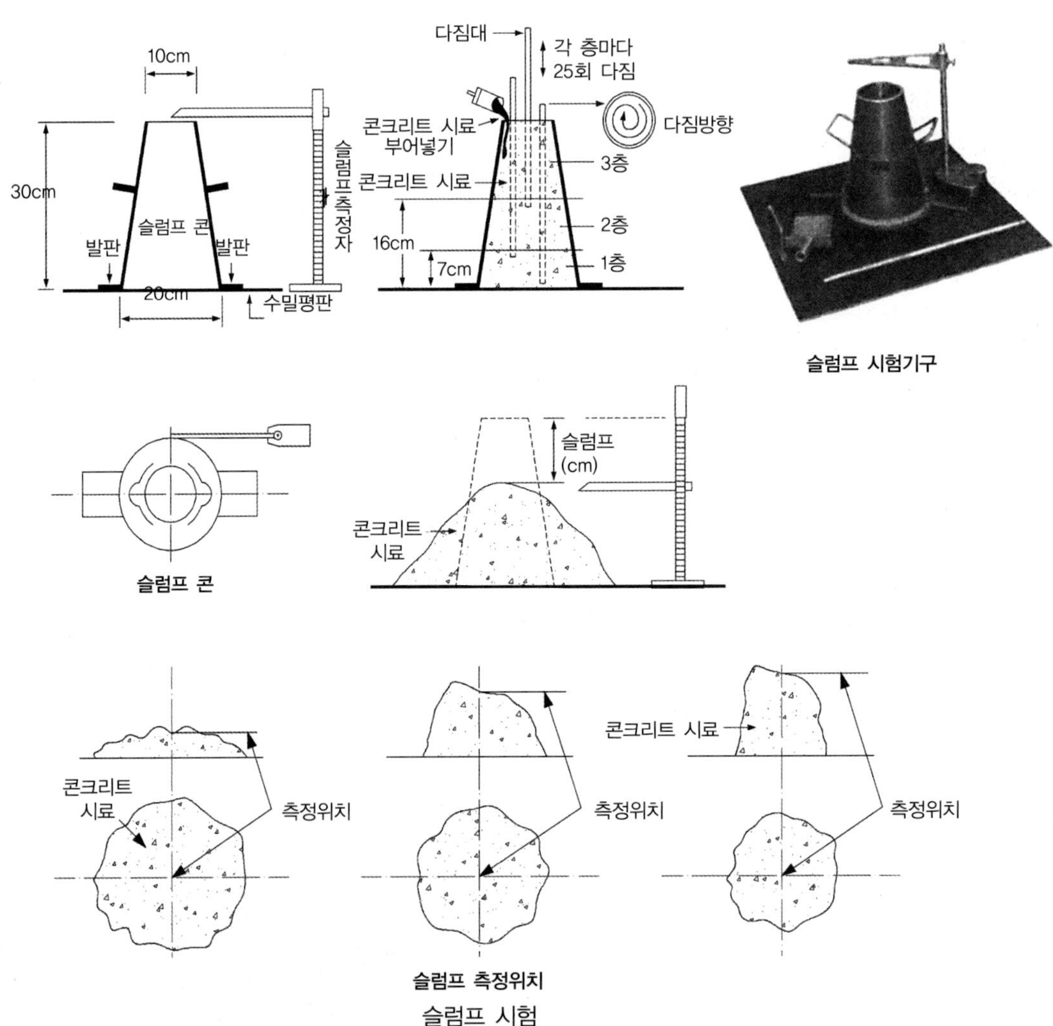

슬럼프 시험

슬럼프시험 외에도 다짐계수시험(compacting factor test), 비비시험(vee-bee test), 구관입시험(all penetration test), 흐름시험(flow test), 리몰딩시험(remolding test) 등이 있다.

④ 슬럼프시험 방법은 다음과 같으며, 슬럼프값이 큰 것일수록 반죽실기가 좋은 콘크리트이다. 그러나 콘크리트의 반죽질기는 작업에 알맞은 범위 내에서 될 수 있는 한 슬럼프값이 작은 것이어야 한다.

건축공사에 쓰이는 슬럼프값은 아래 표와 같다.

표준 슬럼프값

장소	진동다짐이 아닐 때	진동다짐일 때
기초 · 바닥판 · 보	15~18	5~10
기둥 · 벽	18~21	10~15

1) 슬럼프 시험기구(slump test utensil mechanism)

수밀평판(편평하고 비흡수성의 단단한 평판), 슬럼프 콘(slump test cone ; 밑면의 안지름이 20cm, 윗면의 안지름이 10cm, 높이가 30cm인 원추형의 금속제), 다짐대(temper ; 지름 16mm, 길이 60cm인 원형 강봉), 슬럼프 측정자, 기타(소형 삽, 흙손, 콘크리트믹서, 헝겊, 온도계)

2) 콘크리트 시료(concrete sample)

슬럼프를 측정할 콘크리트 시료는 굳지 않은 콘크리트의 시료채취방법(KS F 2401)에 따라 채취한 시료

3) 슬럼프 시험방법(slump test method)

① 수밀평판을 수평으로 설치하고 슬럼프 콘(슬럼프 몰드 : slump mould 라고도 함)을 수밀평판 중앙에 놓고 2개의 발판을 딛고 서로 움직이지 않게 단단히 고정 밀착시킨다.

② 콘크리트 시료를 슬럼프 콘 안에 용적으로 약 1/3(바닥에서 7cm), 약 2/3(바닥에서 16cm), 나머지를 최상층으로 하여 3층으로 나누어 부어 넣는다.

③ 다짐대로 그 층의 깊이 만큼 다질 때 1층은 다짐대가 평판에 닿지 않도록 전 깊이를 다지고, 2 · 3층은 각 층의 깊이만 다지는데, 그 아래층에 약간 관입할 정도로 각각 25회씩 단면 전체에 골고루 바

깥쪽에서 중앙을 향해 우측방향으로 찔러 다진다.

④ 최상층(3층)을 모두 다졌으면 흙손을 이용하여 콘크리트 시료 윗면이 수평이 되도록 고른다.

⑤ 슬럼프 콘을 수직으로 가만히 들어 올려 벗기고 슬럼프 측정자로 콘크리트 시료가 미끄러져 내린 높이를 측정한다. 따라서 슬럼프 값은 슬럼프 콘에 다져 넣은 높이에서 슬럼프 콘을 벗겨 콘크리트 시료가 무너져 내린 높이를 cm로 표시한 것이다.

(2) 공기량(amount of air)

AE제 또는 AE감수제를 사용하여 계획적으로 콘크리트 중에 균등히 분포시킨 미소한 독립된 기포를 연행공기(entrained air) 또는 AE공기(air-entraining)라 하고, AE제 등을 사용하지 않는 경우에도 콘크리트 중에 자연적으로 함유되어 있는 기포를 갇힌공기(entrapped air)라 한다. 콘크리트에 적당한 양의 연행공기를 분포시키면 콘크리트의 워커빌리티가 현저하게 개선되고 콘크리트의 수밀성이 높아져 동결융해(freeze-thaw)에 대한 내구성(durability)을 향상시키는 역할을 한다. 갇힌공기는 내구성에 대해서는 전혀 효과가 없다.

공기량은 보통콘크리트에서는 1% 정도이지만 AE제 또는 AE감수제를 사용함으로써 4~6% 범위가 된다. 공기량을 증가시키면 콘크리트의 강도가 저하하기 때문에 과다한 사용은 금한다. 굵은골재 최대치수가 적은 콘크리트일수록 공기량이 많이 필요하다.

(3) 블리딩(bleeding)과 레이턴스(laitance)

블리딩이란 콘크리트 타설 후 시멘트, 골재입자(aggregate particle) 등이 침하에 따라 물이 분리 · 상승되어 콘크리트 표면에 떠오르는 현상을 말하고, 블리딩에 의하여 콘크리트 표면에 배합수(mixing water)와 함께 떠오른 부유물질(floating substance) 또는 녹아 있던 알칼리성 물질(alkaline substance)들이 침전(deposition)한 미세한 물질, 즉 콘크리트 표면에 얇은 층이 형성된 것을 레이턴스라 한다.

콘크리트 타설 후에는 블리딩현상에 의해 시멘트풀 및 물이 분리하게 된다. 이로 인하여 콘크리트면이 침하되어 콘크리트 균열의 원인이 된다. 또한 블리딩에 의해 레이턴스 현상이 생겨 시멘트풀의 부착력 및 수밀성이 저하되므로 콘크리트에 나쁜 영향을 미치게 한다.

블리딩을 적게 하기 위해서는 단위수량을 적게 하고 골재입도(aggregate grading)가 적당해야 하며 AE제, 분산감수제, 플라이애시, 기타 적당한 혼화제를 사용한다. 보통 건축용 콘크리트의 경우 블리딩이 일어나는 시간은 40~60분 사이이다. 콘크리트의 블리딩시험 방법은 한국산업규격(KS F 2411)에 규정되어 있다. 레이턴스는 강도와 접착력을 매우 저하시키므로 반드시 제거해야 한다. 콘크리트가 경화 후에 압축공기, 압력수 또는 마른 모래를 세게 뿜어 레이턴스를 제거한 후 표면이 충분히 젖은 상태로 하여 콘크리트를 타설하는 것이 좋다.

(4) 재료의 분리(segregation of materials)

콘크리트는 비중과 입자의 크기 등이 다른 여러 종류의 재료로서 구성되므로 비비기(mixing), 운반, 다지기 등의 시공중에 재료별로 집중되는 현상을 일으키는 경우가 있다. 이러한 현상을 재료의 분리라 한다.

재료의 분리는 굵은골재의 최대치수가 지나치게 큰 경우, 입자가 거친 잔골재를 사용한 경우, 잔골재량 또는 단위수량이 너무 많은 경우, 배합이 적절하지 못한 경우에 자주 생기는 것으로 콘크리트는 본질적으로 믹서에서 배출될 때부터 운반, 부어넣기, 다지기 등의 공정을 거쳐 경화할 때까지의 사이에 분리하려는 성질을 가지고 있다. 블리딩도 이러한 현상의 일종이다.

재료의 분리를 일으키면 콘크리트는 불균질하게 되어 침하균열(settlement crack)의 원인과 함께 경화한 콘크리트의 강도·수밀성·내구성·미관을 손상시키므로 재료의 분리현상(segregation appearance)을 줄이기 위한 대책을 고려해야 한다.

재료분리를 시험하는 방법은 한국산업규격(KS F 2411)에 규정된 블리딩 시험방법에 의한다.

(5) 초기균열(initial crack)

콘크리트를 거푸집에 타설한 후부터 응결이 종료하기까지에 발생하는 균열을 일반적으로 초기균열이라 부르고 있다.

초기균열은 그 원인에 따라서 침하 수축균열, 플라스틱 수축균열(초기 건조균열), 거푸집 변형에 따른 균열 및 진동·재하에 따른 균열 등으로 크게 나눌 수 있다.

침하 수축균열(settlement shrinkage crack)은 콘크리트 타설 후 1~3시간에 주로 발생하며, 콘크리트 표면 가까이에 있는 철근, 매설물 또는 입자가 큰 골재 등이 콘크리트의 침하를 국부적으로 방해하기 때문에 일어난다. 균열이 발생하여 커지는 정도는 블리딩이 큰 콘크리트일수록 높아진다. 침하 수축균열을 방지하기 위해서는 단위수량을 될 수 있는 한 적게 하고, 슬럼프가 작은 콘크리트를 잘 다지기 또는 타설속도를 늦게 하며, 1회 타설높이를 작게 또는 침하 종료단계에서 다시 표면 마무리를 하여 균열을 제거하도록 한다.

플라스틱 수축균열(plastic shrinkage crack)은 콘크리트 표면에서 물의 증발속도가 블리딩 속도보다 빠른 경우와 같이 급속한 수분 증발이 일어나는 경우에 콘크리트 마무리면에 생기는 가늘고, 얇은 균열을 말한다. 플라스틱 수축균열을 방지하기 위해서는 수분의 증발을 방지하고 마무리를 지나치게 하거나 콘크리트 표면에 급격한 온도변화(temperature change)가 일어나지 않도록 한다.

(6) 응결(setting)과 경화(hardening)

콘크리트가 유동적인 상태에서 겨우 형체를 유지할 수 있을 정도로 엉키는 초기작용(initial action)을 응결이라 하고, 응결이 끝난 콘크리트가 굳어져 강도가 증진되는 현상을 경화라 한다. 시멘트의 응결시간은 한국산업규격(KS)에서 15~25℃일 때 물을 뿌려 1시간 후에 응결이 시작하며 10시간 이내에 끝나는 시간으로 정하고 있으며, 실제는 2시간에서 4시간 정도이다.

콘크리트의 응결은 기본적으로 시멘트의 응결작용(setting action)에 기인한 것이므로 일반적으로 조강성(high early hardness)의 시멘트일수록 빠르고, 또한 동일 시멘트에서는 슬럼프가 작을수록, 물시멘트비가 작을수록 빨라지는 경향이 있다. 그리고 골재나 물에 포함되어 있는 성분 중 바닷모래나 해수 중에 포함된 염분(salt)은 응결을 빨리 일으키고 당류(saccharoid), 부식토(humus soil) 등에 포함된 유기물은 반대로 늦게 한다. 또한 고온, 저습, 일사, 바람 등이 응결을 빠르게 하는데, 특히 온도의 높고 낮음에 따라 응결에 많은 영향을 받는다.

2.3.2 경화된 콘크리트의 성질

경화된 콘크리트의 주요 성질로서 강도, 변형, 중량, 체적변화, 수밀성, 내화성, 열적 성질, 내구성 등을 들 수 있다.

(1) 강도(strength)

① 압축강도 ; 콘크리트의 강도라 히면 압축강도(compressive strength)를 말한다. 압축강도 외에도 휨 · 인장 · 전단 · 부착강도 등이 필요하지만 이 강도들은 대체적으로 압축강도로서 판단할 수 있기 때문에 압축강도가 콘크리트의 역학적 기능을 대표하는 것으로서 매우 중요시되고 있다. 콘크리트의 압축강도시험 방법은 한국산업규격(KS F 2405)에 규정되어 있다. 일반구조물에서 콘크리트의 강도는 표준양생을 한 재령 28일의 압축강도를 기준으로 한다.

콘크리트의 압축강도에 영향을 주는 요인은 여러 가지가 있으나 주된 요인은 대략 다음과 같다.

- 사용재료의 품질(시멘트, 골재, 혼합수, 혼화재 등)
- 배합(물시멘트비, 공기량, 단위시멘트량 등)
- 시공방법(콘크리트의 비빔 · 다짐 등)
- 양생방법, 재령, 시험방법 등

이러한 요인 중에서 콘크리트 강도에 가장 영향을 미치는 것은 물시멘트비이다. 이와 관련한 중요한 강도이론은 다음과 같다.

- 물시멘트비설(water-cement ratio theory)

  1919년 에이브럼스(D.A. Abrams)는 콘크리트가 워커블(workable)하고 플라스틱(plastic)하면, 그 배합 여하에 관계없이 콘크리트 강도는 다음 식과 같이 물시멘트비에 의하여 결정된다는 것이다.

$$F_c = A / B^X$$

여기서, F_c : 콘크리트의 압축강도

A, B : 시멘트 품질 등에 의하여 결정되는 상수

X : 물시멘트비($X = W/C$)

- 시멘트물비설(cement - water ratio theory)

  1932년 리세(I · Lyse)는 콘크리트의 강도와 시멘트물비와의 사이에는 다음과 같은 관계가 있다는 것이다. 아래 식은 보통콘크리트의 배합

설계에 유효하게 이용된다.

$$F_c = A + B(C/W)$$

여기서, F_c : 콘크리트의 압축강도

A, B : 실험 상수

C/W : 시멘트물비

- 시멘트공극비설(cement - void ratio theory)

  1921년 탤버트(A.N. Tallbot)는 콘크리트의 강도는 시멘트 공극비에 의하여 영향을 받는다는 것이다. 아래 식은 매우 된비빔의 콘크리트에서 공극(void)이 남아 있는 경우 또는 AE콘크리트 등의 경우에 적용한다.

$$F_c = A + B(\nu / C)$$

여기서, F_c : 콘크리트의 압축강도

A, B : 실험상수

C : 시멘트의 절대용적

ν : 공극의 용적(단위수량 용적과 단위콘크리트 내의 공기용적 합계)

② 인장강도 · 휨강도 · 전단강도 ; 콘크리트의 인장강도(tensile strength)는 압축강도와 비교하면 매우 작아 보통콘크리트의 경우 그 비는 약 1/10~1/13 정도이다. 콘크리트 압축강도 F_c와 인장강도 F_t와의 비 F_c/F_t를 취성계수(coefficient of brittleness)라고 하는데, 이 값은 압축강도 F_c가 클수록 크다. 또한 인장강도는 콘크리트를 건조시키면 습윤한 콘크리트보다 저하한다.

콘크리트의 휨강도(bending strength)는 압축강도의 1/5~1/8 정도이고, 인장강도의 1.6~2.0배 정도이다. 그리고 전단강도(shear strength)는 압축강도의 1/4~1/6 정도이고, 인장강도의 2.3~2.5배이다.

③ 부착강도 ; 콘크리트의 부착강도(bond strength)는 철근콘크리트구조에서 철근과 콘크리트 사이에 일어나는 부착의 정도를 말한 것으로 최초 시멘트풀의 점착력(cohesive power)에 따라 일어나고 하중의 증대에

따라 콘크리트의 경화수축(hardened shrinkage)에 의한 철근 표면에의 압력 및 철근 표면의 상태 등에 따른 마찰력(friction force)에 의해서 발생한다. 부착강도는 콘크리트 압축강도가 증가함에 따라 일반적으로 증가한다. 그러니 압축강도가 클수록 부착강도의 증가율은 낮아지며 압축강도가 350kgf/cm^2 이상에서는 증가하지 않는다고 한다. 그 예를 나타내는 그림에서 이형철근의 부착강도가 원형철근의 약 2배임을 알 수 있다. 부착강도는 부착응력(bond stress)이 철근의 표면에 일정하게 분포한다고 가정하고 다음 식으로 계산한다.

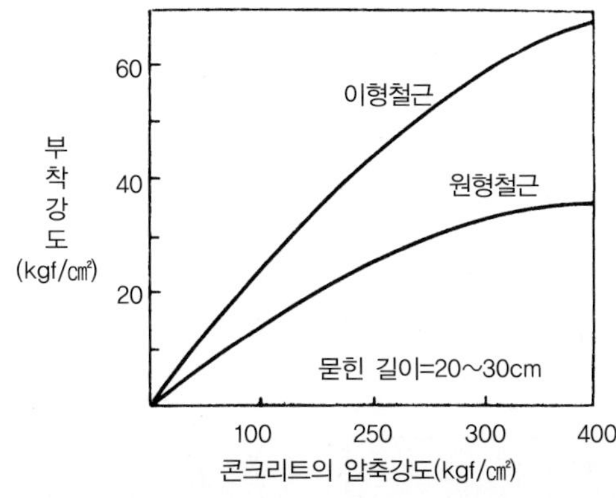

콘크리트의 압축강도와 부착강도와의 관계

$$\tau = \frac{P}{\pi d l}$$

여기서, τ : 부착강도(kgf/㎠), P : 최대하중(kgf)
l : 묻힌길이(cm), d : 철근의 지름(mm)

④ 피로강도 ; 콘크리트도 다른 재료와 마찬가지로 반복하중(cyclic load)을 받거나 또는 일정한 하중을 지속적으로 받으면 피로로 인하여 정적파괴하중(static fracture load)보다 작은 하중으로도 파괴된다. 이때 전자를 피로파괴(fatigue fracture)라 하고, 후자를 크리프 파괴(creep fracture)라고 한다. 실제로는 무한한 반복에 견딜 수 있는 응력의 극한값(limit value)을 피로강도(fatigue strength)라 한다. 콘크리트가 지속적으로 하중을 받는 경우 파괴를 일으키지 않는 한계를 크리프한계(creep limit)라고 하는데, 이 크리프한계는 압축강도의 70~80% 정도이다.

(2) 탄성(elasticity)과 소성(plasticity)

1) 응력-변형률 곡선

콘크리트는 완전 탄성체(elastic body)가 아니므로 응력(stress)과 변형률(strain)의 관계는 강재와 달리 하중재하의 초기단계에서부터 곡선을 나타내며, 엄밀한 의미의 직선부분은 존재하지 않는다. 콘크리트의 응력-변형률 곡선의 형태는 콘크리트의 강도, 품질 등에 따라 다르지만 일반적으로 고강도 콘크리트쪽의 곡선의 기울기가 강도가 낮은 콘크리트쪽의 기울기보다 급하다. 따라서 보통콘크리트가 경량콘크리트보다도 곡선 상부의 기울기가 급하다.

아래 그림의 응력 - 변형률 곡선에서 비교적 적은 하중을 가하더라도 잔류변형률(residual strain)이 생기는데, 이것을 소성변형률(plastic strain)이라 하고, 전 변형률에서 잔류변형률(residual strain)을 뺀 것을 탄성변형률(elastic strain)이라 하는데, 이는 하중을 제거하면 회복되는 변형률이다. 보통콘크리트에서 잔류변형률에 대한 전 변형률의 비는 응력이 클수록 크고, 파괴강도(breaking strength)의 50% 정도의 응력에서 약 10% 정도이다.

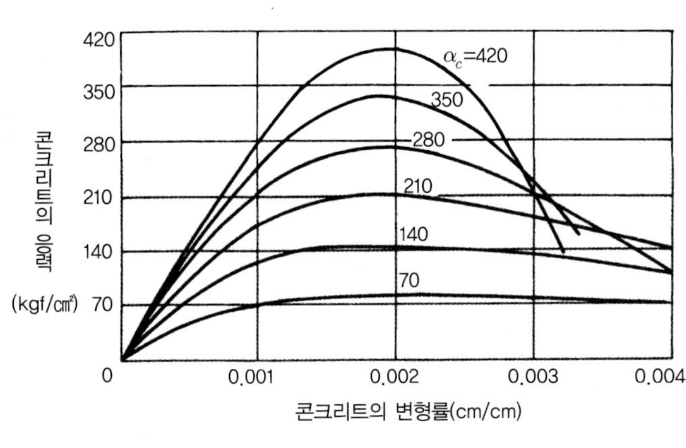

콘크리트의 응력-변형률 곡선

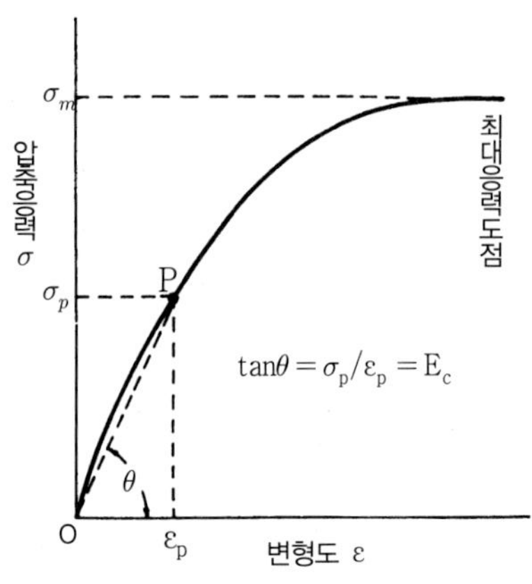

콘크리트의 응력변형도

2) 탄성계수(modulus of elasticity)

보통 구조해석 시 사용되는 콘크리트의 탄성계수 또는 영계수(young's modulus)는 일반적으로 할선탄성계수(secant modulus of elasticity)를 많이 사용하고 있다. 여기서, 할선탄성계수라 함은 다음 식에 의해 정의되는 시컨트탄성계수(secant modulus of elasticity)를 말한다. 위의 그림에서 $\tan\theta$가 시컨트탄성계수이다.

$$E_c = \sigma_p / \varepsilon_p$$

여기서, E_c : 시컨트탄성계수

σ_p : 응력변형도 선상의 임의섬 P의 응력도

ε_p : σ_p에 대응한 변형도

콘크리트의 탄성계수는 $(1.0\text{~}4.0)\times 10^5$kgf/㎠의 범위에 있으며, 철근콘크리트구조계산규준에서는 다음 식을 사용하고 있다.

$$E = 2.1 \times 10^5 \times (\rho / 2.3)^{1.5} \sqrt{F_c/200}\,(\mathrm{kgf/cm^2})$$

여기서, E : 탄성계수, ρ : 밀도, F_c : 압축강도

3) 푸아송비(Poisson's ratio)

콘크리트 공시체(specimen of concrete)에 단순 압축력 또는 단순 인장력을 가하면 공시체의 축방향 변형과 축과 직각방향 변형이 일어난다. 이때 축방향 변형률과 축과 직각방향 변형률과의 비를 푸아송비라 한다. 푸아송비의 역수를 푸아송수라 한다.

$$\text{푸아송비} : \nu = \sigma_t / \varepsilon_e, \quad \text{푸아송수} : m = \frac{1}{\nu}$$

여기서, ν : 푸아송비, ε_t : 축방향 변형률, ε_e : 축과 직각방향 변형률,

m : 푸아송수

일반적으로 콘크리트 허용응력도(allowable stress) 부근에서의 푸아송비는 1/5~1/7 정도이고, 파괴응력(fracture stress) 부근에서는 1/2~1/4 정도이다. 철근콘크리트구조계산규준에서는 푸아송비를 보통콘크리트, 경량콘크리트인 경우 1/6로 하고 있다.

(3) 중량(weight)

콘크리트의 중량은 주로 골재의 비중에 따라 변화하지만 그 외에 골재의 입도·입형 및 최대치수, 콘크리트의 배합, 건조상태 등에 따라서도 달라진다.

보통콘크리트의 중량은 2.3t/m³ 정도이고, AE제를 넣으면 2.2t/m³ 정도가 된다. 경량콘크리트의 중량은 약 2.0t/m³ 이하이다. 보통콘크리트보다 무거운

것은 중량콘크리트(heavy weight concrete)라 하고, 가벼운 것을 경량콘크리트(light weight concrete)라 한다.

(4) 체적변화(cubic volume change)

콘크리트의 체적은 수분 및 온도의 변화에 따라 변화한다. 이 체적변화는 콘크리트구조물에 여러 가지 악영향을 미친다. 콘크리트는 흡수하면 팽창하고, 건조하면 수축한다. 습윤상태에 있는 콘크리트가 건조하여 수축하는 현상을 건조수축(drying shrinkage)이라 하고, 건조수축에 의한 변형량은 기건상태(air dried state)까지 건조시켰을 경우 $4\sim6\times10^{-4}$ 정도이다. 건조수축은 단위시멘트양 및 단위수량이 많을수록 크게 되고, 골재가 경질이고 탄성계수가 클수록 작아지며, 부재치수가 큰 만큼 건조가 진행되지 않으므로 작아진다.

콘크리트의 온도변화에 의한 체적변화는 물시멘트비나 시멘트풀양 등의 영향에는 비교적 적고, 사용 골재의 암질(rock quality)에 지배되는 경우가 많은데 암질이 석영질(quartz quality)인 경우가 최대이고, 사암·화강암·현무암·석회암의 순으로 작아진다.

(5) 크리프(creep)

콘크리트에 하중이 작용하면 그 크기에 따라 순간적으로 변형하지만 일정한 하중이 지속적으로 작용하면 하중의 증가가 없어도 콘크리트의 변형은 시간에 따라 증가한다. 이와 같이 지속적으로 작용하는 하중에 의해 시간에 따라 콘크리트의 변형이 증대하는 현상을 크리프라 하고, 증대한 변형을 크리프변형(creep strain)이라 한다. 소정의 하중에 의한 크리프변형과 탄성변형도(elastic strain)의 비를 크리프계수(creep coefficient)라고 하며, 이를 식으로 표시하면 다음과 같다.

$$\phi_t = \varepsilon_c / \varepsilon_e$$

여기서, ϕ_t : 크리프계수

ε_c : 크리프 변형도

ε_e : 탄성변형도(순간적으로 생기는 변형도)

크리프계수는 여러 조건에 의해 다르나 대략 2~3 정도로 알려져 있다. 콘크리트에 크리프가 나타나면 처짐, 균열의 폭 등이 시간과 더불어 증대되고 프리스트레스(prestress) 힘이 감소하는 악영향이 나타나는 반면, 응력집중을 감소시키고 균열 발생의 위험성을 줄이는 좋은 점도 있다. 콘크리트의 크리프는 일반적으로 시멘트풀이 많을수록, 물시멘트비가 클수록, 작용하중이 클수록 크다. 또한 외부습도가 높을수록 작고 온도가 높을수록 크다.

(6) 수밀성(water tightness)

콘크리트는 물에 접하면 흡수하고, 압력수(pressure water)가 작용하면 투수(permeation of water)하게 된다. 그것은 콘크리트가 본질적으로 다공질이기 때문만이 아니라 흡수 또는 투수할 수 있는 여러 가지 요소를 가지고 있기 때문이다. 콘크리트가 수밀성이 있다는 것은 투수성(permeability)이나 흡수성(absorbency)이 매우 작다는 것을 말한다. 이 수밀성은 동결융해(freezing-thaw)에 대한 내구성, 화학적인 침윤작용(saturation action)에 대한 내구성 등과 밀접한 관계가 있다. 콘크리트의 수밀성에 영향을 미치는 요인으로는 물시멘트비, 골재 최대치수, 양생방법, 다짐, 혼화재료사용 등을 들 수 있다.

수밀성은 물시멘트비가 작을수록 커지고, 골재 최대치수가 클수록 작아지며, 습윤양생(wet curing)이 충분할수록 커진다. 또한 다짐이 불충분할수록 작아지며, 양질의 혼화재료를 사용하면 현저하게 향상된다.

(7) 내화성(refractoryness)

콘크리트는 현재 사용되고 있는 건축구조재료 중에서 내화성이 우수한 재료라고 하지만 고온을 받으면 강도 및 탄성계수가 저하되고, 철근콘크리트에서는 철근과 콘크리트와의 부착력(bond strength)이 저하된다. 고온을 받은 후의 콘크리트는 밀도가 낮아져 다공질로 되며, 여러 가지 원인에 의한 크고 작은 균열이 일어난다. 이 때문에 흡수성이 증대되고 중성화(neutralization)속도가 빨라지면 내구성이 떨어진다.

콘크리트는 110℃ 전후에서는 팽창하지만 그 이상의 온도에서는 수축이 일어나 온도의 상승에 따른 수축이 계속 진행되어 260℃ 이상이면 결정수(water of crystallization)가 없어지므로 강도도 점점 저하된다.

(8) 내구성(durability)

① 콘크리트는 공기중의 탄산가스에 의해 수화(hydration)로 인한 수산화

칼슘(hydroxide calcium)이 탄산칼슘(carbonated calcium)으로 변화하여 알칼리성(alkaline)을 잃어간다. 즉 다음과 같은 화학반응(chemical reaction)을 일으킨다.

$$Ca(OH)_2 + CO_2 \rightarrow CaCO_3 + H_2O \uparrow$$

이러한 현상을 콘크리트의 중성화(neutralization)라고 한다. 철근콘크리트에서 중성화가 진행되어 철근 위치까지 물이나 공기가 침투되면 철근은 산화철(iron oxide)이 되어 녹이 슬고, 철근 체적이 팽창하여 콘크리트가 파괴된다. 따라서 콘크리트의 중성화는 철근콘크리트구조물의 내구성에 있어서 중요한 문제이다. 중성화가 철근의 위치까지 도달하는 기간을 철근콘크리트조 건축물의 내용연수로 보는 견해가 많다.

② 콘크리트는 동결융해작용, 물의 침식작용, 건습반복작용, 온도변화, 탄산가스의 작용 등 기상작용에 의해 변화한다. 일반적으로 동결융해작용(freeze-thaw action)에 의한 것이 가장 크다.

콘크리트는 유공체(perforated body)로서 온도와 건습차가 심한 곳에서는 흡수건조와 흡수된 수분의 동결융해가 반복되며, 이 과정을 통하여 콘크리트가 풍화(weathering)되면 알칼리성을 점점 상실하게 되어 중성화된다. 이로 인한 콘크리트의 내구성을 저하시키므로 동결융해작용에 대한 저항성(resistantness)을 증가시키기 위해서는 물시멘트비를 작게 하고, 수밀한 콘크리트를 만들어야 한다

③ 콘크리트가 해양 환경에 장기간 노출하게 되면 해수 중에 포함되어 있는 황산염(sulphate)의 화학적 작용에 의하여 콘크리트가 침식되고 철근콘크리트 내의 철근이 부식하게 되어 내구성을 저하시킨다. 따라서

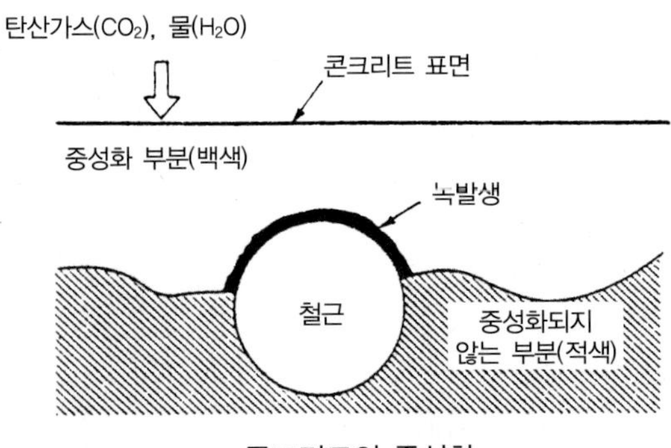

콘크리트의 중성화

철근콘크리트 구조물은 특히 해수를 피해야 한다. 이와 같은 작용에 대비하여 수밀성 있는 콘크리트로 만들고, 피복두께를 가능한 한 증대시켜 철근을 충분히 보호하며, 콘크리트 표면에 내식성(corrosion resistance)이 큰 재료로 보호피막을 만드는 것이 중요하다.

④ 콘크리트가 손식(erosion)에 의하여 내구성이 저하되기도 한다. 콘크리트 표층에 침해되어 손상되는 것을 손식이라 하고, 손식에는 흐르는 물속의 모래 등에 의한 마모, 교통에 의한 마모, 공동현상(cavitation)에 의한 손식 등이 있다. 이중 공동현상에 의한 손식이 가장 크다. 손식에 대한 저항성(resistanceness)을 높이기 위해서는 물시멘트비를 적게 하고, 강경하고 미분이 적은 골재를 사용하며, 충분한 습윤양생(wet curing)하여 고강도(high strength) · 고밀도(high density)로 하는 것이 중요하다.

2-4 각종 콘크리트

2.4.1 무근콘크리트 · 철망삽입무근콘크리트

① 무근콘크리트(non-reinforced concrete)는 철근 등의 보강재(reinforced materials)를 사용하지 않는 콘크리트, 즉 버림콘크리트(blinding concrete) · 밑창콘크리트(subslab concrete) 등 철근 및 철망으로 보강하지 않는 콘크리트이다. 콘크리트에 온도철근(temperature bar)만을 삽입하거나 와이어메시(wire mesh) 정도로 보강한 것은 무근콘크리트로 간주한다.

② 철망삽입무근콘크리트(wire insertional concrete)는 지반 위에 직접 또는 잡석 · 자갈 · 모래 다짐 위에 설치하는 콘크리트로서 다짐바닥과 간이포장 또는 경미한 무근콘크리트 벽체에 철망이나 가는 철선을 삽입하여 콘크리트의 신축균열(expansion crack) 및 그 확대를 방지할 목적으로 사용한다.

2.4.2 잡석콘크리트 · 깬자갈콘크리트

① 잡석콘크리트(rubble concrete, cobble concrete)는 증량을 목적으로 잡석, 둥근잡석(호박돌) 등을 넣은 콘크리트를 말한다. 보통 경미한 건축 또는 임시적인 간이 건축물의 기초 밑과 같이 강도를 필요로 하지 않는 곳에 빈배합(lean mix)의 잡석콘크리트를 사용한다.

② 깬자갈콘크리트(broken stone concrete)는 보통 강자갈 대신에 깬자갈, 즉 화강암, 안산암 또는 큰 개울돌(brook stone)을 부순돌을 사용한 콘크리트이다. 깬자갈콘크리트를 부순돌콘크리트(crushed stone concrete) 또는 쇄석콘크리트(rock breaking concrete)라고도 한다. 깬자갈콘크리트의 품질은 암석의 종류에 따라 다르지만 좋은 암석을 원료로 사용하면 원하는 입도를 얻을 수 있고, 강자갈에 비해 자갈표면이 거칠어 시멘트풀(cement paste)의 부착력(bond strength)이 크기 때문에 동일 물시멘트비에서는 보통콘크리트보다 강도가 크다.

2.4.3 철근콘크리트 · 철골철근콘크리트

① 콘크리트는 압축에는 강하지만 인장이나 전단에는 약하므로 이를 보강하기 위해 콘크리트 안에 철근을 넣는데 이를 철근콘크리트(reinforced concrete)라고 한다. 철근콘크리트는 철근과 콘크리트가 서로 결합하여 콘크리트는 주로 압축력에 대하여 유효하게 작용하고 철근은 주로 인장력에 대하여 유효하게 작용하는 점을 이용하여 양자의 특성을 살린 이상적인 구조체(structures)를 형성하게 된다. 철근콘크리트는 내후·내화·내구성이 좋고 압축과 인장·휨에 강하여 거의 모든 건설사업에 사용되고 있는 대표적인 콘크리트의 일종이라 할 수 있다.

② 철골철근콘크리트(steel framed reinforced concrete)는 형강(shape steel)이나 기타 철골과 철근 및 이들을 포함한 콘크리트가 일체로 작용하도록 설계·시공된 일종의 철근콘크리트이다. 철골을 주 구조체로 하고, 철근은 콘크리트를 피복하기 위하여 배근하는 경우와 철골과 철근콘크리트가 공동으로 응력(stress)을 부담하는 구조체로 생각하는 경우가 있다.

2.4.4 레디믹스트콘크리트

① 레디믹스트콘크리트(ready mixed concrete)는 콘크리트 제조공장에서 주문자가 요구하는 품질의 콘크리트를 소정의 시간에 원하는 수량을 특수한 운반자동차(transport motorcar)를 사용하여 현장까지 배달·공급하는 굳지 않은 콘크리트를 말하며, 이를 레미콘(remicon)이라고도 한다. 과거에는 현장에서 배합설계된 콘크리트를 사용하는 것이 대부분이었으나 요즘에는 건설현장 어느 곳이나 거의 레미콘을 사용하고 있다. 그 이유는 협소한 장소에서도 대량의 콘크리트를 얻을 수 있고, 품질이 균일하고 우수한 콘크리트를 얻을 수 있다는 등의 장점 때문이다. 그러나 운반중 재료분리(segregation), 시간경과에 따른 강도저하의 우려 등도 있다.

레디믹스트콘크리트의 규격은 한국산업규격(KS F 4009)에 규정되어 있고, 생산공장을 선정할 때는 현장까지의 운반시간, 배출시간, 콘크리트의 제조능력, 운반차의 수, 공장의 제조설비, 품질관리상태 등을 고려하여 한국산업규격표시(KS 표시) 허가 공장을 선정한다.

② 레디믹스트콘크리트의 제조방식은 습식과 건식으로 대별한다. 습식방식(wet method)으로 생산된 콘크리트를 습식 레디믹스트콘크리트(moist ready mixed concrete), 건식방식(dry method)으로 생산된 콘크리트를 건식 레디믹스트콘크리트(dry ready mixed concrete)라고 한다. 국내에서는 대부분이 습식방식으로 생산한다.

습식 레디믹스트콘크리트의 운반방식에는 센트럴믹스(central mix), 슈링크믹스(shrink mix), 트랜싯믹스(transit mix) 3가지가 있으며, 건식 레디믹스트콘크리트의 운반방식은 트럭믹서(truck mixer)에 건비빔한

레디믹스트콘크리트

재료를 투입하여 현장에서 혼합하기 때문에 대형의 물탱크와 혼화재료 저장탱크, 급수장치 등이 필요하기 때문에 많이 채택되고 있지 않다. 습식 레디믹스트콘크리트의 운반방식 중 일반적으로 센트럴믹스 운반방식, 즉 플랜트(plant)에 고정 믹서(mixer)를 설치해 두고, 각 재료를 계량하고 혼합하여 완전히 비벼진 콘크리트를 트럭믹서(truck mixer) 또는 트럭애지테이터(truck agitator)에 투입하여 운반중에 교반(agitate)하면서 공사현장까지 배달·공급하는 방식이 현재 국내에서 많이 쓰인다. 이 방식으로 생산된 콘크리트를 센트럴믹스 콘크리트(central mixed concrete)라고도 한다.

③ 레디믹스트콘크리트의 종류는 다음 표와 같이 한국산업규격(KS F 4009)에서 보통콘크리트와 경량콘크리트, 고강도콘크리트로 구분하고 있다.

④ 레디믹스트콘크리트의 취급시 다음과 같은 점에 유의해야 한다.

- 운반시간은 1시간 이내일 것을 목표로 레디믹스트콘크리트 제조공장을 선정한다. 시간이 오래 경과되면 재료분리(material segregation)가 진행되고, 슬럼프(slump)가 변화할 뿐만 아니라 사용 후 균열이 생기기 쉽다.

레디믹스트콘크리트의 종류

콘크리트의 종류	굵은골재의 최대치수 (mm)	슬럼프 (cm)	호칭강도(kgf/㎠)										
			180	210	240	270	300	350	400	450	500	550	600
보통 콘크리트	20, 25	8, 10, 12	○	○	○	○	○	○	-	-	-	-	-
		15, 18	○	○	○	○	○	○	-	-	-	-	-
		21	-	○	○	○	○	○	-	-	-	-	-
	40	5	○	○	○	○	○	○	-	-	-	-	-
		8	○	○	○	○	○	○	-	-	-	-	-
		12, 15	○	○	○	○	○	○	-	-	-	-	-
경량 콘크리트	15, 20	12, 15, 18, 21	○	○	○	○	○	○	○	-	-	-	-
고강도 콘크리트	15, 20, 25	12, 15, 18, 21	-	-	-	-	-	-	○	○	○	-	-
		50, 60, 70	-	-	-	-	-	-	○	○	○	○	○

비고) ① ○표한 것이 표준품이다.
② 호칭강도는 구조물의 목적과 기능, 기후조건, 현장조건에 따라 구입자가 주문시 지정하는 강도로서, 설계도서에 나타낸 설계기준강도 이상의 강도를 의미한다. 호칭강도의 결정은 적용하는 시방서에 따라 지정하면 된다.

• 콘크리트를 받아들이는 지점에서 지정 슬럼프와 공기량이 유지되고, 강도가 발현(revelation)되지 않으면 안 된다. 슬럼프가 적다하여 단순히 물을 첨가하여 보정(revision)하는 것은 슬럼프가 증가하여 재료분리를 유발시키고 콘크리트 내의 공극형성과 균열발생 및 경화 후 콘크리트 강도를 저하시키는 중대한 결함을 일으키기 때문에 반드시 물타는 것을 피해야 한다.

2.4.5 AE콘크리트

AE콘크리트(air entrained concrete)는 AE제(air · entraining agent)를 사용하여 공기를 연행(entraining)한 콘크리트이다.

AE콘크리트는 공기의 연행에 의하여 워커빌리티(workability)를 크게 개선하고, 내구성(durability)을 향상시킨다. 콘크리트에 AE제를 사용함으로써 콘크리트의 블리딩(bleeding)이 감소되며, AE제만 사용하는 것보다는 감수제(water reducing agent)를 병용하면 워커빌리티 개선에 더욱 효과가 있다. AE제의 사용량은 보통콘크리트에서는 AE공기량이 콘크리트 용적의 3~6% 정도가 되도록 하는 것이 바람직하다. AE콘크리트 내에 생기는 공기포(air gun)에 의해 콘크리트의 분리 침하성(segregated settlementness)이 감소하고 유동성(liquidity)이 좋아지는 등의 이점이 있으나 공기량 100% 증가에 따라 압축강도가 약 4~5% 정도 저하되고 철근과의 부착강도(bond strength)가 저하되는 결점이 있다.

2.4.6 경량콘크리트 · 중량콘크리트

① 경량콘크리트(light weight concrete)란 중량 경감의 목적으로 만들어진 콘크리트로서 설계기준강도가 240kgf/㎠ 이하, 기건단위용적 중량이 14.~2.0t/㎥의 범위에 들어가는 것을 말한다..

경량콘크리트는 일반적으로 비중이 작은 다공질의 경량골재를 사용한 경량골재콘크리트(light weight aggregate concrete), 콘크리트의 시멘트풀(cement paste) 속에 AE제 · 알루미늄 분말 등 발포제(gas-foaming agent)를 넣어 무수한 기포를 골고루 형성시킨 경량기포콘크리트(light weight aerated concrete)로 대별된다. 주로 구조용으로는 경량골재콘크리트가 사용되고 비구조용, 즉 피복용 및 열차단용으로는 경량기포콘크리트가 사용된다.

경량기포콘크리트의 일종으로서 실리카분(silica powder)이 풍부한 모래와 생석회(시멘트를 사용해도 소량)를 주원료로 하여 그 슬러지(sludge)에 발포제, 안정제(stabilizing agent) 등을 혼합하여 거푸집에 주입한 후 발포·팽창시켜 케이크(cake) 모양으로 경화되었을 때 탈형하여 절단, 이것을 오토클레이브(autoclave) 내에서 약 180℃, 10기압의 고온·고압으로 양생시켜 성형품으로 만든 것을 오토클레이브 양생한 경량기포콘크리트라 하는데, 보통 ALC(autoclaved lightweight aerated concrete)라 한다.

② 중량콘크리트(heavy weight concrete, heavy aggregate concrete)란 중량골재를 사용하여 특히 비중을 크게 하고, 치밀하게 한 콘크리트를 말한다. 또한 보통콘크리트 보다 무거운 것을 중량콘크리트라 하고, 기건단위용적 중량이 2.6t/㎥ 이상을 말한다. 중량콘크리트에 사용되는 중량골재로는 중정석·자철광·갈철광·동광재·적철광 및 인철 등이다. 중량콘크리트는 주로 방사선 차폐용(rays shielding of radial)으로 만들어진 콘크리트이므로 차폐콘크리트(shielding concrete)라고도 한다. 차폐콘크리트에 사용되는 재료 중에서 시멘트는 수화열(heat of hydration) 발생이나 건조수축(drying shrinkage)이 적어야 하며, 골재는 차폐성(shielding efficiency)이 높고 비중이 큰 것의 골재를 선정해야 하고, 단위수량을 감소시키고 단위용적 중량을 증가시킬 혼화재를 사용하는 것이 바람직하다.

2.4.7 한중콘크리트·서중콘크리트

① 한중콘크리트(cold - weather concrete, winter concrete)란 콘크리트를 부어넣은 후의 양생기간(curing time)에 콘크리트가 동결(freezing)될 우려가 있을 경우에 시공되는 콘크리트를 말한다. 즉 콘크리트 붓기 후 4주까지의 예상 1일 평균기온이 4℃ 이하에서 시공되는 콘크리트이다. 한중콘크리트는 저온상태에서 시공 및 양생하는 콘크리트이다. 따라서 1일 평균기온이 4℃ 이하가 되는 기상조건하에서는 콘크리트가 굳을

때까지의 기간이 길어지고, 굳은 후부터의 강도증진도 느리고, 콘크리트가 동결할 우려가 있으므로 배합재료를 가열시공하며, 양생시 적절한 보온조치를 하거나 물시멘트비를 60% 이하, 단위수량을 콘크리트의 소요성능(required performancc)이 얻어지는 범위 내에서 될 수 있는 한 적게, 또한 AE제·AE감수제 및 고성능AE감수제 중 어느 한 종류는 반드시 사용하는 등 배합설계시 고려해야 한다.

② 서중콘크리트(hot-weather concrete)란 예상 1일 평균기온이 25℃를 넘는 높은 외부기온으로 콘크리트의 슬럼프가 저하되거나 수분의 급격한 증발 등의 우려가 있을 경우에 시공되는 콘크리트를 말한다.
기온이 높은 서중에서는 콘크리트를 부어넣을 때의 온도가 높아져서 이로 인한 단위수량의 증발, 슬럼프의 저하, 급속한 응결, 강도저하 등의 문제점이 발생하므로 높은 온도의 시멘트 사용은 피하고, 골재 및 물은 가능한 한 낮은 온도의 것을 사용하며, AE감수제 지연형(retardant type) 또는 감수제 지연형을 사용하거나 단위수량 및 단위시멘트량을 가능한 적게 하는 등 배합설계시 고려해야 한다.

2.4.8 수밀콘크리트

수밀콘크리트(water tight concrete)는 콘크리트 자체를 밀도가 높고 내구적·방수적인 상태로 만들어 물의 침투를 방지할 수 있도록 만든 콘크리트, 즉 콘크리트 중에서 특히 수밀성(water tightness)이 높은 콘크리트이다. 이러한 콘크리트를 만들기 위해서는 굵은골재의 최대치수를 될 수 있는 한 크게 하여 잔골재와 굵은 골재의 조립을 적합하게 하여 실적률(percentage of absolute volume)을 크게 함으로써 빈틈을 적게 하고 소요품질이 얻어지는 범위 내에서는 단위수량 및 물시멘트비를 적게 하여 수축에 의한 균열을 줄이는 등 적절한 조치가 필요하다.

수밀콘크리트는 일반적으로 산·알칼리·해수·동결융해에 대한 저항력이 크고, 풍화를 방지하고, 전류의 해를 받을 우려가 적다. 수밀콘크리트는 압력수(pressure water)가 작용하는 구조물로서 수밀성을 필요로 하는 수조, 풀장, 지하실 등에 사용한다.

2.4.9 고강도콘크리트

고강도콘크리트(high strength concrete)는 설계기준강도가 보통콘크리트에서 400kgf/㎠(40MPa) 이상, 경량콘크리트에서 270kgf/㎠(27MPa) 이상인 경우의 콘크리트라고 건축공사표준시방서에서 정의하고 있으나, 이 값은 혼화재료 등의 향상으로 인하여 달라질 수 있다.

콘크리트의 고강도화는 선진국에서 적극적으로 이루어져 최근에는 1,000kgf/㎠를 넘는 것도 현장에서 취급하고 있으며, 이러한 콘크리트를 초고강도콘크리트(supper high strength concrete)라 하여 구별하고 있다. 앞으로 초고층 건축물과 장스팬 건축물의 건축으로 인하여 고강도콘크리트 또는 초고강도콘크리트의 개발이 활발히 진행될 것으로 본다.

2000년대에는 ACI(America concrete institute)의 보고에 의하면 4,200kgf/㎠ 이상의 강도가 실현될 수 있고 1,400kgf/㎠ 정도의 강도는 일반적으로 사용될 것으로 전망하고 있다.

고강도콘크리트는 단위면적당 재료의 효과가 높을 뿐만 아니라 부재단면의 축소화를 통해 넓은 공간을 얻을 수 있으며, 자중을 감소시킬 수 있는 부차적인 효과를 얻을 수 있다. 따라서 고강도콘크리트 사용으로 구조물의 고층화, 대형화, 장대화의 실현을 도모할 수 있다.

2.4.10 프리스트레스트콘크리트

프리스트레스트콘크리트(prestressed concrete ; PS concrete)는 콘크리트 속에 철근 대신 강도 높은 PC강재(prestressing steel)에 의해 계획적으로 콘크리트에 프리스트레스(prestress)를 가한 철근콘크리트의 일종이다. PC강재에 인장을 주는 방법에 따라 프리텐션방법(pretensioning method)과 포스트텐션방법(post-tensioning method)이 있다.

프리텐션방법은 PC강재를 인장시켜 설치하고 콘크리트를 타설하여 콘크리트 경화 후 PC강재에 주어진 인장력을 강재와 콘크리트의 부착에 의해 콘크리트에 전달시켜 프리스트레스를 주는 방법으로서, 소규모의 건축부품(벽판, 디딤판, 루버 등) 또는 T슬래브(T-slab) 등을 만들 때 사용된다. 포스트텐션방법은 PC강재를 삽입한 시스(sheath)에 콘크리트를 부어 넣고 경화한 후에 시스 내에 배치한 PC강재에 긴장력(strain force)을 주어 그 반력으로 프리스트레스를 주는 방법으로서, 대규모 구조물을 만드는데 주로 쓰이고 큰 보, 교량 등을 만들 때 쓰인다.

2.4.11 고내구성콘크리트

고내구성콘크리트(high performance concrete)는 외부로부터의 물리적 작용 및 화학적 작용에 저항해서 장기간에 걸쳐 사용이 가능하도록 개발된 콘크리트로서, 높은 내구성을 필요로 하는 철근콘크리트조 건축물에 사용한다.

장기간 수명을 보장하는 콘크리트구조물을 보유하기 위한 고내구성콘크리트의 연구개발이 지속적으로 진행되고 있다. 고내구성콘크리트를 만들기 위한 기본적인 고려사항으로는 내구성이 우수한 골재 사용, 알칼리 금속이나 염화물의 함유량이 적은 재료 사용, 목적에 맞는 시멘트나 혼화재료 사용, 단위수량 및 물시멘트비를 될 수 있는 한 적게 하는 등을 들 수 있다.

2.4.12 유동화콘크리트 · 고유동콘크리트

① 유동화콘크리트(super plasticizer concrete)는 미리 비벼놓은 콘크리트에 유동화제(flowing agent)를 첨가하고 재비빔하여 유동성(liquidity)을 증대시킨 콘크리트이다.
유동화콘크리트는 유동화제 첨가에 의해 유동성을 크게 한 콘크리트이므로 그 제조를 적절히 하면 유동화제를 첨가하기 전의 콘크리트의 제성질을 그대로 갖게 된다. 즉, 유동화콘크리트의 사용은 콘크리트의 품질을 변화시키는 것이 아니라 부어넣기 및 다짐 등의 시공성을 개선하는 방법으로 이용되며, 콘크리트 펌프(concrete pump)에 의한 콘크리트의 압송성(transfer)을 개선하기 위하여 유효한 수단이 된다. 그리고 단위수량 및 단위시멘트량을 절감시키는 것이 가능하게 되므로 건조수축에 의한 균열의 방지 및 콘크리트의 고품질화에도 유용하다.

② 고유동콘크리트(high flowing concrete)는 굳지 않은 콘크리트 상태에서의 재료분리(material segregation) 저항성(resistantness)을 저하시키지 않고 유동성을 현저히 개선한 콘크리트이다. 유동화콘크리트는 고유동콘크리트의 일종이다. 고유동콘크리트는 유동성이 좋은 유동화콘

크리트의 성능을 더욱 향상시킨 콘크리트로서 이용하기 위해 현재 외국의 여러 연구기관에서 연구되어 오고 있다. 고유동콘크리트 중에는 유동화콘크리트, 수중불분리성 콘크리트(underwater unsepartion concrete), 다짐불요 콘크리트(self consolidating concrete) 등이 있으며, 초유동콘크리트(supper flowing concrete)라고도 한다.

2.4.13 섬유보강콘크리트

① 섬유보강콘크리트(fiber reinforced concrete ; FRC)는 콘크리트의 인장강도와 균열에 대한 저항성을 높이고 인성(toughness)을 대폭 개선시킬 목적으로 모르타르 또는 콘크리트 중에 길이가 짧고 단면이 작은 섬유를 보강시켜 만든 복합재료(composite materials)이다.
섬유보강콘크리트에는 보강섬유(rein forcing fiber)의 종류에 따라 강섬유보강콘크리트(steel fiber reinforced concrete ; SFRC)와 유리섬유보강콘크리트(glass fiber reinforced concrete ; GRC, GFRC)가 있다.

② 강섬유보강콘크리트는 직경 0.3~0.6mm, 길이 20~60mm, 단면적 0.06~0.3mm^2 정도 크기의 강섬유를 용적백분율로 0.5~2%(중량으로 약 80~160kgf/m^3) 콘크리트 속에 균일하게 분산·혼합시켜 인장강도·균열강도(crack strength)·충격강도(impact strength)를 증가시킴과 동시에 인성을 높이기 위하여 만든 것으로서, 주로 철근콘크리트 부재 대체용인 칸막이벽 등을 만드는데 사용되고 미장모르타르용 또는 각종 콘크리트구조물의 보수 및 보강용으로도 사용되고 있다.

③ 유리섬유보강콘크리트는 가늘고 짧은 유리섬유(glass fiber)를 콘크리트 중에 균일하게 분산시켜 인장강도·균열강도·충격강도를 증가시킴과 동시에 취성을 높이기 위하여 만든 것으로서 커튼월(curtain wall)·외벽패널·파라핏(parapet)·지붕부재·천장재·문틀·계단 등 다양한 건축용 부재의 개발 또는 제품화에 이용되고 있다. 그러나 유리섬유는 알칼리 환경에서는 분해되므로 내구성에 문제가 있다. 이를 개선하고자 내알칼리 유리섬유(alkali proof glass fiber)를 개발·사용하고 있다.

2.4.14 프리팩트콘크리트

프리팩트콘크리트(prepacked concrete)는 특정한 입도를 가진 굵은골재를 거푸집에 채워 넣고 그 굵은골재 사이의 공극에 특수한 모르타르를 적당한 압력으로 주입하여 만든 콘크리트이다. 여기서 말하는 특수한 모르타르란 유동성이 크고, 재료의 분리가 적으며, 적당한 팽창성을 가진 주입 모르타르를 말하며, 일반적으로 시멘트와 모래 이외의 플라이애시 · 알루미늄분말 · 감수제 · 팽창제 등을 혼합한 것이다. 프리팩트콘크리트는 수중콘크리트공사 · 매스콘크리트공사 · 보수보강콘크리트공사 등에 사용된다.

2.4.15 매스콘크리트

매스콘크리트(mass concrete)는 부재 단면의 최소치수가 80cm 이상이고, 수화열(heat of hydration)에 의한 콘크리트의 내부 최고온도와 외기온도와의 차이가 25℃ 이상으로 예상되는 콘크리트이다. 보통 매스콘크리트란 부재 또는 구조물의 치수가 커서 시멘트의 수화열에 의한 온도의 상승을 고려하여 시공해야 하는 콘크리트이다. 단면치수가 상당히 큰 부재로 된 구조물에는 매스콘크리트로 시공하는 것이 유리하다.

매스콘크리트는 내외 온도차(temperature difference)에 의한 팽창(expansion) 차이로 균열이 생길 우려가 있으므로 시공은 콘크리트 타설 후의 수화열에 의한 내부 온도상승을 적게 하여 균열이 생기지 않도록 해야 한다.

매스콘크리트는 특히 온도균열(temperature crack), 즉 콘크리트 부재 표면과 단면 내에 생기는 온도차에 의해서 생긴 균열에 대하여 제어하는 방법을 강구하는 것이 가장 중요하다.

매스콘크리트는 건축물의 하부구조물 · 옹벽 · 기초바닥판과 긴 스팬 교량의 교각 · 원자로, 댐, 방파제 등에 시공되고 있다.

2.4.16 펌프콘크리트

펌프콘크리트(pump concrete)는 현장에서 부어넣을 장소에 수평 또는 연직으로 먼 거리까지 콘크리트를 펌프로 수송하는 공법으로서, 근래에는 많은 현장에서 사용되고 있으며 발전소나 건축물 안과 같이 공간이 비교적 제한된 곳에 적당하다. 일반적으로 슬럼프값이 크면 펌프수송(pumping transport)에는 편리하지만 분리가 일어나기 쉽고, 동일 콘크리트라 하더라도 펌프의 종류, 펌프거리 및 높이에 따라 분리의 정도가 다르므로 주의하지 않으면 안 된다.

03 시멘트 및 콘크리트 제품

3-1 개 요

시멘트를 주요한 결합재(binder)로 하고 여기에 모래·자갈·목편(wood chip)·목모(wood wool) 등의 골재를 1종류 또는 2종류 이상 배합하여 물과 혼합·소요의 형상으로 성형하여 경화시킨 제품을 시멘트제품(cement products)이라 하며, 콘크리트를 주요 재료로 하여 소정의 형상으로 공장에서 제조된 콘크리트 및 철근콘크리트의 부재를 일반적으로 콘크리트제품(concrete products)이라고 한다.

시멘트 및 콘크리트제품은 거의 공장에서 제조되므로 품질을 신뢰할 수 있고, 균질한 제품의 양산이 가능하며, 현장에서는 거푸집이나 동바리의 준비 및 양생기간이 필요 없으므로 공기가 단축되는 등 유리한 점이 많아 건설공사에 많이 사용되고 있을 뿐만 아니라 점차 그 수요가 크게 증가하고 있는 실정이다.

3-2 시멘트 제품

3.2.1 시멘트벽돌

시멘트벽돌 형상

① 시멘트벽돌(cement brick)은 시멘트와 골재를 배합하여 가압·성형한 후 양생한 벽돌이다. 시멘트벽돌 제조용 시멘트는 포틀랜드시멘트(KS L 5201)를 사용하고 골재(모래·잔자갈 또는 부순모래·부순자갈)는 최대 크기가 10mm 이하이고 입도는 세조립(fine assembling)이 적절히 혼입된 것으로 깨끗하고 강하며 내구성이 있고 먼지·흙·유기물 등의 유해량이 함유되지 않는 것으로 한다. 성형 후에는 습도 약 100%의 실내에 500도시 이상 보존하고 야적(stacking in the open air)시간을 통산하여 4,000도시 이상 다습상태에서 양생한다. 그 후 7일 이상 경과한 후 출하한다. 여기서 도시(degree hour)란 양생온도(℃)와 양생시간(h)을 곱한 값을 말하고 500도시는 약 24시간 21℃로 유지한 정도이다.

② 시멘트벽돌은 기본벽돌(general brick)과 이형벽돌(special brick, moulded brick)로 나누어지는데, 거의 기본벽돌을 사용하고 치수 및 허용차는 다음 표와 같다. 이형벽돌은 특수용으로 사용되고 있다.
시멘트벽돌은 겉모양이 균일하고 비틀림·해로운 균열 또는 흠이 없고, 흡수율 10% 이하, 압축강도가 80kgf/㎠ 이상이어야 한다고 한국산업규

시멘트벽돌의 모양 · 치수 및 허용차

모양	길이(mm)	너비(mm)	두께(mm)	허용차(mm)
기본벽돌	190	90	57	±2
이형벽돌	홈벽돌, 둥근모접기벽돌과 같이 기본벽돌과 동일한 크기인 것으로 치수 및 허용차는 기본벽돌에 준한다.			

비고) ① 본 표의 시멘트벽돌은 무공시멘트벽돌이다. 유공시멘트벽돌의 모양, 치수 및 허용차는 본 표의 기본벽돌과 동일하되, 2개의 지름 5cm의 공동(cavity)을 가진 벽돌로서, 2개의 공동 간격은 3cm이고 최소 살의 두께는 2cm 이상이어야 한다.
② 본 표의 기본벽돌은 종전에는 표준형 시멘트벽돌이라 하고 기본벽돌보다 약간 큰 길이 210mm, 너비 100mm, 두께 60mm의 것을 기존형 시멘트벽돌이라 하여 사용하였다.

격(KS F 4004)에 규정되어 있다. 시멘트벽돌은 주로 건축물의 비내력 벽체의 조적재로 많이 쓰이고, 간단한 실내의 칸막이벽을 조성하거나 방수가 요구되는 부위의 바탕구성재 등으로 쓰이고 있다.

3.2.2 블 록

① 블록(block)은 시멘트와 골재를 배합하여 가압·성형한 후 양생한 것으로서 콘크리트블록(concrete block), 시멘트블록(cement block), 속빈콘크리트블록(hollow concrete block), 속빈시멘트블록(hollow cement block)이라고도 한다. 블록 제조용 시멘트는 포틀랜드시멘트(KS L 5201)를 사용하고 때로는 고로슬래그시멘트(KS L 5210) 또는 플라이애시시멘트(KS L 5211)를 사용하기도 한다. 골재는 보통골재(모래·자갈 또는

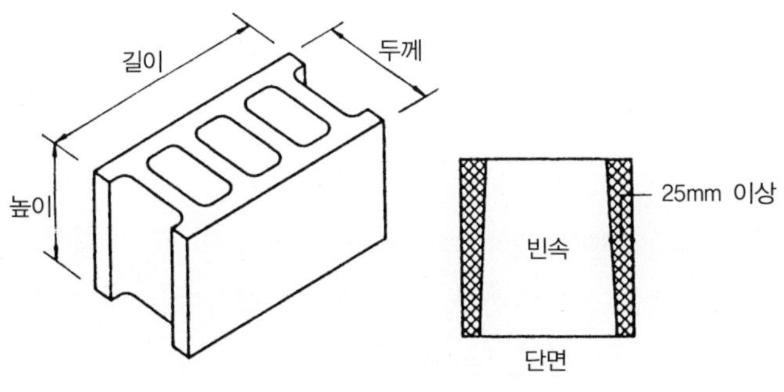

기본블록 형상

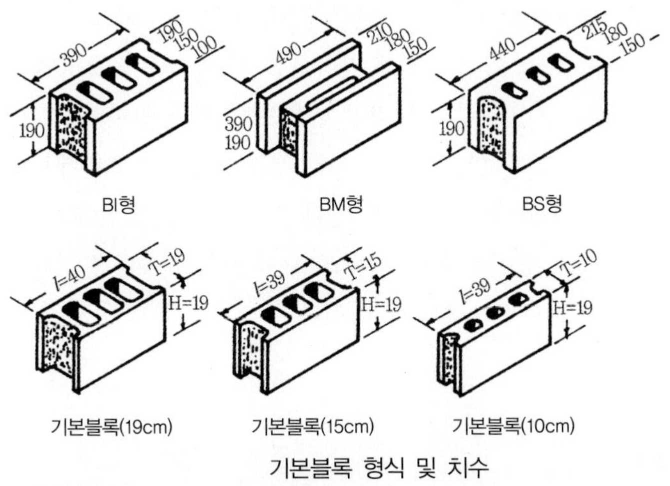

기본블록 형식 및 치수

부순모래 · 부순자갈 · 고로슬래그골재 등으로 기건비중이 2.5 정도) 및 경량골재로서 입도(grading)는 세조립이 적절히 혼입된 것으로서 깨끗하고 강하며 내구성이 있고 먼지 · 흙 · 유기물 · 얇거나 가느다란 석편(piece of stone) 등의 유해량이 함유되지 않는 것으로 한다. 성형 후에는 습도 약 100%의 실내에 500도시 이상 보존하고 야적시간을 통산하여 4,000도시 이상 다습상태로 양생한다. 그 후 7일 이상 경과한 후 사용한다. 여기서 500도시는 약 24시간 21℃로 유지한 정도이고 그때의 강도는 재령 28일 강도의 70~80%에 달한다.

블록을 콘크리트블록(concrete block)이라고 하지만 우리나라에서는 특수한 경우를 제외하고는 자갈을 쓰지 않고 모래만 사용하여 보강근(reinforcement bar)을 삽입할 수 있도록 속이 비게 만들기 때문에 속빈시멘트블록(hollow cement block)이라 통칭한다.

② 블록은 형상과 치수에 따라 기본블록 · 이형블록 · 특수블록으로 구분하고, 중량에 따라 일반블록 · 중량블록 · 경량블록으로 구분하며, 수밀성(water tightness)에 따라 보통블록과 방수블록(투수성 8 이하)으로 구분하기도 한다. 블록은 주로 기본블록을 사용하고 그 외의 블록은 특수용도로 사용한다.

- 기본블록(basic block, general block)은 규준이 되는 형상과 치수로 된 속빈시멘트블록을 말한다. 기본블록의 형상에는 BI형 · BS형 · BM형이 있으나 우리나라에서는 BI형이 주로 사용되고 있다. 기본블록은 두께에 따라 19cm(8″)블록, 15cm(6″)블록, 10cm(4″)블록 등으로 구분하여 호칭하고 있다.

  속빈시멘트블록의 치수는 한국산업규격(KS F 4002)에서 다음 표와 같이 규정하고 있고 품질에 따라 A종 블록, B종 블록, C종 블록으로 구분하며, 그 압축강도는 각각 다음 표의 값으로 한다. 기본블록 2개의 조적에 의해 만들어지는 속빈 부분(줄눈 포함)에 세로로 철근을 삽입하고 콘크리트를 채우는 경우 기본블록 표면 살(shell)의 두께는 25cm 이상, 중간살의 두께는 20㎜ 이상이고, 속빈 부분의 단면적은 60㎠ 이상, 너비는 70㎜ 이상이다.

속빈 시멘트블록의 등급

종 류	기건비중	전단면적에 대한 압축강도(kgf/㎠)	흡수율(%)	투수성 (ml/m² · h)
A종	1.7 미만	40 이상	-	-
B종	1.9 미만	60 이상	-	-
C종	-	80 이상	10 이하	300 이하

비고) ① 전단면적이란 가압면(길이×두께)으로서, 속빈 부분 및 양끝의 오목하게 들어간 부분의 면적도 포함한다.
② A종 블록과 B종 블록은 경량골재를 사용한 경량블록이고, C종 블록은 보통골재만을 사용한 블록이다.
③ 투수성은 방수블록에만 적용한다.

속빈 시멘트블록 치수

형상		치수(mm)			허용차(mm) (길이 · 두께 · 높이)
		길이	높이	두께	
기본블록	BI형	390	190	190	±2
				150	
				100	
	BS형	440	190	215	±2
				180	
				150	
	BM형	490	190 390	210	
				180	
				150	

비고) BI형 외에 BS형, BM형도 있으나 우리나라에서는 BI형만 사용되고 있다.

• 이형블록(purpose-mold block)은 블록의 형상, 치수 또는 용도가 기본블록에 비해 특수한 것으로서, 다음 그림과 같이 여러 가지 형태의 것이 있다.
마구리 평블록(single side block)은 모서리 창문 옆 또는 붙임기둥 등에 쓰이고, 인방블록(lintel block)은 창문틀 위에 쌓아 인방보를 만들 수 있게 된 U자형 블록이며, 창대블록(window sill block)은 문틀 밑에 쌓아 물흘림, 물끊기가 달린 것이고, 창쌤블록(window jamb block)은 창문틀 옆에 잘 맞게 된 블록이다. 가로근용 블록은 철근을 가로로 배치하고 콘크리트를 다져넣을 수 있게 된 블록이다. 장식블록(ornamental block)은 장식 쌓기용 블록으로서 여러 가지 형태의 주문 제작용이다.

- 특수블록(special block)에는 거푸집블록(form block), 보도블록(paving block), 치장콘크리트블록(dressed concrete block), 방음블록(sound insulating block) 등이 있다.

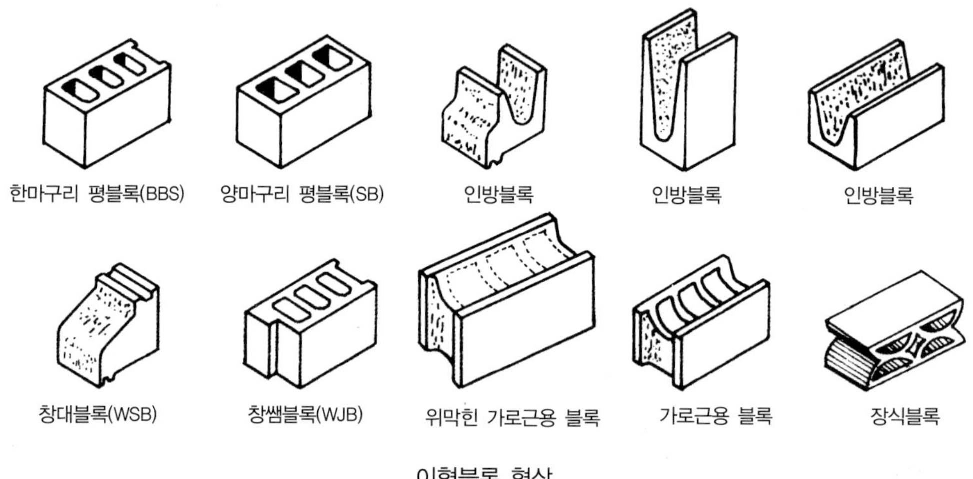

이형블록 형상

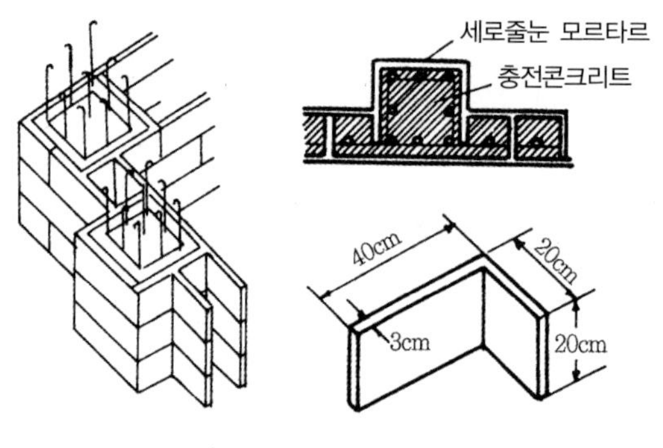

거푸집블록 형상 및 치수

거푸집블록은 ㄱ자형, T자형, ㄷ자형 등으로 만들어 콘크리트의 거푸집을 겸하게 된 블록으로 내부에 철근배근 및 콘크리트를 채워넣을 수도 있고, 블록 자체는 살두께가 얇고 속이 비어 있다. 보도블록은 도로 · 지면포장 등에 쓰이는 블록으로서 크기는 30cm 각 또는 33cm

각, 두께 6cm 정도의 시멘트판으로 성형한 것이며, 표면에 색모르타르 또는 무늬를 새겨 넣은 것도 있다. 특수블록은 특수용도로 사용하기 위해 주로 주문제작한 특별한 경우 외에는 별로 사용하지 않는 블록이다.

- 경량블록(light weight block)은 기건비중이 1.9 미만인 속빈시멘트블록을 말한 것으로서 경량골재로 만들어 건축물의 자중을 경감시킬 목적으로 비내력벽 등의 조적용으로 쓰인다.
- 중량블록은 기건비중이 1.9 이상인 속빈시멘트블록을 말한 것으로서 중량골재를 사용하여 속이 차게 만들고 방사능차폐용으로 쓰인다.

3.2.3 시멘트기와

① 시멘트기와(cement roofing tile)는 보통시멘트기와(common cement roofing tile)와 가압시멘트기와(pressed cement roofing tile)로 구분되고 보통시멘트기와의 규격은 한국산업규격(KS F 4003)으로 규정되어 있었으나 현재는 폐지(1991.7.6)된 상태이고, 가압시멘트기와의 규격은 한국산업규격(KS F 4029)에 규정되어 있다.

② 보통시멘트기와는 시멘트와 모래를 주원료로 하여 압착·성형하여 만든 기와로서 착색제 또는 방수제를 첨가시켜 착색과 방수효과를 내기도 한다. 현재는 옛가옥들의 보수를 위한 정도로 간단한 기구를 사용하여 수제성형(hand-made forming)에 의한 제조법으로 제조하여 쓰이고 있다.

③ 가압시멘트기와는 시멘트와 모래를 주원료로 하여 가압·성형한 시멘트기와로서 평형(평판형·꺾음형·오금형), S형(스패니스형·한국형)이 있고, 제조시 안료를 넣어 착색시키거나 도료로 표면을 도장하여 기와의 색깔을 여러 가지로 나타내기도 한다.

가압시멘트기와의 제조에 사용되는 시멘트는 보통포틀랜드시멘트 또는 조강포틀랜드시멘트로 하고 잔골재(모래)는 5mm 이하의 것을 사용하고 시멘트와 모래의 표준배합비(중량비 %)는 시멘트 : 모래 = 34 : 66으로 하여 원료계량 배합, 원료혼합, 성형, 초기양생, 탈형, 2차양생, 보존, 출하의 순으로 제조한다.

가압시멘트기와의 치수는 한국산업규격(KS F 4029)에 적합하고 휨파괴

하중이 평형인 것은 130kg 이상, S형인 것은 150kg 이상이어야 하며, 흡수율은 10% 이하로서 갈라짐, 균열, 못구멍의 막힘, 해로운 비틀림 또는 구멍, 반점 등의 흠과 백화(efflorescence)가 없도록 제작된 것이 양질의 가압시멘트기와이다.

보통시멘트기와

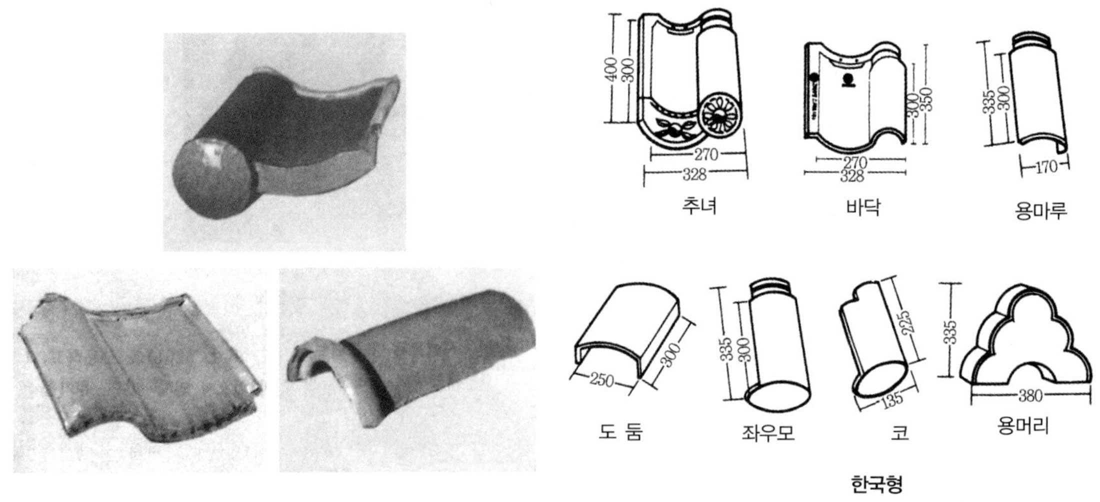

가압시멘트기와

3.2.4 목모시멘트판 · 듀리졸 및 목편시멘트판

① 목모시멘트판(wood-wool cemented boards)은 목모, 즉 목재펄프(좁고 길게 오려낸 대팻밥)를 포틀랜드시멘트 또는 백색포틀랜드시멘트와 물,

목모시멘트판

염화칼슘(calcium chloride)을 혼합·압축하여 얇은 판으로 만든 제품으로서 흡음·단열의 효과가 있으므로 내벽 및 천장의 마감재·지붕의 단열재 등으로 쓰이며, 치장재료로도 쓰인다. 목모시멘트판의 규격은 한국산업규격(KS F 4720)에 규정되어 있다. 목모시멘트판 사이에 스티로폼(sryrofoam), 폴리에스테르(polyester), 우레탄(urethan) 등을 삽입하여 제조된 것도 있고 목모시멘트판과 메탈(metal)을 접착하여 샌드위치 패널(sandwich panel)로 제조된 것도 있다.

② 듀리졸(durisol)은 목모시멘트판을 보다 향상시킨 것으로 목모시멘트판은 심재(heart wood)를 목모로 하여 주로 얇은 판을 만들고 있는 데 비해 듀리졸은 폐기목재의 삭편(whitting piece)을 화학처리하여 비교적 두꺼운 판 또는 공동블록 등으로 제작하여 마루·지붕·천장·벽 등의 구조체에 사용된다.

③ 목편시멘트판(wood chip cement boards)은 짧은 목편(길이 60mm 이하, 너비 20mm 이하, 두께 2mm 이하)과 포틀랜드시멘트 또는 조강포틀랜드시멘트를 사용하여 압축·성형한 판으로서 수장재로 사용된다. 목편시멘트판의 규격은 한국산업규격(KS F 4030)에 규정되어 있다.

3.2.5 펄프시멘트판 및 펄라이트시멘트판

① 펄프시멘트판(pulp cement boards)은 포틀랜드시멘트 또는 조강포틀랜드시멘트와 파지(waste paper)를 용해 처리한 것에 팽창성이 작은 암분(rock powder) 등의 무기질을 첨가한 것을 주원료로 하여 압축·

성형한 판으로서 수장재로 사용된다. 표면에 균열, 박리, 뒤틀림, 휨 등이 없고 네 모서리가 직각이며 측면이 표면에 대하여 대략 직각으로 된 것이 양질이라 할 수 있다. 주문품(order-made goods)에 따라 여러 가지의 치수가 있다. 펄프시멘트판의 규격은 한국산업규격(KS F 4031)에 규정되어 있고, 특히 표면을 미화한 치장용 펄프시멘트판의 규격은 한국산업규격(KS F 3209)에 규정되어 있다.

② 펄라이트시멘트판(perlite cement boards)은 시멘트와 모래를 주원료로 하고 펄프(pulp) · 펄라이트(pearlite) 및 무기질 혼합재(inorganic copm pound materials)를 넣어 압착 · 성형한 판상의 제품으로서 주로 천장 재료로 사용한다. 펄라이트시멘트판의 바탕면을 착색하거나 바탕면을 인쇄 또는 치장지를 바르고 도장 · 뿜칠 · 마무리 등의 가공을 한 펄라이트시멘트 치장판도 있다. 규격은 한국산업규격(KS F 4718, KS F 4719)에 규정되어 있다.

3-3 콘크리트 제품

3.3.1 콘크리트말뚝

① 콘크리트말뚝(concrete pile)은 말뚝박기 기초공사용 철근콘크리트제품으로서 기성콘크리트말뚝(precast concrete pile)과 제자리콘크리트말뚝(cast-in-place concrete pile)으로 대별한다. 기성콘크리트말뚝은 대규모의 중량 건축물 또는 굳은 지층이 깊어서 말뚝을 깊이 박아야 할 경우에 주로 사용하고, 제자리콘크리트말뚝은 굳은 지층이 매우 깊어서 기성콘크리트말뚝으로는 지지층까지 도달시킬 수 없을 때에 사용한다.

② 기성콘크리트말뚝의 종류는 여러 가지가 있으나 주로 사용되고 있는 것을 들면 다음과 같다.

- 원심력 철근콘크리트말뚝(centrifugal reinforced concrete pile) : 원심력을 이용하여 만든 철근콘크리트말뚝으로서 건축물의 말뚝기초용으

로 많이 사용되는 말뚝이다. 모양은 속이 빈 원통형의 본체(original form)와 선단부(foremost portion) 또는 이음부(joist portion)로 되어 있고, 선단부는 슈(shoe)를 붙인 것이 많고, 규격은 한국산업규격(KS F 4301)에 규정되어 있나.

- 프리텐션방식 원심력 P.C말뚝(pretensioned method centrifugal prestressed concrete piles) : 원심력을 응용하여 만든 프리텐션방식인 P.C강재에 인장력을 주고서 콘크리트를 타설하고 콘크리트경화 후 P.C강재에 주어진 인장력을 강재와 콘크리트의 부착에 의해 콘크리트에 전달시켜 프리스트레스를 주는 방법에 의한 원리로 만든 프리스트레스트콘크리트말뚝(prestressed concrete pile)으로서, 모양·치수·종류 등은 한국산업규격(KS F 4303)에 규정되어 있다.
- 포스트텐션방식 원심력 PC말뚝(posttensioned method centrifugal prestressed concrete piles) : 원심력을 응용하여 만든 포스트텐션방식인 콘크리트의 경화 후에 PC강재에 인장력을 주어 그 PC강재를 콘크리트에 정착시켜서 프리스트레스를 주는 방법에 의한 원리로 만든 프리스트레스트콘크리트말뚝으로서, 모양·치수·종류 등은 한국산업규격(KS F 4305)에 규정되어 있다.

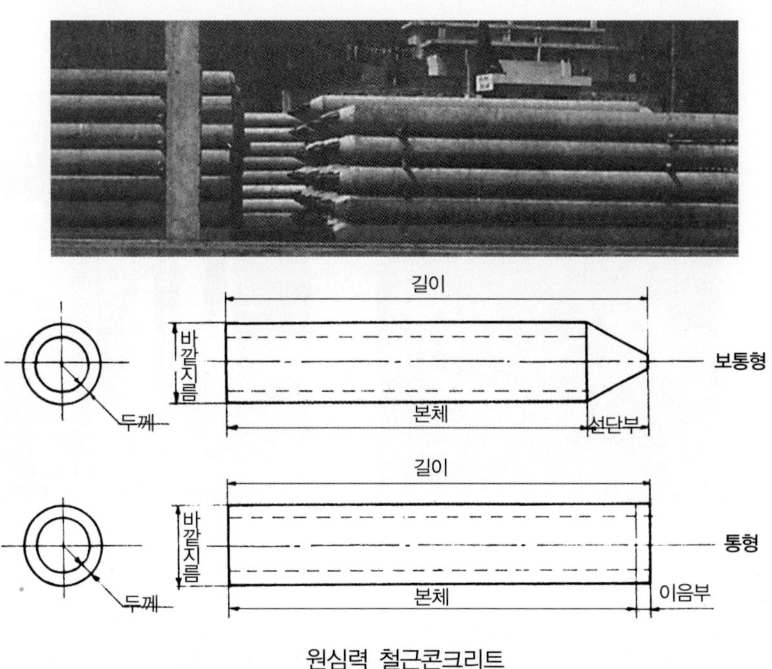

원심력 철근콘크리트

- 철근콘크리트널말뚝(reinforced concrete sheet pile)은 금속제 몰드(mould)에 조립한 철근을 넣고 믹서로 혼합한 콘크리트를 투입하여 진동기(vibrator)로 다지면서 성형한 콘크리트널말뚝으로서, 건축물의 기초공사시 흙막이나 비탈면 보호 등에 주로 사용되며, 규격은 한국산업규격(KS F 4021)에 규정되어 있다.
- 프리스트레스트콘크리트널말뚝(prestressed concrete sheet pile)은 프리텐션방식에 의하여 길이방향으로 프리스트레스를 도입하여 제조하기 때문에 비교적 얇고 길게 제작된 콘크리트널말뚝으로서 주로 흙막이벽(retaining wall)에 사용된다.

3.3.2 프리캐스트콘크리트 부재 및 커튼월

① 프리캐스트콘크리트 부재(precast concrete member)는 공장에서 고정 시설을 가지고 필요한 부재를 철제거푸집에 의하여 제작하고, 고온다습한 증기보양실(steam curing and protecting room)에서 단기 보양하여 기성제품화한 것으로서 약칭 PC부재라고도 하며, 보통 조립식 부재(prefabricated member)를 말하기도 한다. 주로 아파트의 벽판, 바닥판, 지붕판으로 사용된다.

프리캐스트콘크리트 부재 및 커튼월

② 프리캐스트콘크리트 커튼월(precast concrete curtain wall)은 경량으로 비내력벽 등의 외장 및 내장재료로 사용하기 위하여 공장에서 프리캐스트콘크리트 부재와 같은 방법으로 기성 제품화한 것으로서 커튼월 공법의 활용 증가로 현재 많이 사용되고 있다.
최근에는 탄소섬유(carbon fiber), 폴리프로필렌섬유(polypropylene fiber), 유리섬유(glass fiber)를 보강한 콘크리트판(concrete plate)이 개발되고 있다.

3.3.3 ALC 제품

① ALC(autoclaved lightweight concrete)은 오토클레이브(autoclave)에 포화증기양생(saturated vapour curing)한 기건비중이 2.0 이하인 다공질의 경량기포콘크리트(light weight cellular concrete)를 약칭한 것이다. 즉 석회질 원료와 규산질 원료를 분말상태로 만들어 적절히 배합한 것에 적당량의 물과 기포제를 첨가하여 다공질의 혼합물로 만든 것을 오토클레이브(autoclave)양생(통상 게이지 압력 10kgf/㎠, 온도 약 180℃인 고온고압에 있어서의 포화증기양생을 말함)하여 충분히 경화시켜 만든 경량기포콘크리트이다.
ALC를 만드는데 사용되는 석회질 원료로는 석회와 시멘트, 규산질 원료로는 규석 · 규사 · 고로슬래그(blast-furnace slag) · 플라이애시(flyash) 등이고, 기포제로는 알루미늄 분말이나 페이스트(paste)를 사용한다. 그리고 화학반응에 따라 기포(가스)를 발생시키는 발포법(gas-foaming method)에 의해 대부분 ALC를 제조하고 있다.
② ALC는 기건비중이 보통콘크리트의 약 1/4 정도인 경량재이고 열전도율은 보통콘크리트의 약 1/10 정도로서 단열성이 우수하며, 무기질 불연성 재료로서 내화구조로 사용할 수 있는 정도의 내화성을 가진 내화재료(fire resistive material)라 할 수 있다. 또한 일반적인 흡음재의 약 1/10 정도 이상의 흡음률을 갖고 있고 팽창 · 수축률이 비교적 작으며, 현장에서의 취급 편리와 절단 및 가공의 용이 등 시공성이 우수한 재료이다. 그러나 다공질(porosity)이므로 흡수성이 높다는 것이 큰 단점이다.

③ ALC의 여러 장점 때문에 각종 제품을 제조하여 지붕 · 바닥 · 벽재로 많이 사용되고 있다. ALC제품으로는 주로 ALC블록(autoclaved lightweight aerated concrete block)과 ALC패널(autoclaved lightweight aerated concrete panels)을 들 수 있다.

ALC블록은 석회질 원료 및 규산질 원료를 분말상태로 하여 혼합한 것에 적당량의 물 및 기포제, 그리고 혼화재료를 가하여 다공질화한 것을 오토클레이브양생에 의하여 충분히 경화시켜서 만든 블록으로서 규격은 한국산업규격(KS F 2701)에 규정되어 있다.

ALC패널은 ALC 제조시 가공한 철근(지름 5mm 이상의 봉강 또는 철선)을 미리 배근하고, 소정의 모양으로 성형한 패널로서 상비품과 주문품으로 구분하고, 이를 용도에 따라서 외벽용 패널, 칸막이용 패널, 지붕용 패널 및 바닥용 패널로 구분하며, 규격은 한국산업규격(KS F 4919)에 규정되어 있다.

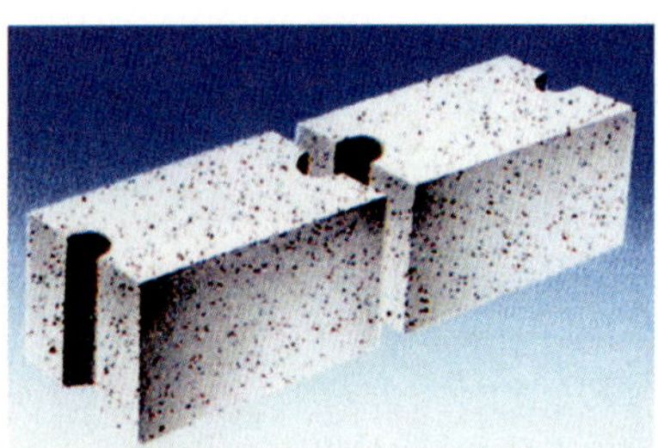

ALC 블록

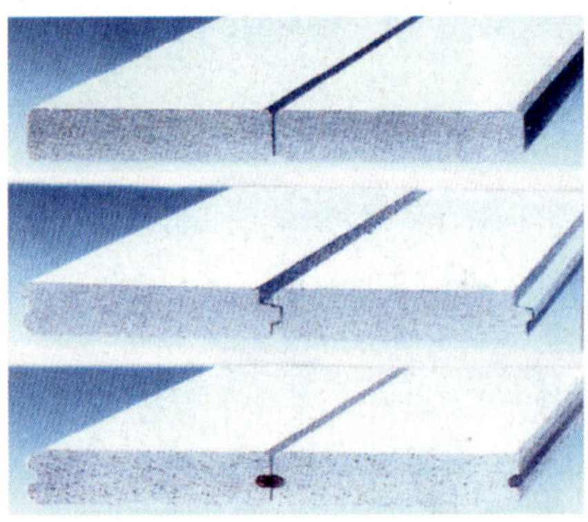

ALC 패널

04 석 재

4-1 개 요

석재(stone, stone materials, building stone)란 건축공사에 쓰이는 암석(rock)을 말한다.

근래에는 철골 또는 철근콘크리트구조의 발달로 석재는 구조재료로서의 사용은 격감되었고 대신에 내·외장 재료로서 광범위하게 사용되고 있다. 석재는 자연석(natural stone)을 가공하여 사용하는 경우가 대부분이고 최근에는 자연석에 가까운 모양과 색채를 가진 인조석(artifical stone)을 만들어 많이 사용하고 있는 추세이다. 석재를 선택할 때에는 재료의 성질·강도·외관 및 색조는 물론 가공 및 시공성·내구성 등을 충분히 고려해야 한다.

석재는 건축재료로서 다음과 같은 장점 및 단점이 있다.

(1) 장점

① 불연성이고 압축강도가 크다.

② 내수성·내구성·내화학성이 풍부하고 내마모성이 크다.

③ 종류가 다양하고 또한 같은 종류의 석재라도 산지 및 조직에 따라 다르며, 여러 가지 외관과 색조를 나타내고 있다.

④ 외관이 장중하고, 치밀하며, 갈면 아름다운 광택이 난다.

(2) 단점

① 인장강도는 압축강도의 1/10~1/40 정도이고, 장대재(long squared timber)를 얻기 어려우므로 가구재(constractive timber)로는 적당하지 않다.

② 모든 석재는 비중이 크고 가공성이 좋지 않다.

③ 화열에 닿으면 화강암 등과 같이 균열이 생기거나 파괴되며, 석회암이나 대리석과 같이 분해되어 저항력이 없어지는 것도 있다.

4-2 석재의 분류

석재는 그 성인(origin)에 따라 화성암(igneous rock) · 수성암(aqueous rock) · 변성암(metamorphic rock)으로 대별되고, 이를 다시 분류하면 다음 표와 같으며, 강도에 따라 경석(hard stone) · 준경석(semi-hard stone) · 연석(soft stone)으로 분류하기도 한다. 또한 석재를 용도에 따라 구조용 · 마감용(외장용 · 내장용)으로 분류하고 형상에 따라 잡석, 호박돌(cobble stone), 견칫돌(eve-tooth stone), 각석(squared stone), 사고석(four fantastic stone), 판돌(plate stone), 구들장(ondol stone)으로 분류하기도 하는데 이렇게 형상에 따라 분류된 석재를 시장품으로서의 석재라고도 한다. 여기서 잡석은 지름 20cm 정도의 부정형한 막생긴돌, 호박돌(둥근돌 또는 둥근잡석)은 개울에서 생긴 지름 20~30cm 정도의 둥글넓적한 돌, 견칫돌은 30cm 정도의 4각추형(square pyramid)의 네모뿔형 돌(간지석이라고도 함), 각석은 단면 30~60cm 각에 길이 60~150cm 정도의 단면이 각형인 돌(장대석 · 장석이라고도 함), 사고석은 한식 건축물의 벽체 · 돌담(바람벽 · 화방장)을 쌓을 때 쓰이는 15~25cm 각의 돌(사괴석이라고도 함), 판돌은 두께 15~20cm에 너비 30~60cm이고 길이 60~90cm 정도의 돌, 구들장은 두께 6cm 내외에 크기 40~60cm 정도의 얇은 돌로서 구들을 놓는 데 쓰이는 돌(온돌석 : ondol stone, flag stone이라고도 함)을 말한다.

석재의 성인에 의한 분류

성인에 의한 분류		암질에 의한 종별	석재
화성암	심성암	화강암 심록암	화강암
	화산암	안산암	안산암
		석영조면암	부석
수성암	쇄설암	이판암 점판암	점판암
		사암 역암	사암
		응회암	응회암
	유기암	석회암	석회석
	침적암	석고	석고
변성암	수성암계	대리석	대리석
	화성암계	사문암	사문암

석재의 강도에 의한 분류

분 류	압축강도(kgf/㎠)	흡수율(%)	겉보기비중(g/㎤)	석재 예
경 석	500 이상	5 미만	약 2.5~2.7	화강암 · 안산암 · 대리석
준경석	500 미만, 100 이상	5 이상, 15 미만	약 2.0~2.5	경질사암 · 경질응회암
연 석	100 미만	15 이상	약 2.0 미만	연질응회암 · 연질사암

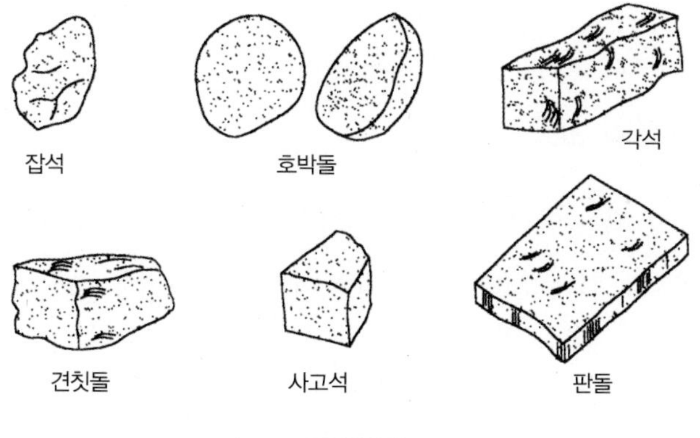

돌의 형상

4-3 석재의 조직

4.3.1 석재의 조성

석재로 사용되는 암석은 조암광물(rockforming minerals)로 되어 있고, 조암광물은 암석을 구성하고 있는 여러 가지 광물을 말하는 것으로서 석영(quartz) · 장석(feldspar) · 운모(mica) · 휘석(pyroxene) · 각섬석(amphibole) · 사문석(serpentine stone) · 방해석(calcite) 등이 있다. 따라서 석재의 성질은 조암광물에 따라 결정된다고 볼 수 있다.

조암광물 특성

구분	색조	비중	경도	포함암석	성질
석영	무색투명 · 백색	2.65	7	화강암 · 사암 · 기타 모든 암석	산 · 알칼리에 안전, 팽창계수 작음.
장석	백색 · 연한흑색	2.6~2.7	6	화강암 · 기타 모든 화성암	조암광물 중 가장 많음. 풍화저항력이 적음.
운모	무색 · 연한흑색	2.8~2.9	2.5	화강암 · 기타 암석	전기의 부도체, 비늘모양 벗겨짐.
휘석 · 각섬석	흑색 · 갈색 또는 녹색	3.0~3.6	5~6	화강암 · 안산암	유색암석의 주요성분, 철분이 많아 풍화되기 쉬움.
사문석	백색 · 녹색	2.6	2.5~5.0	사문암	풍화되기 쉬움.
방해석	무색투명 · 백색	2.7	3	석회암 · 사문암	산에 용해되어 CO_2 발생

4.3.2 석재의 조직

석재로 사용되는 암석에는 암석 특유의 천연적으로 갈라진 금(crack)이 발달하고 있는 데 이에는 암석이 생성될 때부터 존재하는 것과 암석이 생성된 후에 생긴 것이 있다. 형태로 보아 석리, 절리, 석목으로 구분할 수 있다.

(1) 석리(grain of stone texture)

석리는 석재 표면의 구성조직을 말한 것으로 돌결이라고도 한다. 석재의 외관 및 성질과 관계가 깊다. 화강암과 같은 석리는 결정질(crystalline structure)로서 육안으로 보이지만 안산암과 같은 석리는 결정질이지만 현미경으로 볼 수 있으며, 현무암은 비결정질인 파리질(glassy, vitreous)로 되어 있다.

(2) 절리(joint of stone)

절리는 암석 특유의 자연적으로 생긴 금이 간 상태, 즉 돌갈램금을 말한다. 규칙적인 것과 불규칙적인 것이 있는데, 어느 암석에나 다 생긴다. 이 중에서도 특히 화강암의 절리가 현저하고 절리의 거리가 비교적 커서 큰 판재를 얻을 수 있으나 안산암은 그렇지 못하여 박판석만을 얻을 수 있다.

(3) 석목(rift)

석목은 암석이 가장 쪼개지기 쉬운 면을 말한다. 이는 절리보다 불분명하고 절리와 비슷한 것으로서 방향이 대체로 일치되어 있다. 석목이 비교적 분명한 것은 화강암이다. 따라서 절리와 석목이 비교적 분명한 암석은 화강암이다. 석목을 돌눈(rift)이라고도 한다.

석리　　　절리　　　석목

석재의 조직

4-4 석재의 성질

석재의 성질로서 건축재료상 중요한 것은 강도, 내구성, 내화성 등이다.

(1) 강도

석재의 강도 중에서 압축강도가 가장 크며, 인장강도는 압축강도의 1/10~1/30 정도이고, 휨 및 전단강도는 압축강도에 비해 매우 작다. 따라서 석재의 강도라 하면 압축강도를 말한 것이 일반적이다. 또한 석재를 구조용으로 사용할 경우 압축력을 받는 부분에 많이 사용한다. 압축강도의 시험방법은 한국산업규격(KS F 2519)에 규정되어 있고, 석재의 종류별 강도는 다음 표와 같다.

석재의 종류별 강도

(kgf/㎠)

종류	압축강도	인장강도	휨강도
화강암	500~1,940	37~50	104~132
안산암	1,035~1,680	36~82	78~177
응회암	86~372	8~35	23~60
사 암	266~674	25~29	54~94
대리석	1,180~2,140	39~87	34~90
사문암	740~1,200	28~74	-
점판암	1,410~1,640	-	-

(2) 내구성

석재의 내구성은 조암광물이 미립자(corpuscle)·등립자(equi-particl)일수록 내구성이 크며, 흡수율이 큰 다공질일수록 동해를 받기 쉽고, 내구성이 약하다. 또한 조암광물의 풍화 난이에 따라 내구성이 다르고, 같은 석재라도 사용장소에서의 풍토·기후 및 노출상태의 차이가 조암광물의 풍화속도에 영향을 준다.

줄리앙(Julien)에 의하면 건축물의 석재가 퇴색 또는 분해에 의하여 최초로 수리를 요하게 될 때까지의 기간은 대략 아래 표와 같다.

석재의 내구성

석재종류	내구년한	석재종류	내구년한
화강석	75~200	석 회 암	20~40
대리석	60~100	사암조립	5~15
석영암	75~200	사암세립	20~50
백운석	30~500	사암경질	100~200

(3) 내화성

일반적으로 석재는 500℃ 정도까지는 거의 피해를 입지 않으며, 그 이상의 경우에는 일정 온도까지의 고열에는 견디지만 그 온도를 넘으면 급격히 파괴된다.

화강암은 약 500℃에서 금이 가고 변색하며 강도저하가 심하고 약 700℃에서는 붕괴된다. 따라서 화강암은 불에 약하다고 할 수 있다.

안산암·사암·응회암 등은 화열에 변색할 뿐 대체로 강하여 1,000℃ 이하의 고온에 의한 영향은 거의 받지 않는다. 대리석은 500℃에서 색상이 없어지며, 600℃ 이상이 되면 가루로 변하는 등 화열에는 극히 약한 편이다.

(4) 비중·흡수율·공극률

석재의 비중은 조암광물의 성질·비율·공극의 정도 등에 따라 달라진다.

석재의 강도는 비중에 비례하므로 비중의 대소로 어느 석재의 강도나 내구성도 추정할 수 있다. 일반적으로 석재의 비중이라 하면 겉보기비중을 말하며, 비중시험방법은 한국산업규격(KS F 2518)에 규정되어 있다.

석재의 흡수율은 풍화·파괴·내구성에 큰 관계가 있다. 흡수율이 크다는 것은 다공성(poyosity)이라는 것을 나타내며, 대체로 동해나 풍화를 받기 쉽다는 것을 의미한다. 흡수량 시험방법은 한국산업규격(KS F 2518)에 규정되어 있다. 암석의 종류별 석재의 비중 및 흡수율은 아래 표와 같이 약간 다르다. 석재의 공극률은 석재가 함유하고 있는 전공극과 겉보기체적의 비로 표시하며, 공극률이 크면 흡수율도 크므로 이로 인한 동결융해(freeze-thaw) 반복으로 동해하기 쉬워 석재로서의 내구성이 떨어진다.

석재의 비중 및 흡수율

종류	비중	흡수율	종류	비중	흡수율
화강암	2.61~2.72	0.1~0.4	대리석	2.68~2.75	0.02~0.25
안산암	2.36~2.88	0.5~6.99	사문암	2.75~2.90	0.18~0.40
응회암	2.0~2.5	1.3~2.0	점판암	2.71	0.18~0.25

(5) 화학적 성질

석재는 습기를 함유하는 공기의 산화(oxidation)에 따라 풍화(weathering)된다. 또한 공기중의 탄산·약한 염산 또는 황산류에 의해 생긴 침식

(erosion)과 이들 산류를 포함한 물의 흡습에 의해 팽창·수축이 반복되어 오랜 세월에 걸쳐 침해를 받는다. 그리고 주로 빗물에 의한 산화로 용해되는데 이것은 공기의 오염도와 밀접한 관계가 있다. 따라서 내산성이 적은 대리석·사문암 등은 외장재로 사용하는 것은 좋지 않다.

4-5 주요 석재

4.5.1 화성암

화성암은 규산염(silicate)을 주성분으로 한 화산의 마그마(magma)라 불리는 용융체가 고결하여 광물의 집합체로 된 것으로서, 화강암·안산암·현무암·감람석·부석 등이 여기에 속한다.

(1) 화강암(granite)

화강암을 보통 화강석이라 하고 쑥돌이라고도 불리며, 주성분은 석영·장석·운모이며, 기타 휘석·각섬석을 함유한 광물로 형성되어 있다. 화강암의 색상은 주성분 함유율의 혼합에서 생기는 흑색·백색·분홍색의 반점무늬가 있고, 이들은 장식용 석재로서 가치가 있다. 화강암의 색상 및 외관은 백색계(흰 바탕에 흑색반점), 분홍색계(분홍색 바탕에 수정반점), 쑥색계(쑥색 바탕에 흑색·백색반점), 흑색계(흑색 바탕에 수정반점) 등으로 구분되는데, 같은 장소에서 채석되는 화강암이라 할지라도 색상 및 외관이 각각 다를 수 있고, 또한 무늬와 질이 다르기도 하다.

화강암의 성분 중 석영이 많은 것은 단단하여 가공이 어렵고, 장석의 함유율이 높은 것은 가공이 용이하며, 운모가 많은 것은 분쇄되기 쉽다. 화강암은 질이 단단하고, 내구성 및 강도가 크고 외관이 수려하며, 절리의 거리가 비교적 커서 큰 판재를 생산할 수 있는 장점이 있으나 내화도가 낮아 가열시 균열이 생기고 너무 단단하여 조각하는 것 등에는 부적당하다는 단점도 갖고 있다. 화강암은 국내 매장량이 풍부하고 바닥재, 내·외장재, 기둥 및 토대용 등으로 두루 쓰이고 있다.

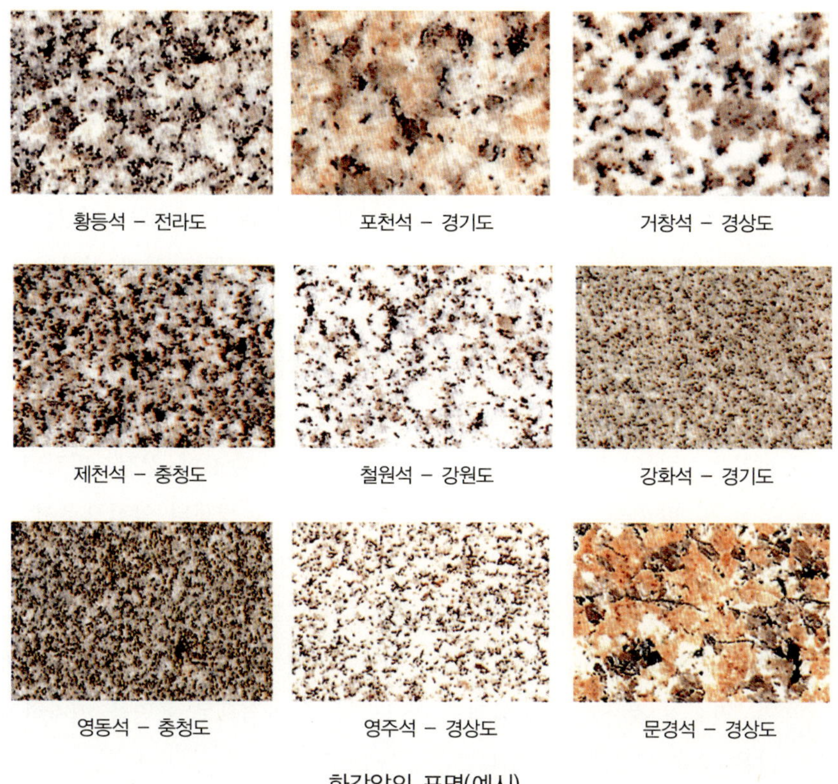

화강암의 표면(예시)

(2) 안산암(andesite) · 현무암(basalt)

① 안산암은 화성암 중 가장 흔한 것으로 종류가 많고 성질도 각각이며, 색도 흑색 · 갈색 · 회색 · 쥐색 · 녹색 · 연한색 등 여러 가지가 있다. 안산암은 강도 · 경도 · 비중이 크며, 내화적이고, 석질이 극히 치밀하여 구조용 석재로 또는 장식재로 널리 쓰인다.

② 현무암은 입자가 잘거나 치밀하다. 색은 검은색 · 암회색이며, 석질은 견고하므로 토대석 · 석축 등에 쓰인다. 또한 암면(rock wool)의 원료로 쓰인다.

안산암 · 현무암의 표면(예시)

4.5.2 수성암

수성암은 지표의 암석이 풍화 · 침식 · 운반 · 퇴적되는 작용에 의해 생긴 암석으로서, 석회암 · 사암 · 점판암 · 응회암 등이 여기에 속한다.

(1) 석회암(lime stone) · 사암(sand stone)

① 석회암은 화성암 중에 포함되어 있던 석회분(lime powder)이나 동 · 식물의 잔해 중에 포함된 석회분이 물에 녹아 바닷물에 섞여 있다가 침전되어 쌓여 굳어진 암석으로서, 백색 또는 회백색에 석질은 치밀하지만 내산성 · 내화성이 부족하고 내후성이 낮다. 주로 석회 · 시멘트의 원료로 사용되고 석재로는 도로포장의 골재용 정도이다.

② 사암은 암석의 붕괴에 의해 생긴 모래 · 자갈이 수중에 침전 · 퇴적되어 점토 및 탄소물질 등의 고결재에 의하여 경화 · 생성된 암석으로서 함유광물의 성분에 따라 암석의 질 · 내구성 · 강도가 현저히 차이가 있다. 사암을 보통 샌드스톤(sand stone)으로 부르고 있다.
사암 중 단단한 것은 구조용재에 적합하지만 대체로 외관이 좋지 못하며, 연질의 것은 실내장식재로 사용한다. 일반적으로 표면을 연마하지 않은 쪼갠 그대로 사용한다.

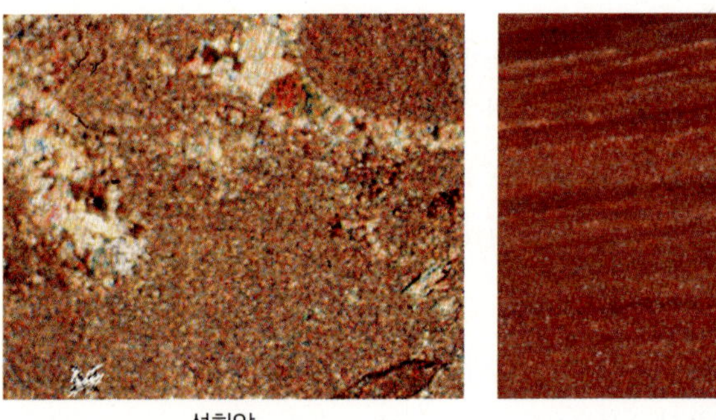

석회암 사 암

석회암 · 사암의 표면(예시)

(2) 점판암(clay slate) · 응회암(tuff)

① 점판암은 진흙이 침전하여 압력을 받아 응결한 것을 이판암(clay stone)이라 하는데 이것이 더 큰 압력을 받아서 생성된 것이다. 청회색 또는 흑색으로 흡수율이 낮고 대기 중에서 변색 · 변질되지 않고 석질

이 치밀하다. 또한 얇은 판으로 뜰 수도 있으므로 이를 천연슬레이트(natural slate)라 하여 지붕·외벽 등에 쓰이고 타일 대용으로 바닥재로도 사용한다.

② 응회암은 화산에서 분출된 화산회 또는 화산사 등이 퇴적되어 응고된 것 또는 암석의 부스러기가 섞여 고결된 것으로서 회색·담녹색·암회색 등이 있고, 가공은 용이하나 흡수성이 높고, 내수성은 크나 강도가 높지 않아 건축용으로 부적당하지만 중량이 가볍고 가공성이 좋으므로 토목용 석재로 이용된다.

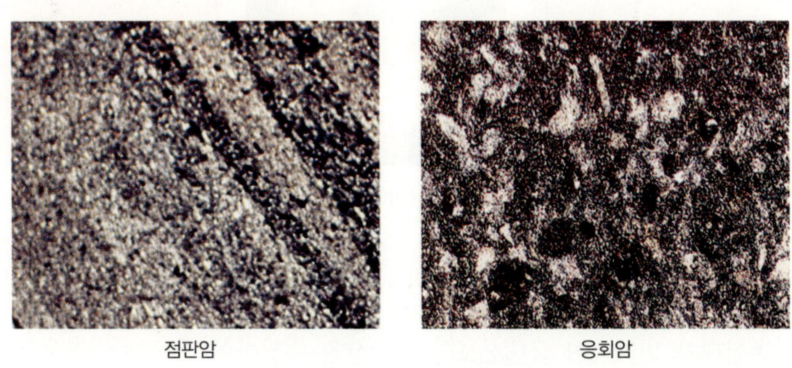

점판암　　　응회암

점판암·응회암의 표면(예시)

4.5.3 변성암

변성암은 화성암 또는 수성암이 지각(earth's crust)의 기계적 운동 및 압력의 변화·화학작용·지열의 작용 등에 의해 변질되어 그 광물 성분에 변화를 일으켜서 생긴 암석으로서, 대리석·사문암·석면·편암 등이 여기에 속한다.

(1) 대리석(marble)

대리석은 석회암이 변성작용에 의해서 결정질이 뚜렷하게 된 변성암의 대표적인 석재로서 중국 운남성 대리부에서 많이 산출된다 하여 대리석(大理石)이라는 명칭이 붙게 되었다. 색조는 순수한 것은 백색이지만 주성분에 따라 여러 종류로 바뀐다. 강도가 크지만 내화성이 낮고, 풍화되기 쉬우므로 실외용으로는 적합하지 않으나 석질이 치밀하고 견고할 뿐만 아니라 연마하면 아름다운 광택을 내므로 실내장식용의 석재로는 최고급 재료이다.

대리석의 표면(예시)

국내에서 생산되고 있는 대리석은 색상 및 품질이 좋지 않을 뿐만 아니라 부존상태가 빈약하여 국내산보다 외국산을 수입하여 사용하는 경우가 많은 실정이다.

(2) 사문암(serpentine)

사문암은 주로 감람석(olivine)이 변질된 것인데 섬록암(diorite)이 변질된 것도 있다. 일반적으로 색조는 암녹색 바탕에 흑백색의 아름다운 무늬가 있으며, 보라색 바탕에 암녹색의 미려한 반문(speckle)이 있는 것도 있다. 경질이나 풍화성이 있으므로 외벽보다는 실내장식용으로서 대리석 대용으로 이용되기도 한다.

사문암의 표면(예시)

4-6 인조석 및 석재 제품

4.6.1 인조석

① 인조석(artificial stone)은 대리석·사문암·화강암 등의 쇄석을 종석(chip)으로 하여 백색포틀랜드시멘트에 광물질 안료를 넣고 물로 혼합·반죽하여 진동기(vibrator)로 다져 경화한 후 씻어내기·갈기·잔다듬 등으로 마무리한 것으로 천연석재의 유사품을 모조할 목적으로 제작한 것이다. 주로 판형으로 제작하여 바닥·벽 등의 마감재로 사용되고 있고, 근래에는 거의 공장 제품화하여 판매되고 있다.

② 인조석은 결합재(binder)로 시멘트를 사용하였으나 이 대신 폴리에스테르수지(polyester resin)나 아크릴수지(acryl resin) 등의 액상을 결합재로 하여 만든 것이 수지계 인조석(plastic artificial stone)이다. 이 인조석은 시멘트를 결합재로 하여 제조된 인조석에 비해 경화가 빠르고, 균열이 적으며, 수밀성도 양호한 편이지만 내열 및 내화성이 떨어지므로 사용에 유의해야 한다.

인조석

4.6.2 인조대리석 및 모조석

인조대리석(artificial marble)은 대리석의 쇄석을 종석으로 하여 백색포틀랜드시멘트를 사용하여 물로 혼합·반죽한 것을 형틀에 넣고 진동기로 충분히 다지고 양생한 후 가공연마하여 대리석과 같은 미려한 광택이 나도록 마감한 것으로 인조석의 일종이다. 인조대리석을 천연대리석의 모조품으로서 모조대리석(imitation mable)이라고도 한다. 인조대리석은 천연대리석 대용으로 판형 또는 모자이크(mosaic)의 형태로 주로 공장에 주문 제작하여 실

인조대리석

인조대리석 판형

인조대리석 모자이크 패턴

인조대리석 판형 및 모자이크

내의 바닥 마감재 또는 벽의 치장재로 많이 사용하고 있다.

대리석 이외의 화강암·사문암 등의 쇄석을 종석으로 하여 인조대리석에 준하여 제작된 것을 모조석(imitation stone) 또는 의석(疑石)이라고 한다.

4.6.3 인조석판·테라조판 및 테라조타일

① 인조석판(artificial stone board)은 대리석·사문암·화강암 등의 쇄석(broken-stone, crushed stone)을 종석으로 하여 시멘트에 안료를 섞어 진동기로 다진 후 판상으로 성형한 것으로서 천연석판(natural plate stone)의 모조품이라 할 수 있다. 인조석판은 천연석판의 단점을 보완하고 제작시 안료를 사용하여 주문에 따른 여러 가지 색채를 나타낼 수 있는 이점이 있으며, 가공의 용이성 및 원가절감 등을 고려하여 바닥 또는 내외벽 등의 수장재로 많이 사용하고 있다. 인조석판을 종석의 종류에 따라 모조석판(imitation plate stone)과 테라조판(terrazo board)으로 나눌 수 있다.

모조석판은 테라조판에 준하여 천연석재처럼 모방하여 만든 두께 2cm 이상의 평판으로서 쇠시리·조각물로도 만들 수 있다.

인조석판

② 테라조판은 대리석·사문암·화강암 등의 쇄석 입자가 큰 것을 종석으로 사용하여 백색포틀랜드시멘트에 안료를 섞어(안료를 섞지 않기도 함) 형틀에 넣고 진동기 또는 롤러 등을 사용하여 충분히 다지고 양생한 후 가공연마하여 대리석 등과 같이 미려한 광택을 갖도록 만든 평판이다. 테라조판은 표면층의 종석, 형상 및 마무리면에 따라 다음 표와 같이 구분한다.

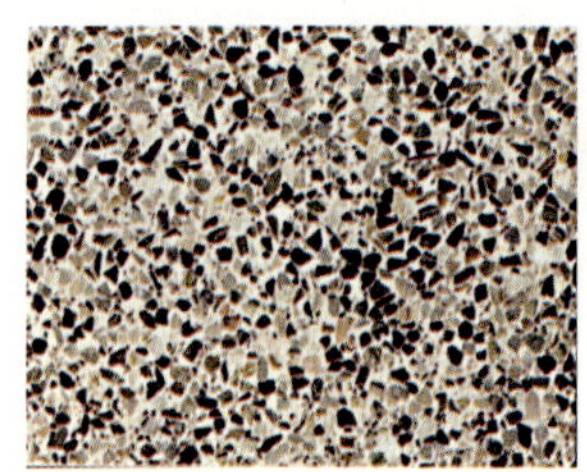 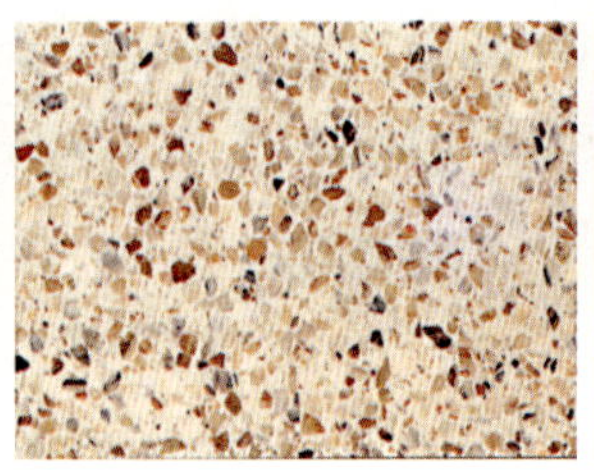 

테라조판

테라조판의 규격은 한국산업규격(KS F 4018)에 규정되어 있다. 테라조판은 그 질이 치밀하며, 모양·치수가 정확하고, 마무리면이 반듯하고 매끈하며 또한 색조·광택·쇄석분포가 일정하고, 표면에 나타난 종석의 합계면적의 표면적에 대한 비율이 50% 이상으로서 강도 50kgf/㎠ 이상이어야 양질의 것이라 할 수 있다. 테라조판은 주로 바닥마감재로 사용한다.

테라조판의 구분

표면층의 종석에 의한 구분	모양에 의한 구분	마무리면에 의한 구분
대리석 테라조판	직사각형	한 면 마무리
화강석 테라조판	이형	양 면 마무리

비고) ① 대리석 테라조판에는 사문암을 사용한 것을 포함한다.
② 직사각형은 평판모양으로서 정방형·장방형으로 된 것을 말하며, 이형은 직사각형 이외의 테라조판을 말한다.
③ 마무리면에 의한 구분에는 필요에 따라 옆면 마무리 및 기타 마무리로 할 경우도 있다.

③ 테라조타일(terrazo tiles)은 대리석·사문암·화강암 등의 쇄석을 종석으로 하여 포틀랜드시멘트 또는 백색포틀랜드시멘트에 착색재료를 잘 섞어(착색재료를 섞지 않기도 함) 표면층을 성형하고 뒷면층은 모래 등의 골재를 사용하여 성형한 정사각형의 타일로서 건축물의 바닥 및 보도의 마무리 재료로 쓰인다. 테라조타일은 치수에 따라 300형(300×300×30mm, 휨파괴하중 350kgf/㎠), 400형(400×400×32mm, 휨파괴하중 550kgf/㎠)으로 구분하고, 표면층에 사용하는 종석에 따라 대리석 테라조타일, 화강석 테라조타일 등으로 구분한다. 테라조타일의 규격은 한국산업규격(KS F 4035)에 규정되어 있다.

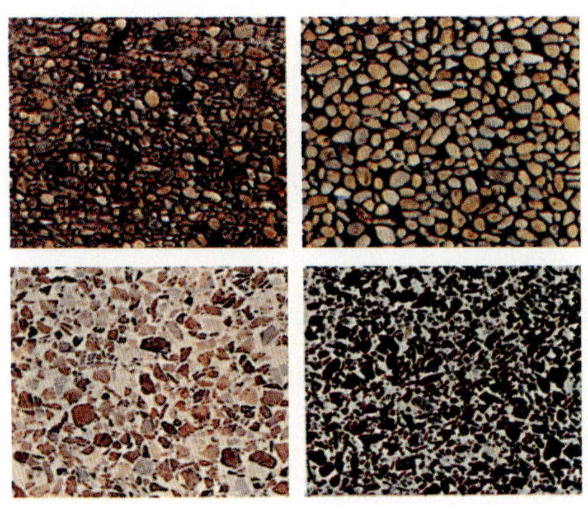

테라조 타일

4.6.4 암면 · 석면 · 펄라이트

① 암면(rock wool)은 현무암 · 안산암 · 사문암 · 고로광재 등을 용융시켜 세공(slit)으로 분출시키면서 고압공기로 불어날려 섬유화시킨 다음 냉각시켜 솜털과 같은 모양으로 만든 것으로서 단열재 · 보온재 · 절연재 · 흡음재 등으로 사용한다.

암면

② 석면(asbestos)은 사문암 또는 각섬암이 열과 압력을 받아 변질하여 섬유 모양의 결정질이 된 것으로서 유일한 섬유모양의 조직을 가진 천연 결정섬유이다. 종래에는 단열재 · 보온재 등으로 사용되어 왔으나 근래에는 인체에 해로울 뿐만 아니라 공해문제가 되고 있어 우리나라 뿐만 아니라 각국에서 사용을 규제하고 있다.

③ 펄라이트(pearlite)는 진주암 · 흑요석 등을 적당한 입도로 분쇄하여 가열 · 팽창시켜 만든 것으로서, 다공질 분말로 되어 있어 경량이고 불연성이 있어 단열재 · 흡음재 등의 원료로 사용되고 플라스터(plaster)의 골재로도 사용한다.

펄라이트 원석

4-7 석재의 채취 및 가공

4.7.1 석재의 채취

① 돌을 암판 등에서 건축용재로 떠내는 일을 석재의 채취(gathering) 또는 채석 (quarring)이라 하고, 채석하는 곳을 채석장(quarry) 또는 돌산(stony mountain)이라고 한다. 채석장에서 채취한 돌을 원석(quarry stone, rough stone)이라 하고, 이것을 사용하기에 알맞게 절단하여 필요한 석재로 만든다.

② 원석을 채취하려면 암석 자체의 성분조사와 지질조건 및 암석의 구조적 조사가 선행되어야 하며, 이러한 조사로 암석의 용도와 채취방법을 결정하게 된다. 채취방법은 채취수단에 따라 인력채취 · 기계채취 또는 폭약에 의한 채취로 구분한다. 오늘날의 석재 채취는 거의 기계 및 폭약에 의하여 채취되고 있으나 이 3가지 방법은 항상 병용해서 쓰이고 있다.

채석장

4.7.2 석재의 가공

① 석재의 가공이라고 하면 일반적으로 채취된 원석의 규격화 가공을 비롯하여 이를 판재로 절단하는 작업, 그리고 표면가공까지를 포함한다. 원석절단에는 석공예품 제작을 위해 두꺼운 석재를 절단하는 작업과 건축마감재로 이용되는 대·중·소형의 판재로 절단하는 작업이 있고, 표면가공에는 화염가공, 연마가공, 손다듬기 등이 있으며, 최종적으로 요구되는 규격에 맞게 절단하는 과정이 있다.

② 손다듬기 종류는 거친 돌 표면부분을 쇠매(hammer)로 쳐서 올록 볼록한 것이 없도록 대강 따내는 가공인 혹두기(frosted work), 돌 표면을 정(chisel)으로 쪼아 평평하게 다듬는 가공인 정다듬(chiseled work), 정다듬한 돌 표면을 도드락망치(diamond hammer)로 어느 정도 매끈하게 다듬는 가공인 도드락다듬(bash hammered finish), 양날망치

자동절단

화염처리

자동연마

석재 자동화 기계가공

손다듬기의 종류 및 가공순서

종류	가공순서	가공내용
혹두기	큰혹두기 작은혹두기	거친 돌면의 돌출부분을 쇠메로 쳐서 요철(凹凸)이 없게 대충 다듬는 정도의 돌표면 마무리
정다듬	거친(큰정)다듬	사방 100mm 안에 정자국이 15개 정도 나도록 정으로 쪼아 다듬는 돌표면 마무리
	중간정다듬	사방 100mm 안에 정자국이 25개 정도 나도록 정으로 쪼아 다듬는 돌표면 마무리
	고운정(작은정)다듬	사방 100mm 안에 정자국이 70개 정도 나도록 정으로 쪼아 다듬는 돌표면 마무리
도드락 다듬	거친도드락다듬	사방 35mm 안에 25눈의 돌기가 있는 도드락망치로 두들겨 다듬는 돌표면 마무리
	중도드락다듬	사방 35mm 안에 64눈의 돌기가 있는 도드락망치로 두들겨 다듬는 돌표면 마무리
	고운도드락다듬	사방 35mm 안에 100눈의 돌기가 있는 도드락망치로 두들겨 다듬는 돌표면 마무리
잔다듬	거친잔다듬	날망치의 날간격 5~6mm되는 날망치로 일정방향으로 찍어 다듬는 돌표면 마무리
	중간잔다듬	날망치의 날간격 3~4mm되는 날망치로 일정방향으로 찍어 다듬는 돌표면 마무리
	고운잔다듬	날망치의 날간격 1.5~2mm되는 날망치로 일정방향으로 찍어 다듬는 돌표면 마무리
비고	혹두기 / 정다듬 / 도드락다듬 / 잔다듬	

(double facing hammer)로 정다듬한 돌 표면을 평행 방향으로 조각하듯 치밀하게 깎아 다듬는 가공인 잔다듬(dabbed finish)이 있다. 원석의 절단과 석재의 표면가공은 근래에 와서는 가공기계의 완전 자동화로 대량 작업이 이루어지고 있다. 자동원식절단기(automatic gang saw machine)로 원석을 일시에 수십 장의 판재로 절단하고, 자동연마기계(automatic polishing machine) 또는 자동식 화염처리기계(automatic jet burner machine)로 석재의 표면을 일시에 많은 양을 가공한다.

③ 석재의 표면가공에 있어서 특히 손다듬기(hand tool finish)는 종래에 주로 공사현장에서 직접 적용해왔던 가공방법으로서 현재는 소규모공사장을 제외하고는 별로 적용하지 않고 있는 실정이다.

그러나 손다듬기는 석재 표면가공 방법 중 가장 전통적인 방법으로서, 정이나 날망치 등의 타격횟수와 날간격에 따라 마무리 정도가 달라지며, 주로 바닥재 마감에 많이 이용되어 왔다.

손다듬기의 종류 및 가공순서는 앞의 표와 같고, 필요에 따라 다듬기횟수를 가감하거나 생략할 수도 있다.

05 금속재료

5-1 개 요

금속재료(metallic material)는 광석(ore)으로부터 필요한 물질을 제련(refining)하여 얻어진 것으로서 철금속(ferrous metal)과 비철금속(nonferrous metal)으로 구분된다. 일반적으로 철(iron)이라 하면 철금속을 말하고, 철 이외의 금속(metal)을 비철금속이라 한다. 또한 편의상 비중 5를 기준으로 하여 가벼운 것을 경금속(light metal), 무거운 것을 중금속(heavy metal)이라고 한다. 알루미늄(Al)·마그네슘(Mg)·칼슘(Ca)·티탄(Ti)·나트륨(Na) 등은 경금속이고, 철(Fe)·동(Cu)·납(Pb)·니켈(Ni)·크롬(Cr)·아연(Zn) 등은 중금속이다.

금속재료는 구조용재(structural materials)로서 많이 쓰이고 장식재(decorative materials)로서도 수요가 많다. 건축재료로는 철강·알루미늄·동·납·아연과 이들의 합금 등이다. 주요 금속재료의 대부분은 단일체(single body)보다도 합금(alloy)으로 사용하고 있다. 합금이란 하나의 금속에 하나 이상의 다른 금속 또는 비금속을 가해서 금속적인 성질을 나타내는 것이며, 현재 사용되는 모든 금속은 엄밀히 말해서 합금이라 할 수 있다.

5-2 철금속

5.2.1 철 강

① 철강(iron and steel)은 철(Fe) 이외에 소량의 탄소(C)·규소(Si)·망간(Mn) 및 불순물(impurities)로 인(P)·유황(S) 등을 함유하고 있다. 화학적으로 순수한 철을 만드는 것은 매우 어려운 일이며, 순철(pure iron)이라 해도 소량의 탄소를 포함하고 있다.

철강을 보통 순철(ferrite)·탄소강(carbon steel)·주철(cast iron)로 구분하지만, 이것은 탄소량으로 정한 것이지 실제로는 열처리(heat treatment)에 따라 성질의 차이가 있다. 철강의 종류별 탄소량과 성질을 나타낸 것이 아래 표와 같으며, 이외에도 합금된 철강인 특수강을 철강의 종류에 포함하기도 한다. 순철을 단순히 철(iron)이라고도 하고, 탄소강을 단순히 강(steel)이라고도 한다. 철강은 일반적으로 철과 강을 합쳐서 일컫는 말이며, 강을 강철(steel)이라고도 한다.

철강의 종류 및 성질

종 류	탄소량(%)	성 질
철	0.04 이하	연질이고 가단성(malleability)이 크다.
강	0.04~1.7	가단성·주조성·담금질 효과가 있다.
주 철	1.7 이상	주조성이 좋고, 경질이고, 취성(brittleness)이 크다.

② 철강은 제선 - 제강 - 조괴 - 압연의 과정을 거쳐 제조된다. 고로(용광로)를 사용하여 선철(pigiron)을 만드는 과정을 제선(pigiron manufacture)이라 하고, 선철에서 탄소량을 줄이고 불순물을 제거하여 구조용 재료로 사용 가능한 성질을 가진 강으로 만드는 것을 제강(steel manufacture)이라 한다. 제강법에는 전로법·평로법·전기로법이 있는데 전기로법은 일반적으로 특수한 강 제조에 사용되고 일반 탄소강은 주로 평로법과 전로법에 의해 제조된다.

제강이 끝나면 용융된 강을 꺼내서 주형에 주입하여 강괴(ingot)로 만드는데, 이 과정을 조괴(making lump)라 한다. 강괴를 다시 가열·압연하여 형강이나 강판 등의 제품을 만든다. 따라서 강괴의 품질은 제품의 품질과 밀접한 관계가 있으므로 매우 중요하다.

③ 건축용 금속제품을 만드는데 순철은 거의 사용하지 않고 주로 탄소강과 주철을 사용한다. 구조용 제품으로는 탄소강을, 창호철물 및 장식 제품으로는 주철을 사용하는 것이 일반적이다. 특히 탄소강은 탄소의 함유량에 따라서 기계적·물리적 성질이 달라지고 사용목적에 따라 우수한 성질의 재료를 만들 수 있다. 또한 가공성이 우수하여 판·봉·관·선 등으로 만들어지며, 담금질, 뜨임질 등의 열처리를 하면 기계적 성질은 광범위하게 변화하므로 매우 편리한 재료이다. 탄소강을 탄소 함유량에 따라 세분하면 아래 표와 같다.

탄소량에 의한 탄소강의 구분

종별	탄소함유량(%)	주용도
특별극연강	0.08% 이하	박판·전신선 등
극연강	0.08~0.12	리벳·못·새시바·용접관 등
연강	0.12~0.20	철골·철근·형강·강판 등
반연강	0.20~0.30	레일·차량·기계용 형강 등
반경강	0.30~0.40	볼트·강널말뚝 등
경강	0.40~0.50	공구·피아노선·스프링·샤프트 등
최경강	0.50~0.80	스프링·칼날·공구 등

5.2.2 강의 일반적 성질

(1) 물리적·기계적 성질

일반적으로 강은 탄소함유량이 증가함에 따라 비중·열팽창계수·열전도율이 떨어지고, 비열·전기저항 등은 커진다. 구조용 강재의 인장강도(최대하중을 시험편 단면적으로 나눈 값)와 항복점(yield point) 및 경도(hardness) 또는 연신율(elongation percentage)의 값은 강의 종류, 즉 탄소 함유량에 따라 각각 다르다.

강의 물리적 성질과 기계적 성질은 다음 표와 같다.

강의 물리적 성질

비중	융점(℃)	비열 (cal/g · ℃)	전기저항 (Ω㎟/m)	열전도율 (cal/cm · sec · ℃)	선팽창계수 (20~100℃)
7,789~7,876	1,425~1,528	0.102~0.108	0.10~0.18	0.087~0.134	0.0000104~0.0000150

각종 강의 기계적 성질

종 별	인장강도 (kgf/㎟)	항복점 (kgf/㎟)	연신율 (%)	경도 (H_B)
특별극연강	32~36	18~28	80~40	95~100
극 연 강	36~42	20~29	30~40	80~120
연 강	38~48	22~30	24~36	100~130
반 연 강	44~55	24~36	22~32	120~145
반 경 강	50~56	30~40	17~30	140~170
경 강	58~70	34~46	14~26	160~200
최 경 강	65~100	35~37	11~20	186~235

구조용 강재를 압축할 경우 항복점(yielding point) 부근까지는 인장인 경우와 같으나 그 이후는 압축이 진행됨에 따라 최대하중은 인장인 경우보다 낮아진다. 그리고 구조용 강재에 반복하중이 작용하면 항복점 이하의 범위에서도 파단(rupture)되는 경우가 있다. 이 현상을 강재의 피로(fatigue)라고 한다.

(2) 화학적 성질

금속재료의 화학적 성질 중에서 실용상 문제가 되는 것은 부식(corrosion)에 대한 성질이다. 부식은 외부의 가스 또는 액체에 침식되어 표면에 일어나는 현상을 말하는데, 이 중에서 수분을 포함하지 않는 공기에 의한 산화(acid) 등의 반응에 의해 부식되는 것을 화학적 부식(chemica corrosion) 또는 건부식(dry corrosion)이라고 한다. 산이나 알칼리 중에서의 부식은 전기화학적으로 생기는 것으로 부식의 대부분은 이것에 의한다.

금속재료가 부식하게 되면 내재된 특성이 저하되고 특히 내구성이 떨어진다. 따라서 내식성 있게 부식방지 조치를 하여야 한다. 부식방지 방법으로는 페인트 등으로 도포(application) 또는 소부(fire burnt)하는 방법, 인산염 피막방법(membrane method), 도금방법(plating method), 피복(coating)하는 방법 등이 있다.

(3) 열처리

열처리(heat treatment)란 금속재료에 필요한 성질을 주기 위하여 가열 또는 냉각하는 조작(operation)을 말한다. 강에 열처리하면 조직이 크게 달라지고 기계적 성질, 즉 역학적 성질이 개선된다. 기본적인 열처리방법(heat treatment method)에는 풀림 · 불림 · 담금질 · 뜨임질이 적용된다.

① 풀림(annealing) : 강을 800~1,000℃로 일정시간 가열한 후에 노(furnace) 안에서 천천히 냉각시키는 열처리를 말한다. 풀림의 목적은 강을 연화(softening)하거나 내부응력(internal stress)을 제거하기 위함이다. 풀림을 담금질 또는 소둔(燒鈍)이라고도 한다.

② 불림(normalizing) : 풀림과 같이 가열하여 소정의 시간까지 유지한 후에 대기중에서 냉각시키는 열처리를 말한다. 불림의 목적은 결정립(crystalline grain)을 미세화하고 조직을 균일하게 하여 강력한 재료로 만들기 위함이다. 불림을 불림고르기 또는 소준(燒準)이라고도 한다.

③ 담금질(quenching, quench hardening) : 고온으로 가열하여 소정의 시간동안 유지한 후에 냉수 · 온수 또는 기름에 담가 냉각시키는 열처리를 말한다. 담금질의 목적은 단단한 조직을 얻어 경도(hardness)를 증대시키고 마모를 적게 하기 위함이다. 담금질을 소입(燒入)이라고도 한다.

④ 뜨임질(tempering) : 담금질한 강을 다시 200~600℃로 수십분 가열한 후 공기 중에서 냉각하는 열처리를 말한다. 뜨임질의 목적은 경도를 감소시키고, 내부응력을 제거하며, 연성(ductility)과 인성(toughness)을 크게 하기 위함이다. 뜨임질을 불림질 또는 소려(燒戾)라고도 한다.

5.2.3 특수강

특수강(special steel)이란 탄소강에 특수한 성질을 주기 위하여 다른 금속을 적당량만큼 첨가한 합금강(alloyed steel)을 말한다. 합금강은 고급강으로서 고강도가 필요한 구조용 특수강과 녹막이 등 특수용도용 특수강으로 구분한다.

(1) 구조용 특수강

탄소강에 크롬(Cr) · 니켈(Ni) · 망간(Mn) · 코발트(Co) · 텅스텐(W) · 몰리브덴(Mo)·규소(Si) 등을 1종류 이상 첨가하여 만든 것이다. 구조용 특수강은 탄소강보다 인성(toughness)을 높인 것이다. 즉 담금질하여 경화시킨 것이다. 일반적으로 기계구조용에 많이 쓰이고, 건축구조재로서 사용되는 양은 적다. 그러나 앞으로는 구조물의 안전성 요구 증대 및 부재 단면의 축소 또는 고층건물에 대한 요구 등으로 크게 보급될 전망이다.

(2) 특수용도용 특수강

특수용도용 특수강으로는 스테인리스강과 동강을 들 수 있고, 이 중 스테인리스강이 건축용으로 널리 사용되고 있다.

① 스테인리스강(stainless steel) : 크롬(chrome)·니켈(nickel) 등을 함유하며 탄소량이 적고 내식성이 강한 특수강이다. 탄소량이 적을수록 내식성이 우수하므로 이를 내식강(anti-corrosion steel)이라고도 한다. 일반적으로 전기저항이 크고 열전도율이 낮으며 경도에 비해 가공성이 좋고 납땜도 가능하므로 보통 스테인리스 스틸(stainless steel)이라 하여 여러 가지 장점 때문에 건축재료로 널리 사용되고 있다. 또한 다방면으로 그 사용이 증대되어 가고 있다.

기본적인 특징은 크롬을 다량으로 포함하는 강이라고 할 수 있고, 성분에 의해서 크롬이 주성분이 되는 크롬계 스테인리스강과 크롬·니켈이 주성분이 되는 크롬·니켈계의 두 가지 기본형으로 분류할 수 있다.

② 동강(copper steel) : 강에 구리(Cr)를 첨가하여 내식성을 증대시킨 연강(mild steel)이다.

스테인리스강에는 미치지 못하지만 상당한 내식성이 있고 강도도 약간 크므로 동강을 내후성강(weather proofness steel)이라고도 한다. 또한 스테인리스강에 비해 값이 싸고 염수에도 어느 정도 내식성이 있으므로 얇은 강판재·강판널말뚝재·창의 새시 등에 쓰이고 있다.

5.2.4 주철과 주강

① 용광로에서 철광석을 환원(reduction)하여 직접 주입(casting)한 것을 선철(pig iron)이라 하고, 주철과 같이 쓰이는 경우가 많다. 철이 함유하고 있는 탄소량을 기준으로 탄소량 1.7%에서 6.67%까지의 것을 주철(cast iron)이라고 하지만 실용화되고 있는 것은 탄소량 2.5~4.5%의

범위이다. 주철은 강보다 용융점이 낮아서 복잡한 형태의 것도 주조하기는 쉽지만 압연(rolling) · 단조성(forgingness)이 없는 것이 결점이다. 주철은 창호철물 · 자물쇠 · 장식철물 · 방열기 · 맨홀 뚜껑 등 주강을 쓰기에는 값이 너무 비싼 경우로서, 강 정도까지는 필요하지 않는 철제품의 재료로 많이 사용된다.

② 주강(steel casting)은 탄소량이 0.1~0.5%의 용해강(dissolution steel)을 주형에 주입하여 제작하는 주물(cast metal)로서 저탄소주철이라고 할 수 있다. 주조성(castability)이 있는 것이 특징이고, 성질은 탄소강과 비슷하지만 인성은 떨어진다.
주강은 구조용재에 있어서 주철로서는 강도가 불충분한 것에 사용된다. 주로 철골기둥과 보의 접합부 등에 쓰인다.

5-3 비철금속

비철금속(nonferrous metal)으로는 동과 그 합금, 알루미늄과 그 합금, 연과 그 합금, 아연과 그 합금, 티탄늄과 그 합금, 니켈과 그 합금, 주석과 그 합금 등이 있다. 비철금속은 특히 녹이 쉽게 나지 않는 장점 때문에 건축에서 주로 장식 및 부속철물류의 대체용으로 널리 이용되고 있다. 앞으로는 여러 가지 비철금속 또는 그 합금(alloy) 등이 계속 발전하면서 그 이용 분야가 건축뿐만 아니라 광범위하게 개척되어 가고 있는 추세이다.

5.3.1 동과 그 합금

① 동(copper)은 다른 금속에 비해 아름다운 색을 갖고 가공성이 풍부하며 전기 및 열의 양도체 등 우수한 이점 때문에 순동(동의 80%로서 순수한 동)은 주로 전기공업에 사용되고, 가공재로는 봉 · 판 · 관 · 선 등이 있으며, 주조에 의하여 여러 가지 형상으로 만들어 실용화하고 있다. 동을 구리라고도 한다.

동은 건조한 공기중에서는 산화(oxidation)하지 않으나 습기가 있거나 탄산가스(CO_2)가 있으면 광택을 잃으면서 차차 녹청색이 되지만 내부의 침식(erosion)은 적으며, 가열하면 산화되어 암적색이 된다. 또한 맑은 물에는 침식(erosion)되지 않으나 염수 및 해수에는 빨리 침식되고 유기산(organic acid) · 암모니아(ammonia) · 기타 알칼리성(alkaline) 용액 등에 침식이 잘된다. 따라서 화장실 주위와 같이 암모니아와 접하는 장소나 시멘트 · 콘크리트 등 알칼리에 접하는 장소에는 빨리 부식하기 때문에 특히 주의해야 한다.

동은 철강보다 내식성이 우수하고 전연성이 크다는 등의 이점 때문에 지붕잇기 · 동판 및 동기와의 홈통 · 철사 · 못 등으로 많이 사용되고 열전도도가 높고 내식성이 우수하므로 근래에는 주택의 난방용 배관재로서 강관보다 동관이 많이 사용되고 있는 추세이다. 또한 아름다운 색과 광택을 지니고 있으므로 장식재료로도 사용되고 있다.

② 동합금(alloyed copper)에는 여러 가지 종류가 있으나 건축재료로 사용하는 종류로는 황동(brass)과 청동(bronze)이 있다. 황동은 일명, 놋쇠라고도 하며, 주로 동 70%와 아연 30%로 된 합금을 말하며, 압연 · 인발 등의 가공이 용이하고, 내식성이 크므로 논슬립 · 줄눈대 · 난간 · 코너비드 · 정첩 · 창문의 레일 · 장식철물 및 나사 · 볼트 · 너트 등에 널리 사용한다.

청동은 동(Cu)과 주석(Sn)을 주성분으로 하는 합금이며, 아연(Zn)이나 납(Pb) 또는 철(Fe)을 다소 함유하는 경우도 있다. 주석을 10% 정도 포함한 것을 포금(gun metal)이라 하여 밸브나 문 등의 제작용 재료로 많이 사용된다. 청동의 색깔은 주석의 함유량에 따라 변화한다. 청동은 황동보다는 내식성이 강하고, 주조하기 쉬우며, 표면은 특유의 아름다운 색깔을 지니고 있으므로 지붕과 돔(dome)의 마감재료 사용되는 경우가 많고 건축물의 장식부품 또는 미술공예 재료로도 사용된다.

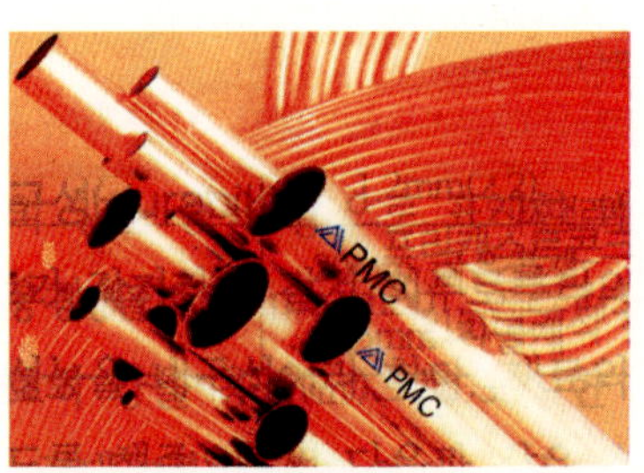

동(구리) 제품

5.3.2 알루미늄과 그 합금

① 알루미늄(aluminum)은 중요 금속 중 대표적인 경금속(light metal : 비중이 강의 약 1/3)으로서 독특한 흰 광택을 지니고, 광선 및 열의 빈사율이 크며, 열전도율도 높고 열팽창계수는 강보다 약 2배 정도 크다. 전연성이 뛰어나 판 · 선 · 봉 등으로 가공하기가 쉽고, 박(leaf)으로도 할 수 있다.

알루미늄(Al)의 성질은 대기 중에서 순도에 따라 큰 차이가 있다. 순도(purity)가 높은 것은 표면에 산화피막이 생겨서 오히려 보호하는 역할을 함으로써 잘 부식되지 않으므로 내구성이 크다. 또한 맑은 물에는 거의 침식되지 않으나 염산에는 침식되기 쉬우며, 250~300℃에서 풀림한 것은 특히 산이나 알칼리 및 해수에 침식되기 쉬우므로 콘크리트 및 해수에 접하거나 흙 속에 매립될 경우에는 사용을 금하거나 특히 주의하여 사용해야 한다.

알루미늄은 경금속으로서 전연성이 좋고, 내식성 등이 우수하기 때문에 커튼월(curtain wall)의 스팬드럴(spandrel)을 비롯하여 내외벽 · 천장 · 지붕의 마감재료 · 도어 · 새시 · 셔터 · 창호철물 등의 창호재료 등으로 널리 사용되고 있고, 그 사용이 급증하고 있는 추세이다.

② 알루미늄 표면에 기계적 · 전기적 · 화학적 처리를 함으로써 소지(nature)의 상태 · 광택 · 색에 변화를 주어 내식성 · 내구성을 증대시키고, 외관의 가치를 높이는 것으로서 흔히 창격자나 알루미늄새시에서 그 색상을 볼 수 있다. 알루미늄 표면처리방법으로는 양극 산화피막법과 화학적 산화피막법이 있는데, 수산 · 황산 · 크롬산 · 염기성 염 등을 전해질(electrolyte)로 하고, 알루미늄을 양극으로 하여 전기분해(electrolysis)함으로써 알루미늄 표면에 산화피막(oxidation film)을 형성하는 방법인 양극 산화피막법을 주로 이용한다. 이 피막법에 의한 산화피막을 형성한 후에 특별한 착색 및 부식 방지를 위해서 합성수지계 도료를 칠할 때도 있다.

③ 알루미늄합금(aluminum alloy)은 알루미늄에 구리(Cu) · 마그네슘(Mg) · 망간(Mn) · 규소(Si) · 아연(Zn) · 니켈(Ni) 등의 원소를 첨가하여 내식성 · 내열성 또는 강도를 높이기 위하여 제조된 것이다. 이 알루미늄합금의 출현으로 내 · 외부 장식용 착색무늬판재 · 대형 창격자 · 조각판재 ·

메탈커튼월(metal curtain wall) 등에 사용되고 있다.

알루미늄합금 중 고력합금(high tensile alloy)인 두랄루민(duralumin)은 강도가 높은 합금으로서 주로 가볍고 강도를 요하는 재료로 오늘날 널리 실용되고 있다. 알루미늄에 구리를 첨가한 Al-Cu계, 여기에 마그네슘을 첨가한 Al-Cu-Mg계, 다시 아연을 첨가한 Al-Cu-Mg-Zn계로 크게 세 가지로 나눌 수 있으며, 비중이 2.7 정도로 일반 철강의 1/3 밖에 되지 않으나 중량에 비해 강도가 매우 우수하고 알루미늄보다 강도와 내식성이 큰 것 등의 특징이 있어 고층건축물의 내·외장 대형판재 제조용으로 사용되고 장식용 또는 가구용 재료로도 사용된다.

알루미늄합금

5.3.3 아연과 그 합금

① 아연(zinc)은 건조한 공기 중에서는 거의 산화되지 않지만 습기와 탄산가스가 존재하면 표면에 염기성 탄산염의 박막(thin film)이 생성되고 내부의 산화를 방지한다. 알칼리에 침식되며 해수에는 서서히 침식된다. 청백색의 광택을 지니고 있으며, 고순도의 아연은 내식성이 우수하

고, 대기중에서 어느 정도 광택을 유지한다. 이온화(ionize) 경향이 철재보다 큰 것을 이용하여 철판의 아연도금(zincing galvanizing)으로 쓰여진다. 또한 함석(galvanized iron)의 제조에 사용된다. 가장 큰 용도는 철판의 아연도금이며, 기타 철물에도 방식용으로 도금한다. 아연제품은 중량이 가벼워 지붕이나 벽 마감재로 많이 쓰인다.

② 아연합금(alloyed zinc)은 아연에 알루미늄(Al) · 구리(Cu) · 마그네슘(Mg)을 약간 첨가한 합금으로써 용융점이 낮고 기계적 강도가 크며, 대기중의 내식성이 우수하여 건축철물로서 유망한 합금이다.

5.3.4 연과 그 합금

① 연(lead)은 납이라고도 하며, 청백색의 광택이 있고, 비중이 비교적 커서 무겁고 연질이며 전연성 · 가공성 · 주조성이 풍부하다. 공기중에서는 표면에 탄산염의 박층(lamination)이 생겨 이로 인한 내식성이 증가되고 산이나 기타 약액에 대한 저항성이 크지만 알칼리에는 침식된다. 따라서 콘크리트 중에 매립되는 경우에는 적당히 표면을 피복할 필요가 있다.

연은 방사선(radial rays)을 잘 흡수하므로 X선(x-ray) 사용 개소의 천장 · 바닥 · 벽에 방호용으로 사용되고 차음용으로 얇은 연판(lead plate)이 쓰인다. 이외에도 지붕재 · 홈통 · 급배수 · 가스관 등에 사용된다.

② 연합금(alloyed lead)으로 땜납(solder)을 들 수 있는데, 이는 납과 주석의 합금으로서 주로 아연도 강판 · 철선 · 동판 · 동선 · 수도용 연관 등의 접합용으로 쓰이는데, 조작(fabrication)이 간단하여 널리 사용되고 있다.

5.3.5 티탄과 그 합금

① 티탄(titan)은 은백색의 굳은 금속원소로서 가열하면 강한 빛을 내고 연소하며, 거의 모든 비금속원소(non-metallic elements)와 화합(chemical combination)한다. 티탄을 티타늄(titanium)이라고도 한다. 고순도(high purity)의 티탄은 연하지만 불순물이 들어가면 경도(haedness)가 높아지는 효과가 있으며, 가볍고 융점(melting point)이 비교적 높으며 열전

도율이 낮고 전기저항이 높다. 또한 뛰어난 내식성이 있어 건축재료로 사용하려는 추세이다.

② 티탄합금(alloyed titan)은 티탄에 알루미늄 · 크롬 · 철 · 망간 · 몰리브덴(molybden) · 바나듐(vanadium) 등을 첨가한 합금으로서 가볍고 내식성 · 내열성이 뛰어나다. 건축재료용으로 시중에 판매되고 있는 티타늄 아연판(titanium zinc)은 아연에 소량의 티타늄과 구리를 첨가시킨 합금제품으로서 지붕 및 벽체용으로 사용하고 있다.

티타늄 아연판

5-4 금속 제품

5.4.1 구조용 강재

구조용 강재(structural steel)는 원광석(raw ore)을 고로에서 용융하여 선철을 만들고 다시 정제하여 강괴(ingot)로 만든 것을 원하는 형태로 압연 · 성형한 압연강재(rolled steel)가 주로 쓰인다. 압연강재로는 형강 · 강판 · 봉강 · 평강 등이 있다. 규격은 한국산업규격(KS D 3503)에 규정되어 있다.

(1) 형강(shape steel)

형강은 열간압연(hot rolling)하여 만든 특정의 단면형상을 이루고 있는 구조용 강재(압연강재)의 총칭이다. 형강은 건축물의 철골구조(steel structure)에 주로 많이 사용되고 있고, 토목 · 차량 · 선박 등 대형 구조물에도 사용된다. 형강의 규격은 한국산업규격(KS D 3502)에 규정되어 있다.

형강의 종류 · 모양 및 치수

종 류	단면모양	기재방법	표준단면치수 범위(mm)
등변ㄱ형강 (equal angle, equal legs angle)	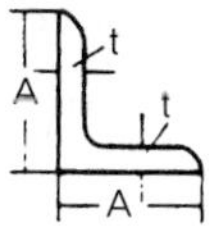	L-A×A×t	최소 : 25×25×3 최대 : 250×250×35
부등변ㄱ형강 (unequal angle, unequal legs angle)	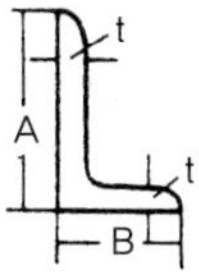	L-A×B×t	최소 : 90×75×9 최대 : 150×100×15
부등변 부등두께 ㄱ형강 (unequal length & thickness angle)	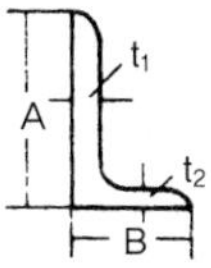	L-A×B×t_1×t_2	최소 : 200×90×9×14 최대 : 400×100×13×18
I형강(I-beam)	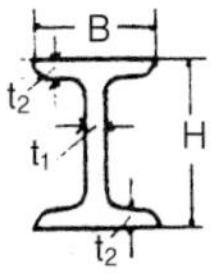	I-H×B×t_1×t_2	최소 : 100×75×5×8 최대 : 600×190×16×35
ㄷ형강(channel)	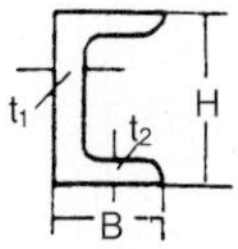	ㄷ-H×B×t_1×t_2	최소 : 75×40×5×7 최대 : 380×100×13×20
구평형강 (bulb plate)		A×t×d	최소 : 180×9.5×23 최대 : 250×12×33
T형강 (T shape steel, structural tee)	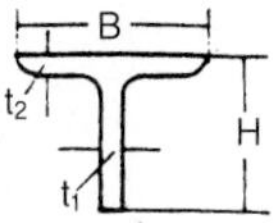	T-B×H×t_1×t_2	최소 : 150×39×12×9 최대 : 250×55×12×25
H형강 (H shape steel, wide flange shape)	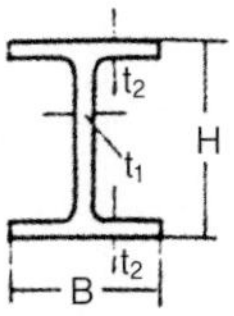	H-H×B×t_1×t_2	최소 : 100×50×5×7 최대 : 900×300×16×28

비고) 표준단면 치수별 단면적, 단위무게, 중심위치, 단면2차모멘트, 단면2차반지름, 단면계수는 한국산업규격(KS D 3502)을 참조할 것. 형강의 표준길이는 6.0, 6.5, 7.0, 8.0, 9.0, 10.0, 12.0, 13.0, 14.0, 15.0m이다.

(2) 경량형강(light weight shape steel)

경량형강은 구조재의 무게를 감소시킬 목적으로 단면이 작은 얇은 강판을 냉강·성형하여 가장 유효한 단면 형상으로 만든 형강으로서, 단면형태는 일반형 강재와 같으나 형강단면 끝에 혀를 달아 구부려 좌굴성능(bucking performance)을 더욱 좋게 한 리프 스틸(lip steel)과 철판의 단면에 리브(rib)를 낸 것이 있다. 주로 일반구조재, 가설구조물 등에 사용한다.

경량형강의 규격은 한국산업규격(KS D 3530)에 규정되어 있다.

경량형강의 종류·형상 및 치수

종 류	단면모양	기재방법	단면치수 범위(mm)
경ㄷ형강	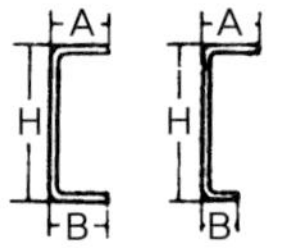	H×A×B×t	단면 : 450×75×75~40×40×15 두께 : 6.0~1.6
경Z형강	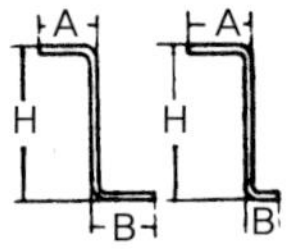	H×A×B×t	단면 : 100×50×50~75×30×20 두께 : 3.2~2.3
경ㄱ형강	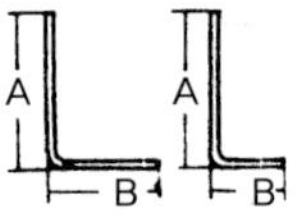	A×B×t	단면 : 60×60~75×30 두께 : 3.2~2.3
경리프ㄷ형강	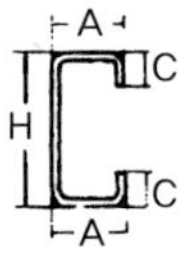	H×A×C×t	단면 : 250×75×25~60×30×10 두께 : 4.5~1.6
경리프Z형강	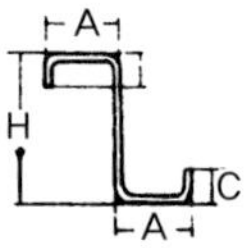	H×A×C×t	단면 : 100×50×20 두께 : 3.2~2.3
경모자형강	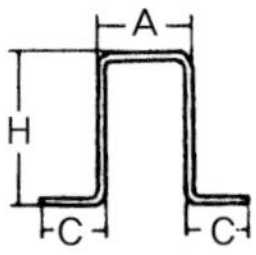	H×A×C×t	단면 : 60×30×25~40×20×20 두께 : 3.2~1.6

비고) 단면치수별 단면적, 단위무게, 중심위치, 단면2차모멘트, 단면2차반지름, 단면계수, 전단중심은 한국산업규격(KS D 3530)을 참조할 것.

(3) 구조용 특수강재(structural special steel)

철골조 건축으로 고층화되어 가고 있는 추세에 따라 이에 부응하여 구조용 강재도 고강도 및 인성(toughness)이 크고 우수한 용접성 및 내후성 등의 성능이 향상된 구조용 특수강재가 개발되어 사용되고 있다. 구조용 특수강재로서, 일반구조강재보다 인장강도가 높고 인성, 용접성, 내후성이 높은 고장력 강재(high tensile steel), 즉 고강도강재(high strength steel)가 있고 일반구조강재보다 인성을 향상시켜 저온지역에서의 인성저하, 취성파괴(brittle failure) 위험을 극복하기 위해 개발한 고인성강재(steel with excellent toughness)가 있으며, 일반구조강에 내식성(corrosion resistance)이 우수한 원소를 첨가하여 특히 내식성이 높은 내후성강재(atmospheric corrosion resistant steel)가 있다. 또한 열간압연(hot rolling)시 냉각조건을 조절하여 냉각속도에 의해 강도를 상승시킨 TMCP강재(thermo-mechanical control process steel)도 있다. 이외에도 여러 종류의 구조용 특수강재를 개발하고 있다.

(4) 철근(steel bar, reinforcing bar, reinforcing steel)

철근은 콘크리트 속에 묻어서 콘크리트를 보강(reinforcement)하기 위하여 사용되는 강재이다. 철근의 종류에는 원형철근 · 이형철근 · 고강도철근 · 피아노선 · 스테인리스 철근 · 철선 · 강선이 있다. 보통 건축공사에 쓰이는 철근은 원형철근 또는 이형철근이고, 근래에는 고강도철근을 많이 사용하고 있다. 철근의 규격은 한국산업규격(KS D 3504)에 규정되어 있다.

철근

1) 원형철근(round steel bar)

원형철근은 표면이 미끈한 원형 단면의 봉강(steel bar)이다. 콘크리트와의 부착응력(bond stress)이 높은 이형철근이 제조되면서부터 별로 쓰이지 않고 있다. 원형철근의 종류에는 SR24 · SR30이 있고, 지름은 6, 9, 12, 13, 16, 19, 22, 25, 28, 32mm가 있으며, 지름을 ϕ로 표시한다.

2) 이형철근(deformed steel bar)

이형철근은 콘크리트와 철근의 부착(bond, adhesion)을 돕기 위해 표면에 리브(rib) 또는 마디(joint) 등의 돌기(lug)를 붙인 봉강이다. 이형철근을 보통 철근(common steel bar)이라고도 한다.

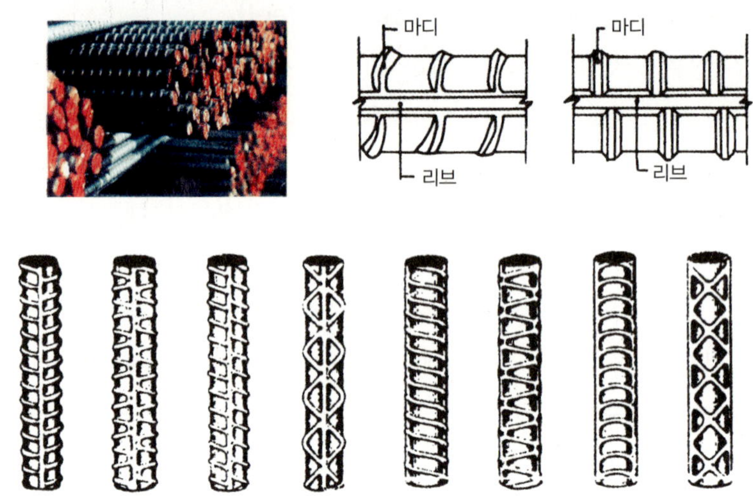

이형철근의 표면상태

이형철근의 치수 및 단위중량

호칭명	단위중량 (kgf/m)	공칭지름 (d)(mm)	공칭단면적 (s)(㎠)	공칭둘레 (l)(cm)	마디 및 리브의 치수		
					마디간격의 평균 최대치(mm)	마디높이의 평균최소(mm)	양쪽 리브의 합계 최대치(mm)
D6	0.249	6.35	0.3167	2.0	4.4	0.3	5.0
D10	0.560	9.53	0.7133	3.0	6.7	0.4	7.5
D13	0.995	12.7	1.267	4.0	8.9	0.5	10.0
D16	1.56	15.9	1.986	5.0	11.1	0.7	12.5
D19	2.25	19.1	2.865	6.0	13.4	1.0	15.0
D22	3.04	22.2	3.871	7.0	15.5	1.1	17.5
D25	3.98	25.4	5.067	8.0	17.8	1.3	20.0
D29	5.04	28.6	6.424	9.0	20.0	1.4	22.5
D32	6.23	31.8	7.942	10.0	22.3	1.6	25.0
D35	7.51	34.9	9.566	11.0	24.4	1.7	27.5
D38	8.95	38.1	11.40	12.0	26.7	1.9	30.0
D41	10.5	41.3	13.40	13.0	28.9	2.1	32.5

비고) ① 이형철근의 공칭지름은 단위길이당 무게가 그 이형철근과 동일한 원형철근의 지름과 같은 것으로 한다.
② 위 표의 수치 산출방법은 다음에 따른다.

공칭단면적(s) : $\frac{0.785 \times d^2}{100}$: 0이 아닌 실수요 숫자 셋째자리에서 끝맺음한다.

공칭둘레(l) : 0.314×d : 소수점 이하 첫째자리에서 끝맺음한다.

단위중량 : 0.785×s : 0이 아닌 실수요 숫자 셋째자리에서 끝맺음한다.

마디간격 : 소수점 이하 첫째자리에서 끝맺음한다.

마디의 높이 : 소수점 이하 첫째자리에서 끝맺음한다.

이형철근은 표면에 돌기가 있으므로 지름을 공칭지름(normal diameter)으로 대신하고 있다. 이형철근의 공칭지름은 단위길이당 무게가 이형철근과 동일한 원형철근의 지름을 말하며, 공치지름은 D로 표시하고 mm 단위로 치수를 기입한다(예 : D25). 철근 정척물의 길이는 6, 6.5, 7, 7.5, 8, 9m 등으로 제조되고 있으며, 이음을 적게 하고 토막내지 않고 길게 사용할 것은 장척물로 주문할 수도 있지만 운반관계상 9m까지로 하고 있다. 이형철근의 규격은 한국산업규격(KS D 3504)에 규정되어 있다.

3) 고강도철근(high tensile bar)

고강도철근은 보통철근보다 인장력(tensile force)이 크고 일반적으로 항복점강도(strength of yielding point)가 3,500kgf/㎠ 이상인 철근으로 보통 하이바(high tensile bar)라고도 한다. 이 철근은 탄소강에 소량의 니켈·망간·규소 등을 첨가하여 만든 것이다. 고강도철근을 사용할 때는 콘크리트의 강도도 큰 것으로 하는 등의 주의가 필요하다.

고강도철근의 지름, 단면적, 중량

호칭		단위중량 (kg/m)	공칭지름 (mm)	단면적 (㎠)	공칭주장 (cm)	마디의 치수(mm)			리브의 최대너비 (mm)
KS	ASTM(in)					최소간격	최소높이	최대높이	
D10	3/8	0.559	9.53	0.713	3.0	6.6	0.4	0.8	3.6
D13	1/2	0.994	12.7	1.27	4.0	8.8	0.6	1.2	4.8
D16	5/8	1.55	15.9	1.98	5.0	11.1	0.8	1.6	6.0
D19	3/4	2.24	19.1	2.85	6.0	13.3	1.0	2.0	7.2
D22	7/8	3.05	22.2	3.88	7.0	15.5	1.2	2.4	8.5
D25	1	3.98	25.4	5.07	8.0	17.7	1.3	2.6	9.7
D29	11/8	5.03	28.6	6.41	9.0	20.0	1.5	3.0	10.9

4) 피아노선(piano wire) · 스테인리스철근(stainless steel bar)

피아노선은 고탄소강(high carbon steel)을 가공하여 가는 줄(지름 10mm 이하의 강선)로 만든 것으로서, 인장력이 아주 크기 때문에 프리스트레스트 콘크리트(prestressed concrete)에 쓰인다. 원래 피아노 등의 악기줄(music wire)을 사용했기 때문에 피아노선이라고 불려왔다. 스테인리스철근은 다른 철근에 비해 내식성·내구성이 뛰어나고 항복·인장강도가 우수하며, 용접(welding)이 쉽고 굽힘 등 가공이 용이하고, 콘크리트의 열팽창계수(coefficien of thermal expansion)와 일치하는 장점이 있다. 주로 내식성이 요구되는 해안 구조물과 내구성이 요구되는 건축물 등에 사용된다.

(5) 용접철망(welded steel wire fabrics)

용접철망은 철선을 사용하여 세로선과 가로선을 직각으로 배열시키고, 각 교차된 점을 전기저항 용접(electric resistance welding)하여 만든 것으로서 주로 콘크리트 균열방지를 위한 보강용으로 넓은 바닥판 또는 도로포장에 사용된다. 철선 대신 철근으로 할 때는 지름 6mm 정도의 원형철근 또는 이형철근으로 한다. 용접철망의 규격은 한국산업규격(KS D 7017)에 규정되어 있다.

철근콘크리트조에 있어서 철근선조립공법(prefabricated reinforcement : Pre-Fab)에 의하여 철근 대신 구조용 용접철망(structural welded steel wirefabries)을 사용한 경우의 용접철망 철선은 공칭지름 6mm~16mm인 이형철선(deformed wire)으로 한다. 이는 철근공사에 있어서 가공이 쉽고 생산성 향상 및 자재절감과 시공의 완벽성을 꾀할 수 있는 이점 때문에 철근선조립공법이 연구되어 왔고, 현재 실용화되어 가고 있다.

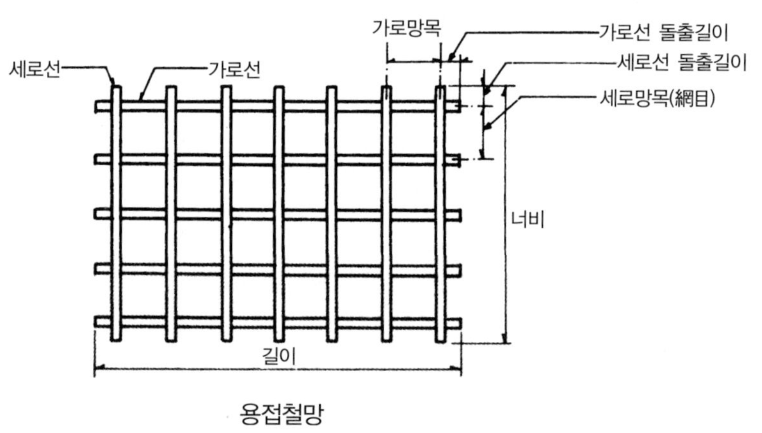

용접철망

(6) 봉강(steel bar) · 평강(flat steel, flat bar)

봉강은 압연에 의한 봉상(shape of rod)의 강재로서 단면형에 따라 원형강(round steel bar) · 반원형강(half - round steel bar) · 각강(square steel bar) · 평강(flat steel, flat bar) · 육각강(hexagonal steel bar) · 팔각강(octagonal steel bar)이 있으며, 건축에서는 구조재 또는 부품재로 사용된다.

평강은 비교적 얇고 띠모양의 형강으로 타이플레이트(tie plate)나 래티스(lattice) 등에 많이 사용된다. 규격은 한국산업규격(KS D 3052)에 규정되어 있다.

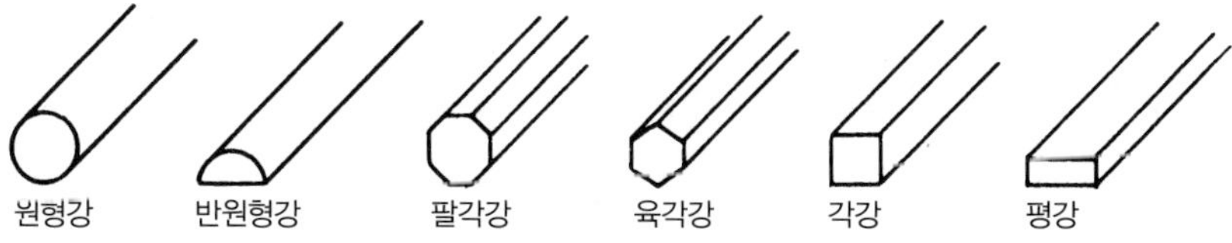

봉강의 종류와 형상

5.4.2 강 판

강판(steel plate)은 강괴(steel ingot)를 압연(rolling)하여 얇고 넓게 만든 철판(iron steel plate)으로서 보통 판상강재(plate type materials)의 총칭이다. 강판은 두께에 따라 다음과 같이 구분하고, 건축공사에 주로 사용되는 것으로는 아연도강판 · 착색아연도강판 · 비닐피복강판 · 프린트강판 · 무늬강판 · 스테인리스강판 등이 있다. 또한 샌드위치패널(sandwich panel)형식으로 된 복합형 금속패널(composite metal panel)이 있다.

· 박강판(sheet steel) : 두께 3mm 이하의 강판으로서 얇은 강판이라고도 한다.
· 중강판(middle plate) : 두께 3mm 초과 6mm 이하의 강판이다.
· 후강판(steel plate) : 두께 6mm 이상의 강판으로서 두꺼운 강판이라고도 한다.

(1) 아연도강판(galvanized steel sheet) · 내후성 강판(atmospheric corrsion resistant steel plate)

아연도강판은 철물의 산화(oxidation)를 방지하기 위하여 그 표면에 아연도금한 강판으로서 아연도철판 또는 함석판이라고도 한다.

아연도강판(함석강판)

내후성강판

형상에 따라 평판과 골판 등으로 구분하고 규격은 한국산업규격(KS D 3506)에 규정되어 있다. 아연도강판, 즉 함석판은 녹이 슬지 않고, 외관미가 있고, 내식성(corrosion resistance)이 좋고, 땜질이 잘 되는 특징이 있으므로 건축용으로는 지붕재 또는 설비재로 많이 사용된다.

내후성강판은 저합금 강판(low ally steel plate)으로서 일반강판에 비해 4~8배 높은 내식성을 갖고 있어 외장재 또는 새시(sash) 등에 사용된다.

(2) 착색아연도강판(precoated galvanized steel plate)

착색아연도강판은 아연도강판에 착색도장(coloring coating)한 강판으로서 지붕 및 외벽재 등에 사용한다. 형상에 따라 평판과 골판으로 나누고 규격은 한국산업규격(KS D 3520)에 규정되어 있다.

착색아연도강판

(3) 무늬강판(checkered steel plate) · 비닐피복강판(vinyl coated steel sheet)

① 무늬강판은 철판 표면에 무늬(보통은 마름모 또는 격자창형 무늬 등)를 만들어 미끄러지지 않게 한 강판으로서 공장 · 창고 등의 바닥재, 계단의 디딤판, 도랑이나 피트(pit)의 덮개 등으로 사용한다.

② 비닐피복강판은 강판에 염화비닐수지(polyvinyl chloride resin) 등을 피복하여 만든 강판으로서 아름다운 색채와 다양한 무늬를 낼 수 있고, 내식성이 우수하므로 천장 및 내 · 외벽재 등에 사용된다.

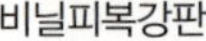

비닐피복강판

무늬강판

무늬강판 · 비닐피복강판

(4) 스테인리스강판(stainless steel plate)

스테인리스강판은 스테인리스강으로 만든 강판으로서 내식성 및 내마모성이 우수하고, 강도가 높을 뿐만 아니라 장식적으로 광택이 미려하여 창호재·외장재·주방용 가구 등에 널리 이용되고 있다. 또한 스테인리스강판보다 두께가 얇게(두께 1.5mm 이하) 생산된 스테인리스시트(stainless sheet)는 커튼월 제품에 많이 쓰이고 있다.

스테인리스강판

(5) 알루미늄판 및 시트(aluminium plate & sheet)

알루미늄판은 알루미늄으로 만든 강판으로서 연하고 가벼우며, 전연성(malleability and ductility)이 있고 내식성이 우수하여 내·외장 및 창호재 등에 많이 쓰인다. 알루미늄판보다 두께를 얇게 만든 것이 알루미늄시트로서 커튼월(curtain wall)제품에 쓰인다. 또한 표면에 합성수지 도료(synthetic resin paint)로 코팅(coating) 처리하여 천연대리석 등의 질감이 나도록 만들어 내장재료로 사용하기도 한다.

알루미늄 코팅

알루미늄 시트

알루미늄판 및 시트

(6) 프린트 강판(printed steel plate)

프린트강판은 일반수지도장강판(general resin coating steel plate)을 다양한 패턴(pattern)으로 인쇄한 후 투명수지층(transparent resin layer)을 입힌 강판이다. 다양한 무늬와 색상을 낼 수 있고 내후성과 내식성·내화학성이 우수하여 내·외벽재 등에 사용한다.

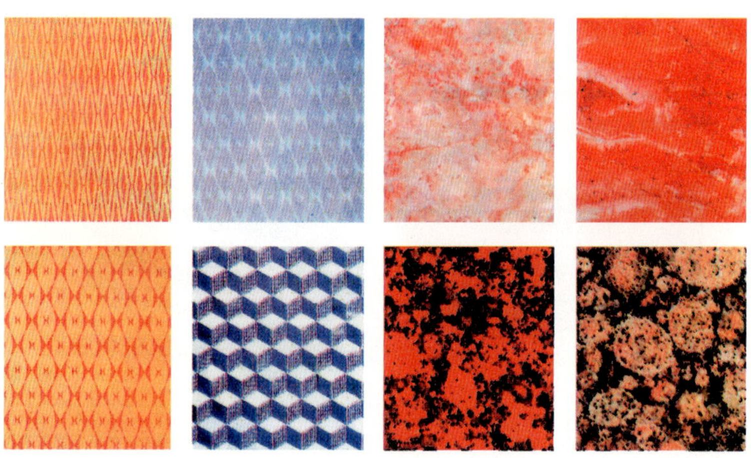

프린트 강판 패턴

(7) 동판(copper plate)

동판은 동(copper)으로 압연하여 만든 얇고 넓은 판으로써 내식성이고 유연하고 전연성이 좋아 가공하기 쉬우므로 건축물의 장식부품 및 실내장식에 사용된다. 특히 지붕재료로 많이 쓰이고 있다. 동판은 자연환경에 노출되면서 시간경과와 함께 산화(oxidation)가 시작되어 여러 가지 색상으로 변화하는 특징이 있다.

지붕잇기 동판　　동싱글

동판

5.4.3 강 관

강관(steel pipe)은 강철제로 된 관(pipe)을 말하며, 강철관이라고도 한다. 강관은 건축·토목의 구조용 또는 배관용 등으로 많이 사용한다.

(1) 일반구조용 탄소강관(carbon steel pipe for general structural purposes)·일반구조용 각형강관(carbon steel square pipe for general structural purposes)

① 일반구조용 탄소강관은 이음매 없이 강대(steel strip)나 강관을 용접하여 제조된 강관으로서 건축·토목·철탑·비계·말뚝·지주 및 기타의 구조물에 사용되며, 규격은 한국산업규격(KS D 3566)에 규정되어 있다.

② 일반구조용 각형강관은 이음매 없는 강관으로서 건축·토목·가구 등에 사용되며, 규격은 한국산업규격(KS D 3568)에 규정되어 있다.

(2) 배관용 강관(steel pipe for ordinary piping)

배관용 강관에는 배관용 탄소강관(carbon steel pipe for ordinary piping, KS D 3507), 압력배관용 탄소강관(carbon steel pipes for pressure service, KS D 3562), 배관용 아크용접 탄소강관(electric arc welded carbon steel pipes, KS D 3583), 일반배관용 스테인리스강관(light gauge stainless steel pipes for ordinary piping, KS D 3595), 배관용 스테인리스강관(stainless steel pipes, KS D 3576) 등이 있다. 이 배관용 강관은 증기·물·기름·가스 및 공기 등의 배관에 사용되는 것으로서 사용온도 및 압력 등에 따라 종류를 선택·사용한다.

일반구조용 탄소강관

배관용 강관

강관

5.4.4 선재제품

선재(wire materials)는 강괴(steel ingot)로부터 열간압연(hot rolling)하여 만든 것으로서, 연강선재(mild steel wire materials) · 경강선재(hard steel wire materials) · 피아노선재(piano wire materuals) · 아크용접봉심선재(arc welding electrode core wire materials)로 분류되며, 이들 선재를 이용하여 각종 선재 제품을 만들어 건축 · 토목 등에 많이 사용하고 있다.

(1) 철선(steel wire) · 가시철선(barbed wire)

① 철선은 연강선재를 상온으로 인발(pull out)하여 실모양으로 가늘게 하여 만든 것으로 철사라고도 하며, 강철선이다. 종류는 보통철선 · 아닐링철선(annealing wire) · 아연도금철선(galvanized steel wire) · 못용 철선이 있으며, 호칭방법은 선지름을 mm 단위로 표시한다. 규격은 한국산업규격(KS D 3552)에 규정되어 있다.

② 가시철선은 2가닥의 철선을 꼬아 그 사이에 짧은 철선가시(steel wire barbed)를 감아 넣어 만든 철선으로서 철조망(wire entanglements)을 만드는 데 주로 사용한다. 가시철선의 1둘레는 50kg 또는 30kg짜리가 있으며, 규격은 한국산업규격(KS D 7001)에 규정되어 있다.

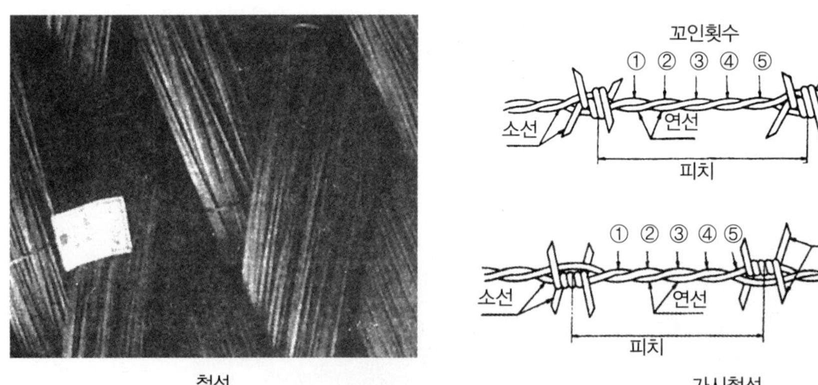

철선

가시철선

철선 및 가시철선

(2) 와이어라스(wire lath) · 와이어메시(wire mesh)

① 와이어라스는 보통철선 또는 아연도금철선으로 마름모형 · 갑옷형 · 둥근형 등으로 만든 것이며, 시멘트모르타르 바름의 바탕 등에 사용된다.

마름모형 와이어라스의 규격은 한국산업규격(KS D 4551)에 규정되어 있다.

② 와이어메시는 연강철선(mild steel wire)을 전기용접(세로와 가로의 교차점)하여 정방형 또는 징빙형으로 만든 것이다. 블록을 쌓을 때 수평 줄눈에 묻어 쌓아 벽체의 균열을 방지하고, 교차 및 모서리부분을 보강하기 위해 사용하는 블록형과 바닥의 콘크리트 속에 묻어 바닥의 균열을 방지할 목적으로 사용하는 바닥콘크리트용으로 용도상 구분하지만 형상 및 규격은 같다. 보통 장방형으로 만든 것이 많이 사용되고 있다.

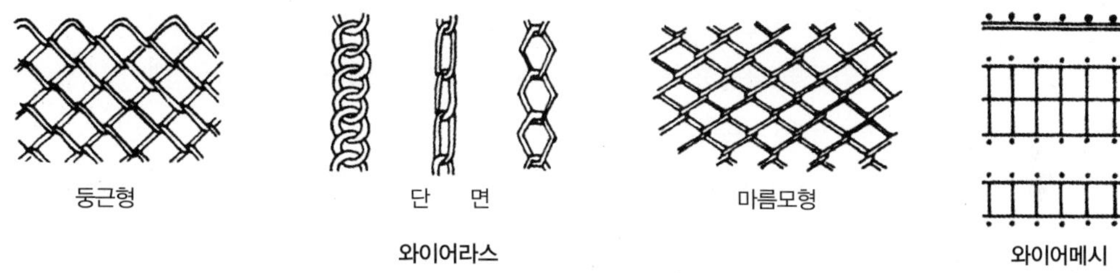

와이어라스 · 와이어메시

(3) 와이어로프(wire rope)

와이어로프는 경강선을 소선(wire)으로 하여 이것을 몇 본(7, 12, 19, 24, 30, 37, 61본)으로 꼬아 1줄의 스트랜드(strand)로 만들고, 6줄의 스트랜드를 꼬아 만든 로프(rope)이다. 스트랜드 중심이나 로프 중심에는 유지류를 먹인 마섬유(hemp fiber) 등을 꼬아 넣거나 연강선을 넣는다. 꼬임방식에 따라 원꼬기(S-type)와 바른꼬기(Z-type)가 있고, 오르내리창, 엘리베이터, 크레인 등의 인장재로 사용한다. 규격은 한국산업규격(KS D 3514)에 규정되어 있다.

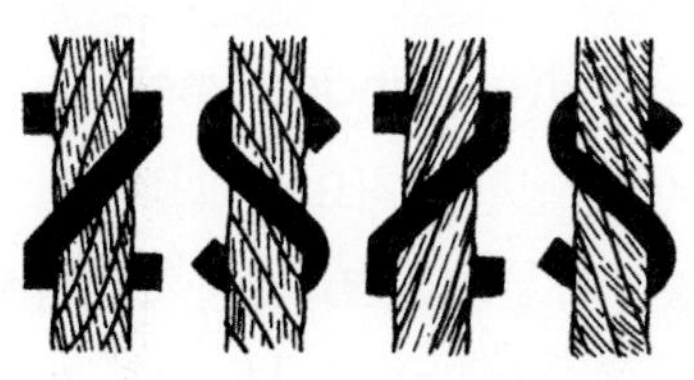

(6×19 와이어로프)

(6×37 와이어로프)

와이어로프의 단면구조 및 꼬임방식

(4) 용접봉(welding rod)

용접봉은 금속의 용접에 사용하는 봉상(rod state)의 용가재(filler metal)이

용접봉

다. 용접봉은 아크용접봉과 가스용접봉으로 대별하고, 아크용접봉에는 피복제가 도장된 것과 안 된 것이 있다.

연강용 피복아크용접봉(arc covered electrodes for mild steel)은 연강의 용접에 사용하는 피복아크용접봉으로서 규격은 한국산업규격(KS D 7004)에 규정되어 있고, 고장력강용 피복아크용접봉(covered electrodes for high tensile strength steel)은 고장력강의 용접에 사용하는 피복아크용접봉으로서 규격은 한국산업규격(KS D 7006)에 규정되어 있으며, 연강용 가스용접봉(gas welding rods for mild steel)은 용접이 용이한 탄소강 및 저합금강의 가스용접에 사용하는 용접봉으로서 규격은 한국산업규격(KS D 7005)에 규정되어 있다.

(5) PC강선(prestressed concrete wire)

PC강선은 PS콘크리트(Prestressed Concrete)에서 프리스트레스트를 주기 위해 사용하는 고강도 강선으로서, 피아노선재를 패턴팅(patenting)한 후 상온에서 신선(elongate wire)하여 만든 것이다. 규격은 한국산업규격(KS 7002)에 규정되어 있다.

PC강선

5.4.5 금속성형가공 제품

(1) 메탈라스(metal lath) · 익스팬디드메탈(expanded metal)

① 메탈라스는 두께 0.4~0.8mm의 연강판에 일정한 간격으로 그물눈을 내고 늘여 철망모양으로 만든 것으로서 천장 · 벽 등의 모르타르바름 바탕용으로 쓰이고, 편평라스(wide and even lath) · 봉우리라스(peak lath) · 파형라스(corrugated lath) · 리브라스(lib lath) 등이 있는데, 그 중 편평라스가 많이 쓰인다. 보통 메탈라스라고 하면 이 편평라스(평라스라고도 함)를 말하며, 규격은 한국산업규격(KS D 4552)에 규정되어 있다.

② 익스팬디드메탈은 두께 6~13mm의 연강판을 망상(woven fabrics)으로 만든 것으로서 주로 콘크리트 보강용으로 쓰인다. 익스팬디드메탈이 메탈라스와 다른 것은 그 원판의 두께와 용도이다.

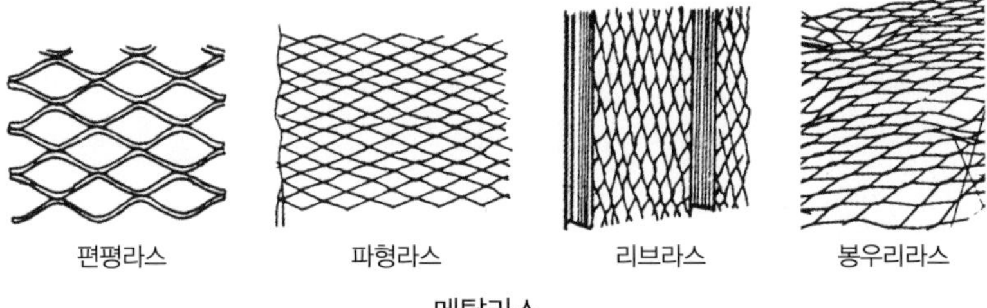

메탈라스

(2) 데크플레이트(deck plate) 및 키스톤플레이트(key stone plate)

① 데크플레이트는 얇은 강판에 골 모양을 내어 만든 강판 성형품으로 콘크리트 슬래브의 거푸집패널(form panel) 또는 바닥판 및 지붕판으로 사용한다. 근래에는 고층건축물의 바닥에 많이 사용하고 있는 추세이다. 데크플레이트는 거푸집용 데크플레이트(form deck plate)와 구조용 합성 데크플레이트(structural composite deck plate)로 대별되고 시공성 및 성능 향상을 위해 다양한 단면을 갖는 형상으로 개발되고 있다.

② 키스톤플레이트는 규칙적인 골이 되도록 주름잡은 강판으로서 데크플레이트에 비하여 춤(height)이 작아 강성(rigidity)이 작다. 지붕·외벽 등에 주로 쓰이고, 철근콘크리트 슬래브의 거푸집 패널로도 사용한다.

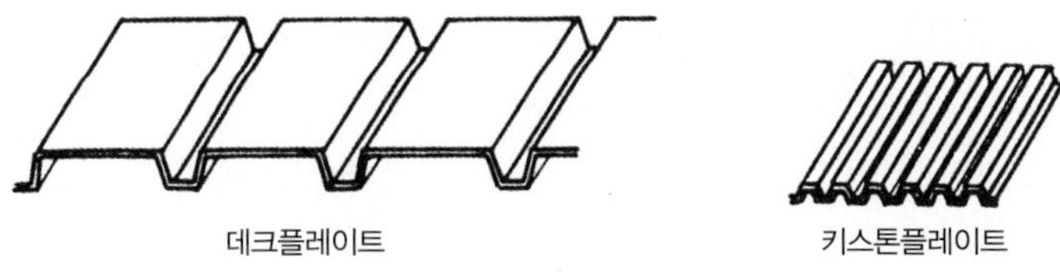

데크플레이트와 키스톤플레이트

(3) 금속제 거푸집패널(metal panels for concrete form)·메탈폼(metal form)

① 금속제 거푸집패널은 강제 또는 알루미늄합금제의 면판(surface plate) 및 보강재(stiffening member)로 된 콘크리트 거푸집용 패널(panel)로

서 규격은 한국산업규격(KS D 8006)에 규정되어 있다.

② 메탈폼은 금속제의 콘크리트용 거푸집으로서 특히 치장콘크리트에 많이 쓰인다. 근래에는 아파트 및 사무소 건축물을 건축하는 데 많이 사용되고 있고, 종류로는 터널폼(tunnel form)과 유로폼(euro form)이 있다. 터널폼은 벽체 및 슬래브거푸집을 설계도에 맞추어 일체식으로 제작한 대형철재 거푸집이고, 유로폼은 건축물의 평면형상이 규격화된 벽체나 기둥에 조립하여 사용되는 거푸집으로서 철재 틀(steel frame)에 합판을 부착시킨 구조로 제작된 것이다.

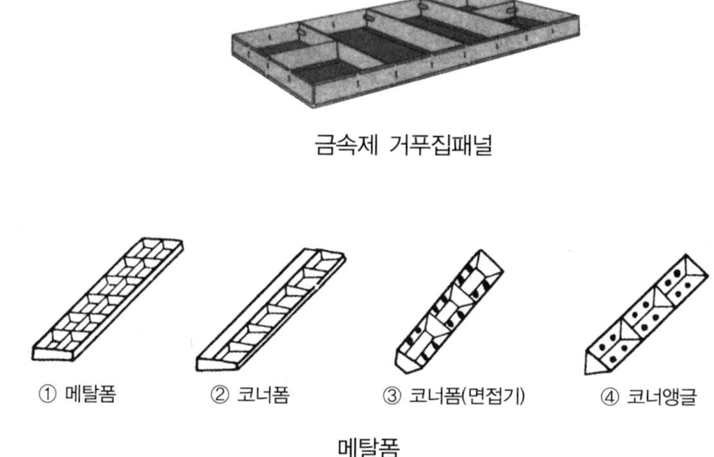

금속제 거푸집패널

메탈폼

(4) 강관받침기둥(steel pipe support) · 강관비계(steel pipe scaffolding)

① 강관받침기둥은 바닥 · 보 등의 콘크리트거푸집을 지지하는 강관제 지주재로서 철재서포트(steel support)라고 한다.
내관 · 외관 · 길이 조절용 나사봉 또는 나사관 등으로 구성되고, 상단에 받침판(받이판) · 하단에 밑판(바닥판)이 있다.

② 강관비계는 강철제 파이프로 된 비계로서 주로 건축용 가설재로 사용되고, 단관비계와 강관틀비계가 있다. 강관비계를 보통 파이프비계라고 한다.
단관비계(single pipe scaffolding)는 재래의 통나무비계와 같은 요령으로 구성된 파이프비계로서 규격은 한국산업규격(KS D 8002)에 규정되어 있다.
강관틀비계(prefabricated scaffolding)는 강관을 사용하여 미리 사다리

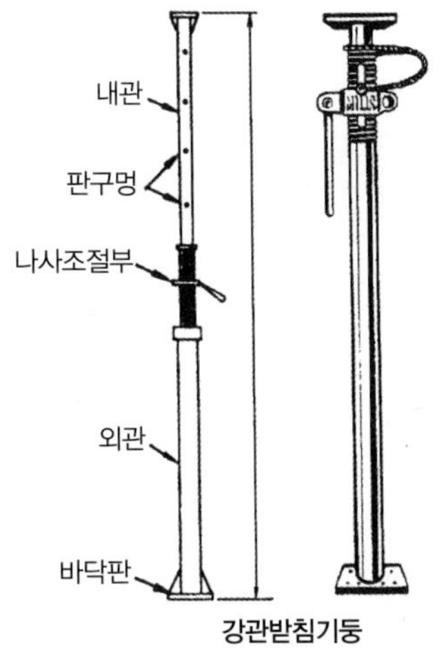

강관받침기둥

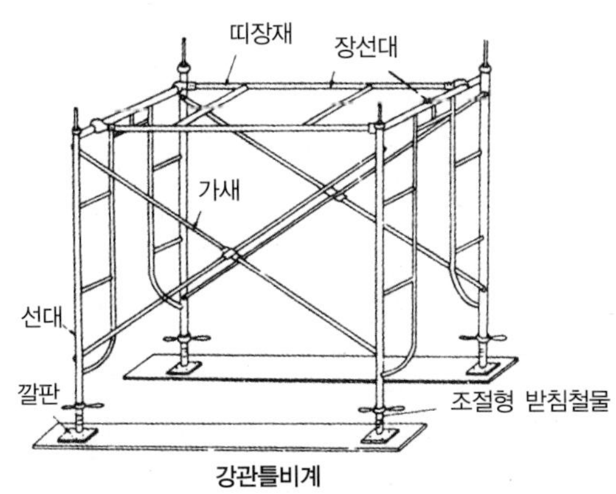

강관틀비계

강관받침기둥 및 강관틀비계

꼴 또는 우물 정자(井字) 모양으로 만들어두고, 현장에서 짜맞추어 사용하는 비계로서, 단관비계에 대하여 강도가 있고 지지틀(support frame)이나 이동식 비계(rolling tower)로도 이용될 수 있다. 규격은 한국산업규격(KS D 8003)에 규정되어 있다.

(5) 강제말뚝(structural steel pipe)

강제말뚝은 강제로 만들어진 말뚝으로서 기초공사·흙막이공사 등에 널리 사용된다. 강제말뚝을 강제널말뚝, H형강말뚝, 강관말뚝으로 구분하며, 강제널말뚝(steel sheet pile)은 토압이 크고 다량의 용수가 있는 연약한 지층을 깊이 팔 때나 시가지의 기초공사에 사용되는 강철제의 널말뚝이고, H형강말뚝(H-shape steel pile)은 H형강(wide flange steel)을 사용하여 70m 정도까

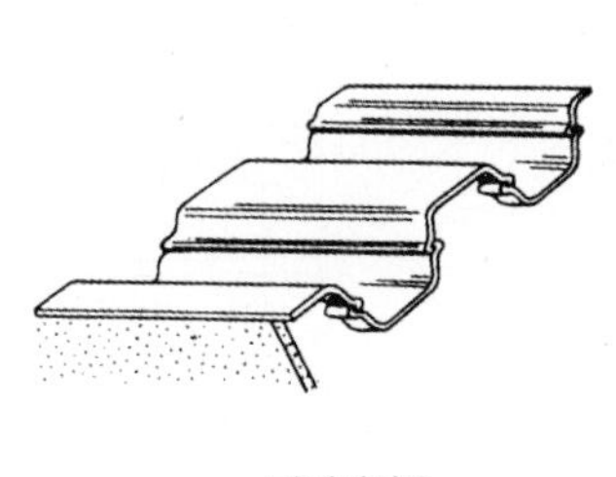
강제널말뚝

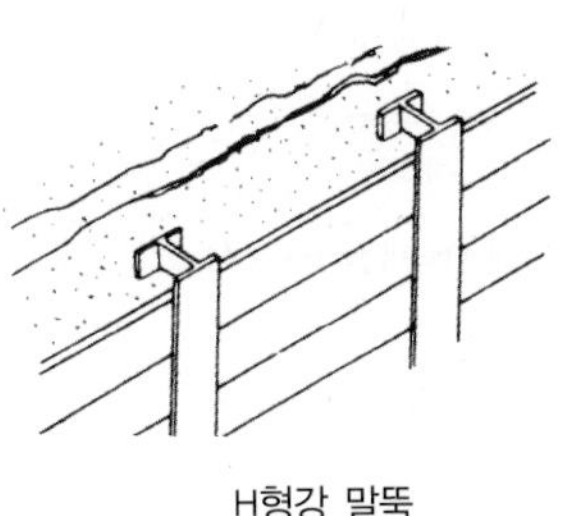
H형강 말뚝

강관 말뚝

강제말뚝

지 이어서 박을 수 있도록 만든 말뚝으로서 규격은 한국산업규격(KS D 4603)에 규정되어 있으며, 강관말뚝(steel pipe pile)은 강관으로 된 말뚝으로 지름 15~40cm, 길이 6m 정도의 것으로서 규격은 한국산업규격(KS D 4602)에 규정되어 있다.

5.4.6 긴결 및 고정철물

강철을 사용하여 만든 긴결철물(binding metal)은 철사못 · 리벳 · 볼트 등이 있고, 고정철물(fixed metal)은 인서트 · 익스팬션볼트 · 스크루앵커 · 드라이브핀 등이 있다.

(1) 철사못(wire nail)

철사못은 못용 철선으로 만든 못으로서, 일반용 철못(round wire nails : KS D 3553), 콘크리트용 철못(concrete nails : KS D 7034), 나사못(screw nails : KS B 1055, 1056)으로 대별되고, 형상 · 치수 · 용도에 따라 여러 가지 종류가 있다. 재래정(韓式釘), 즉 쇠못과 구별하여 양정(洋釘)이라고 하는 경우가 있으나 모두 못으로 통칭한다.

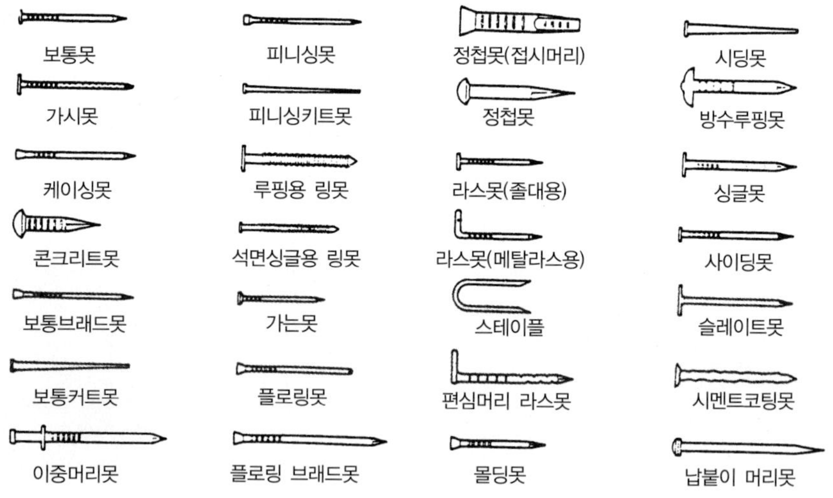

각종 철사못

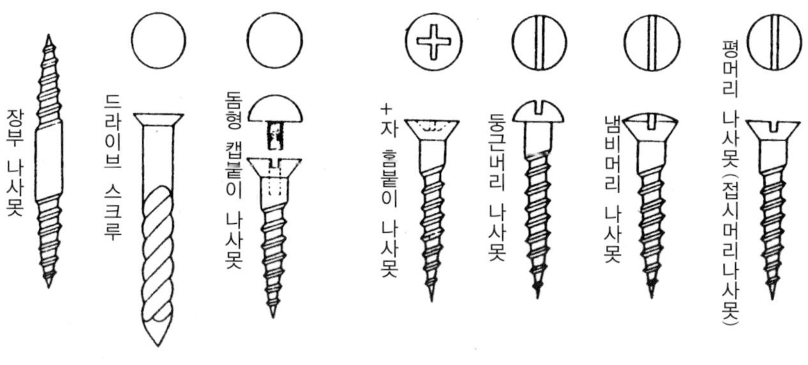

각종 나사못

(2) 볼트(bolt) · 고력볼트(high tensile bolt)

① 볼트는 와셔(washer)와 너트(nut)를 끼워 2개 이상의 부재를 죄어 긴결하는 데 쓰이는 긴결재로서, 주로 이음이나 긴결 또는 토대붙임 등에 사용한다. 사용방식에 따라 보통볼트(common bolt) · 앵커볼트(anchor bolt) · 주걱볼트(strap bolt) · 양나사볼트(double ended bolt)의 종류가 있고, 형상 및 용도에 따라서도 여러 종류가 있다.

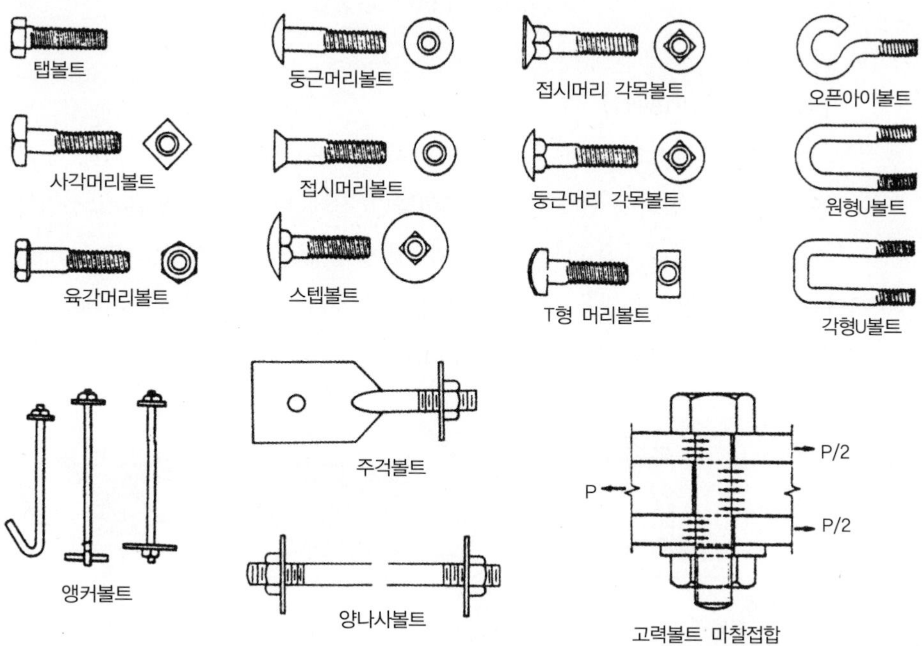

각종 볼트 및 고력볼트

목구조용 보통볼트·앵커볼트·주걱볼트와 너트 및 와셔의 규격은 한국산업규격(KS F 4514)에 규정되어 있다.

② 고력볼트는 너트를 강하게 조여 볼트에 강한 인장력이 생기게 하고 그 반력으로 접합된 판 사이에 강한 압력이 작용하여 이에 의한 접합재간의 마찰저항(friction resistance)에 의해 힘을 전달하게 하는 접합방법, 즉 마찰접합(friction type connection)에 쓰이는 볼트로서 규격은 한국산업규격(KS B 1010)에 규정되어 있다.

(3) 리벳(rivet)

리벳(鋲)은 강재의 접합에 사용하는 긴결재로서 리벳머리모양에 따라 둥근머리리벳(button head rivet, round head rivet), 민리벳(counter sunk rivet), 평리벳(flat head rivet) 및 둥근접시머리리벳(oval counter sunk rivet)으로 구분되는데, 둥근머리리벳이 가장 많이 사용된다. 규격은 한국산업규격(KS B 1101, KS B 1102)에 규정되어 있다.

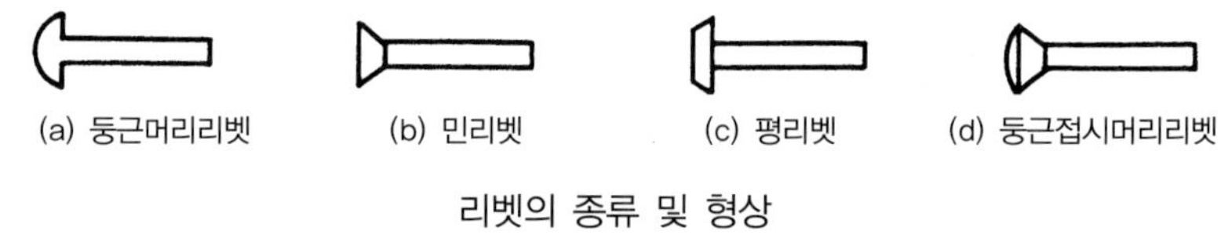

리벳의 종류 및 형상

(4) 인서트(insert)

인서트는 콘크리트 바닥판 밑에 반자틀(ceiling frames)이나 기타 구조물을 달아매기 위하여 콘크리트를 부어넣기 전에 미리 묻어 넣은 고정철물로서, 안쪽에 암나사(female screw)가 있어서 천장 달대볼트(ceiling hanger bolt) 등을 틀어서 넣을 수 있는 주철제의 것과 목제 달림대(attached pole)를 고정할 수 있는 철판 가공품이 있다.

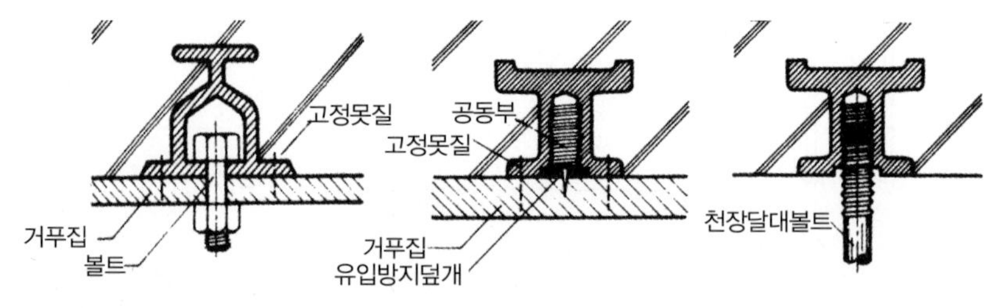

인서트

(5) 익스팬션볼트(expansion bolt) · 스크루앵커(screw anchor)

① 익스팬션볼트는 콘크리트 표면 등에 띠장(strip) · 문틀(door frame) 등의 다른 부재를 고정하기 위하여 묻어두는 특수형의 볼트로서 콘크리트면에 뚫린 구멍에 볼트를 틀어 박으면 그 끝이 벌어지게 되어 있어서 구멍 안쪽면에 고정되도록 만든 것으로서 팽창볼트(expansion bolt)라고도 한다.

② 스크루앵커는 삽입된 연질금속 플러그(plug)에 나사못을 끼운 것을 말하며, 이는 익스팬션볼트와 같은 형태로 사용하는 고정철물이다.

익스팬션볼트 및 스크루앵커

(6) 드라이브핀(drive pin)

드라이브핀은 드라이비트(drivit)라는 일종의 못박기총을 사용하여 콘크리트나 강재 등에 처박는 특수못이다. 콘크리트용과 강재용이 있고, 머리가 달린 것을 H형, 나사로 된 것을 T형이라고 한다. H형은 영구적인 고정용으로 사용하고 그 밖에는 T형을 사용한다.

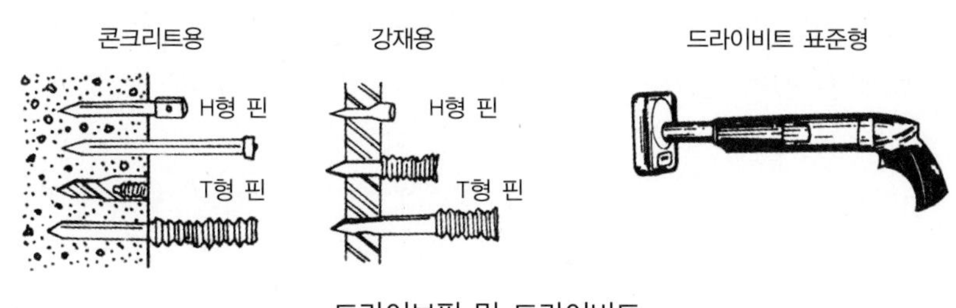

드라이브핀 및 드라이비트

5.4.7 나무구조용 철물

(1) 꺾쇠(clamp, cramp iron, dog iron, dog anchor)

꺾쇠는 강봉토막의 양끝을 뾰족하게 하고 ㄷ자형으로 구부려 2개의 부재

(목재)를 이어 연결 혹은 엇갈리게 고정시킬 때 쓰이는 철물이다. 그 단면은 각형 · 평각형 및 원형으로 하지만 주로 각형이 쓰이고, 용도에 따라 보통꺾쇠 · 각꺾쇠 · 주걱꺾쇠 · 엇꺾쇠 등이 있다.

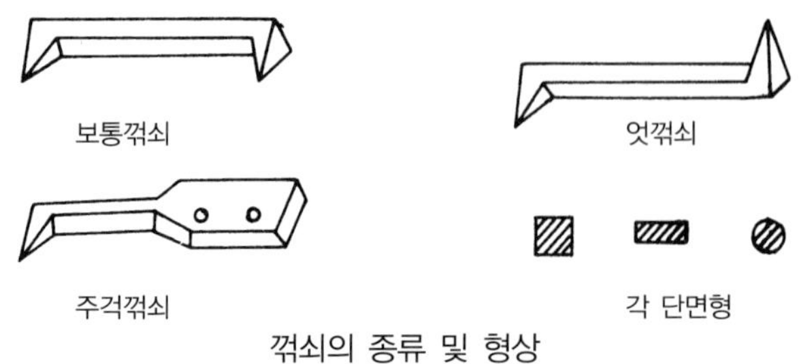

꺾쇠의 종류 및 형상

(2) 띠쇠(strap steel)

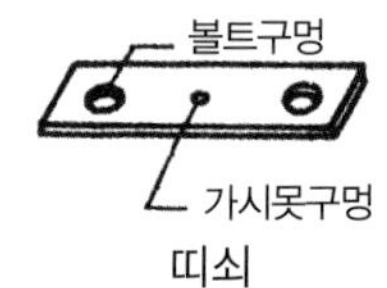

띠쇠

띠쇠는 띠형(band form)으로 된 철판에 가시못 또는 볼트구멍을 뚫은 철물로서 2개의 부재(목재) 이음새(joint clearance) · 맞춤새(connecting clearance)에 대어 2개의 부재가 벌어지지 않도록 보강하는데 사용하는 보강철물(reiforcement hardware)이다. 보통 목구조의 ㅅ자보(principal rafter)와 왕대공(king post)의 긴결에 쓰인다.

(3) 감잡이쇠(strap, stirrup, large metal staple) · ㄱ자쇠(L-strap, angle iron) · 안장쇠(strap, stirrup, beam hanger)

① 감잡이쇠는 ㄷ자형으로 구부려 만든 띠쇠로서, 평보(tie beam)를 대공(truss post)에 달아 맬 때나 평보와 ㅅ자보의 밑 또는 기둥과 들보(cross beam)를 걸쳐 대고 못을 박을 때 쓰인다.

② ㄱ자쇠는 띠쇠를 ㄱ자 모양으로 구부려 만든 철물로서, 모서리 가로재의 연결 또는 세로 · 가로의 긴결에 쓰인다.

③ 안장쇠는 안장 모양으로 만든 철물로서 큰 보에 걸쳐 작은 보를 받게 하거나 귀보(angle beam)와 귀잡이보(angle tie) 등을 접합하는 데 쓰인다.

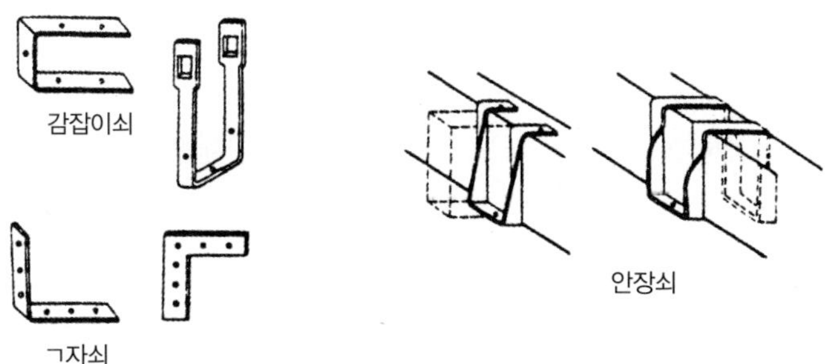

감잡이쇠 · ㄱ자쇠 · 안장쇠

(4) 듀벨(Dübel, dowel)

듀벨은 구조부재(목재) 접합에서 2개의 부재 접합부에 끼워 볼트와 같이 써서 전단에 견디도록 하는 일종의 산지(cotter, pin, key, wooden peg)이다. 볼트는 주로 인장력에, 듀벨은 주로 전단력에 작용시켜 접합재 상호간의 변위(displacement)를 방지하는 강한 이음을 얻는데 쓰인다. 압입식과 파 넣는 식이 있고, 보통은 강철이나 주철로 만든다.

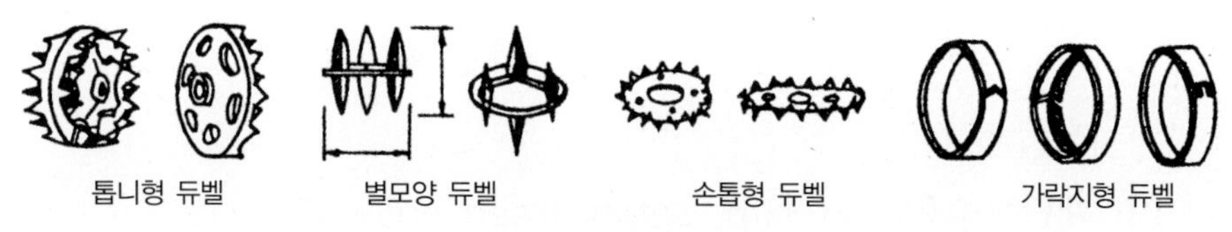

듀벨의 종류 및 형상

5.4.8 장식철물

장식철물(ornamental metal, metal fitting)은 건축부재 또는 공예물에 보강과 아울러 장식을 위하여 쓰이는 금속제의 총칭이다.

(1) 줄눈대(metallic joiner) · 조이너(joiner) · 코너비드(corner bead)

① 줄눈대는 인조석 갈기, 테라조 현장 바름 바닥 또는 특수한 경우에는 미장바름벽의 신축균열방지(expansion cracking prevention) 및 의장효과(design effect)를 위해 구획하는 줄눈(joint)에 넣는 철물로서 줄눈쇠(joint strip)라고도 하며, 주물제 · 강제 · 알루미늄제 · 황동제 · 스테인리스제 등이 있고 두께는 최소 2mm 이상, 높이는 6~12mm, 길이는 900mm, 단면은 I자형으로 되어 있으며, 규격은 한국산업규격(KS F

4503)에 규정되어 있다.

② 조이너는 천장·벽 등에 보드(board)류를 붙이고, 그 이음새를 감추고 덮어 고정하고 장식이 되도록 하는 좁은 졸대형의 철물로서 경금속제·황동제·아연도금철판제가 있고, 단면형상은 여러 가지가 있으며, 길이는 1.8m 정도이다.

③ 코너비드는 벽·기둥 등 모서리 부분의 미장바름을 보호하기 위하여 묻어 붙인 철물로서 모서리쇠라고도 한다. 아연도금철제, 황동제, 스테인리스강제, 경질염화비닐제 등이 있으며, 아연도금철제를 많이 사용하고, 단면형상은 L형, I형 등 여러 가지가 있으며, 길이는 1.8m, 2.7m, 3.6m 등이 있다.

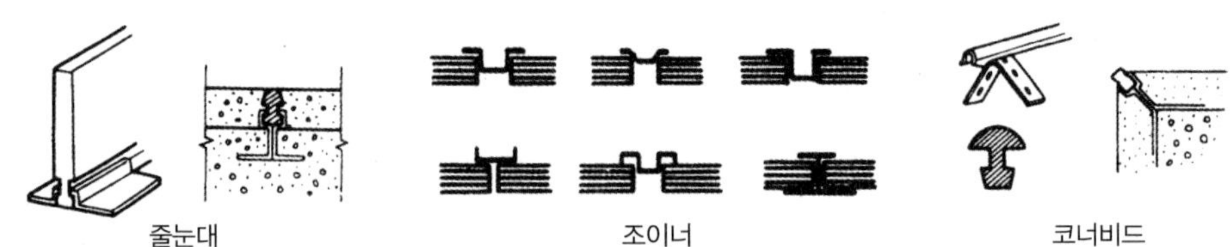

줄눈대 · 조이너 · 코너비드

(2) 계단논슬립(non-slip, safety tread nosing)

계단논슬립은 계단디딤판(stair tread) 끝에 대어 오르내릴 때 미끄러지지 않게 하는 철물로서, 미끄럼막이(antislip)라고도 한다. 황동제·스테인리스강제·철제 등이 있는데, 황동제가 많이 사용된다. 금속제 이외도 자기제품, 고무제품도 있다. 규격은 한국산업규격(KS F 4527)에 규정되어 있다.

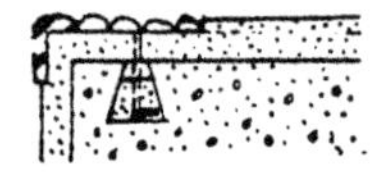
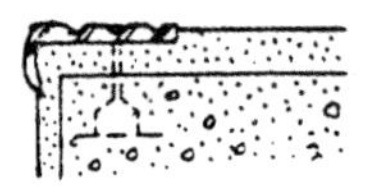
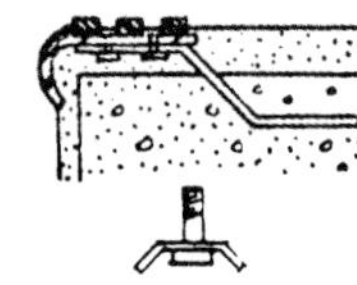

계단논슬립

(3) 펀칭메탈(punching metal) · 그릴(grille)

① 펀칭메탈은 얇은 철판에 여러 가지 모양으로 도려낸 철물로서 아연도금철판제·알루미늄판제·스테인리스판제·동판제·두랄루민(duralumin)판제가 있다. 환기공(ventilating hole)·라디에이터 커버(radiator cover) 등에 이용된다.

② 그림은 얇은 강판에 여러 가지 모양의 구멍을 뚫어 만든 철물로서 황동·청동·화이트 브론즈 등으로 주조한 것이다. 장식을 겸한 방도용 창문덮개(window cover)로 많이 쓰인다.

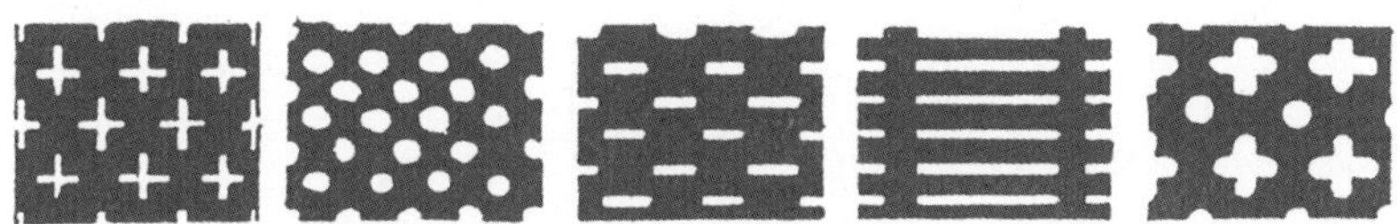

펀칭메탈

5.4.9 금속제 창호

금속제 창호(metal sash)는 주로 강재, 알루미늄재, 스테인리스재의 금속으로 울거미(frame), 살(sash bar, rail sash bar) 등을 만든 창호로서, 강제창호·알루미늄창호·스테인리스창호·강제셔터 등으로 대별한다. 금속창호의 형상·크기 등은 거의 목제창호와 유사하다. 금속제 창호는 거의 전문공장에서 주문·제작하여 현장에 반입하여 설치한다.

(1) 강제 창호(steel sash)

강제 창호는 강재로 울거미·살 등을 만든 창호로서 전문공장의 주문 제작으로 하고, 고급건축 또는 실용건축에 사용되고 있다. 강제 창호의 종류에 따라 한국산업규격(KS F 4507, 4508)에서 규격화하고 있다. 강제 창호의 울거미 및 살로 사용되는 형재(section)를 스틸새시바(steel sash bar)라고 하며, 이에 사용되는 강판은 냉간 압연강판이다.

스틸 새시바를 만든 창호(door and window frame)를 보통 새시바(sash bar)라고 하고, 최근에는 알루미늄합금제 새시바, 스테인리스제 새시바도 많이 사용되고 있다. 스틸 새시바의 규격은 한국산업규격(KS F 3524)에 규정되어 있다. 강제 창호는 목제 창호에 비해 외관상 경쾌한 느낌을 주고 창호 자체가 견고하며 강도도 크고 내화성(fire resistance)도 크다. 가격이 저렴한 반면에 부식되기 쉬워 비내구적이고 기밀성(airtight)이 부족하다.

(2) 알루미늄창호(aluminium sash)

알루미늄창호는 알루미늄재로 만든 창호로서 강제창호에 비하여 경량이

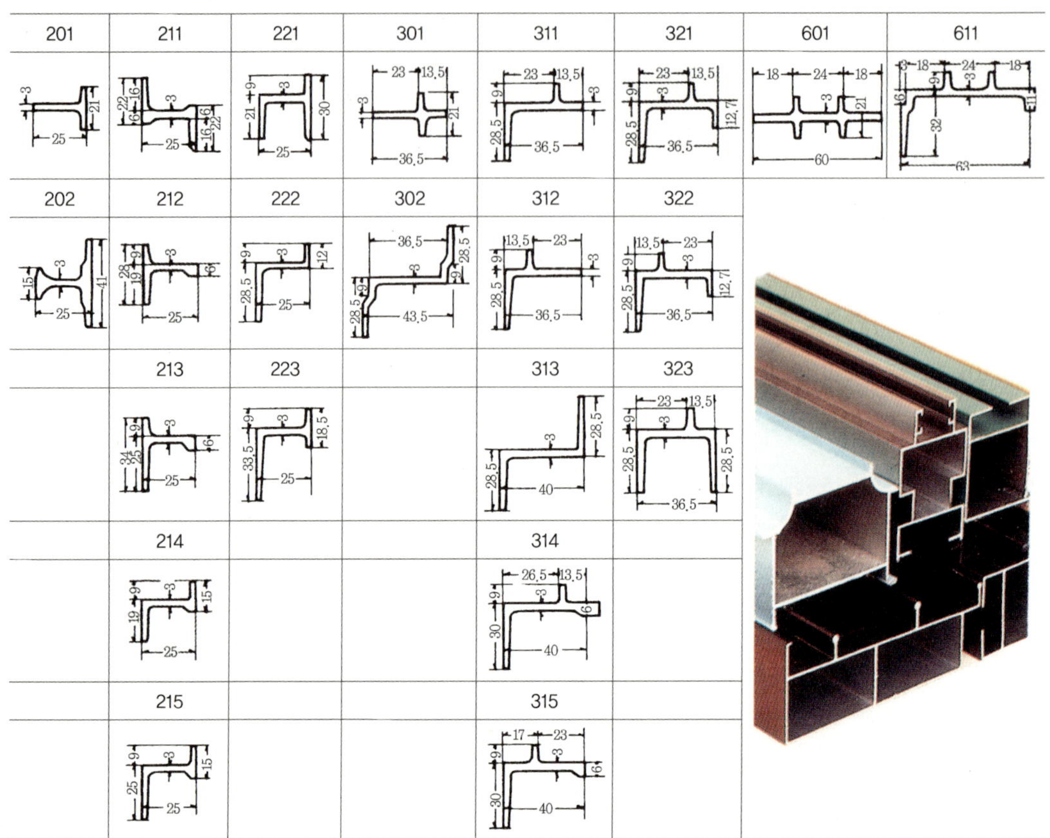

스틸새시바의 형상 및 치수

고, 녹슬지 않아 유지관리가 쉽고, 사용연한이 길며, 공작이 자유롭고, 기밀성이 우수하며, 색상이 다양하고 외관이 미려하다는 등의 장점 때문에 현대 건축물의 창호로서 많이 사용되고 있다.

알루미늄창호재료로 사용되는 알루미늄새시바(aluminium sash bar)의 재질은 알루미늄합금 압출형강재(pressure section steel)이고, 알루미늄새시바의 규격은 한국산업규격(KS F 4506)에 규정되어 있다. 알루미늄창호에 사용되는 창틀 및 문틀 부재의 두께는 1.35mm 이상으로 한다.

알루미늄은 전기화학작용(electrical chemical action)으로 인하여 부식(corrosion)이 생기므로 알루미늄창호는 이질금속재(철 · 놋쇠 · 동)와의 접촉을 금지해야 한다. 따라서 알루미늄창호의 재료는 대부분 바탕면에 내알칼리성 투명합성수지 도료를 칠하는 등의 표면처리한 것을 사용한 것이 좋다.

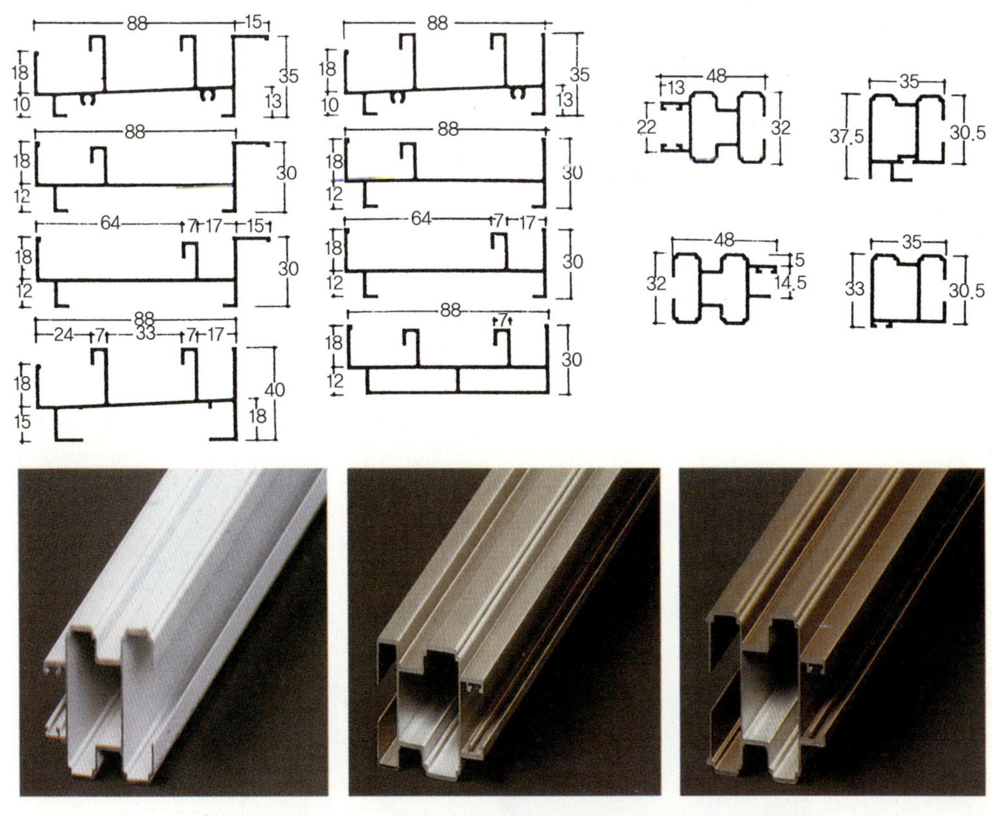

알루미늄새시바의 형상

(3) 스테인리스 창호(stainless steel door and window)

스테인리스 창호

스테인리스 창호는 스테인리스 강재인 스테인리스강판(stainless steel plate)으로 만든 창호로서, 알루미늄 창호와 비교하여 강도가 크고 내화성·내구성이 우수하고 일반 강제창호에 비해 내식성이 강하여 녹슬지 않는다. 또한 창호 표면이 미려하고 표면의 장식적인 형태를 다양하게 표현할 수 있는 장점이 있는 반면 재료비와 제작비가 고가인 것이 단점이라 할 수 있다. 주로 외부 창호로 사용되고 있다.

(4) 강제셔터(steel shutter)

강제셔터는 두루마리(주름)로 감아올려 개폐하는 오르내리여닫이의 철재

문이다. 좁고 긴 연강판인 슬랫(slat)을 연속시켜 커튼처럼 면을 구성하고, 개구의 양측에 설치한 가이드레일(guide rail)에 따라 개폐된다. 개폐방식에 따라 수동식, 전동식, 자동식으로 분류한다.

강제셔터의 종류로는 방화셔터 · 경량셔터 · 특수형 셔터가 있다. 방화셔터(fire protective shutter)는 창이나 문 등의 외부에 부착하여 화재 등의 방지를 목적으로 제작한 것으로서 슬랫의 두께가 1.5mm 이상인 것을 갑종 방화문 셔터, 그 이하인 것을 을종 방화문 셔터로 구분하며 규격은 한국산업규격(KS F 4510)에 규정되어 있다. 경량셔터(light weight shutter)는 슬랫용 강판의 무게가 15kg/㎡ 이하이고, 용수철에 의해 오르내리는 셔터로서 규격은 한국산업규격(KS F 4509)에 규정되어 있다. 특수형 셔터는 미관 · 통풍 등의 목적으로 개량된 셔터를 말한다.

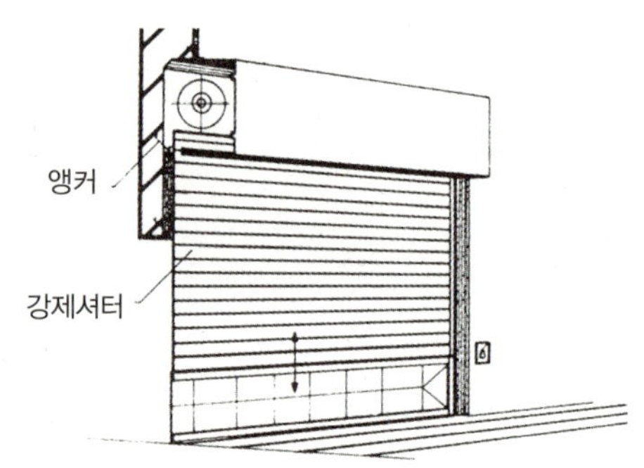

강제셔터

5.4.10 창호철물

창호철물(finish hardware)은 창호를 여닫거나 장식으로 쓰이는 철물의 총칭으로서 재질별 · 기능별 · 용도별 · 형태별로 분류하면 그 종류가 다양하다. 재질로서는 철강재 외에 구리 · 청동 · 황동 · 스테인리스강 · 알루미늄합금 · 포금(gun metal) 등 여러 가지가 있다. 보통 철강제 · 스테인리스강제 · 알루미늄합금제의 창호철물이 많이 쓰인다.

(1) 정첩(hinge, butt) · 돌쩌귀(pivot hinge, hook and eye pivot, top pivot) · 플로어힌지(floor hinge, pivot type hinge) · 지도리(pivot)

① 정첩은 문틀에 여닫이 창호를 달 때 한쪽은 문틀에, 다른 한쪽은 문짝에 고정하고, 여닫는 축(axis)이 되는 철물이다. 강철 · 주철 · 황동 · 청동 · 알루미늄 등으로 만들고 주물(casting)과 대장물(smith thing)이 있는데 가장 많이 쓰이는 것은 황동(brass)주물제이다. 형상에 따라 보통정첩, 내민정첩, 깃대정첩, 자유정첩 등 여러 종류의 정첩이 있다. 정첩을 경첩이라고도 한다.

② 돌쩌귀는 여닫이문의 정첩 대신 촉(arrowhead, steel point)으로 돌게 된 철물로서 암톨쩌귀(female-joint of hinge)와 숫톨쩌귀(male-joint of hinge)가 서로 끼워 돌게 된 것이다.

③ 플로어힌지는 자재 여닫이문을 열면 저절로 닫히게 하는 장치를 바닥에 설치하고, 문장부(pivot)를 끼우고 위는 지도리를 축대(shaft)로 하여 돌게 한 것이다. 보통정첩으로 지지하기 어려운 무거운 자재문(double action door), 즉 현관용 강화유리문(tempered glass door) 등에 사용한다.

④ 지도리는 장부(tenon)가 구멍에 들어 끼워 돌게 되는 철물로서 회전창(pivoted window)에 사용한다.

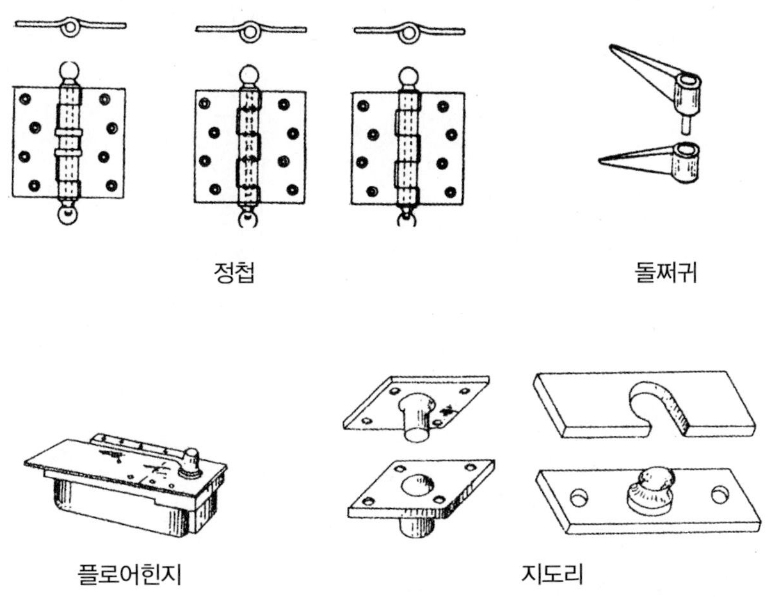

(2) 자물쇠(lock) · 열쇠(key) · 걸쇠(latch) · 꽂이쇠(lock bolt)

① 자물쇠는 창문 등을 닫아 잠그는 철물로서 파넣는식, 면붙이기식, 따로 끼워대는식이 있다.
자물쇠에는 여러 종류가 있지만 보통 쓰이고 있는 것으로는 함자물쇠(bit key lock), 실린더자물쇠(cylinder lock), 헛자물쇠(thumb latch), 본자물쇠(dead latch), 나이트래치(night latch), 통자물쇠(pad lock) 등이 있다.

② 열쇠는 자물쇠를 잠그거나 여는 데 사용하는 철물로서 모양과 기능은 자물쇠의 종류에 따라 각각 다르다.

③ 걸쇠는 문이 열리지 않게 돌리거나 꽂아서 거는 철물로서 넓적걸쇠(hasp), 도래걸쇠(swing latch), 갈고리걸쇠(hooked latch), 크레센트(crescent) 등이 있다.

④ 꽂이쇠는 미세기 · 미닫이의 안팎 여밈대(meeting pole)에 꿰뚫어 꽂아서 밖에서는 열 수 없게 된 문걸쇠로서 꽂이자물쇠, 오르내리꽂이쇠, 양꽂이쇠가 있고, 이외에도 고두꽂이쇠, 민고두꽂이쇠가 있다.

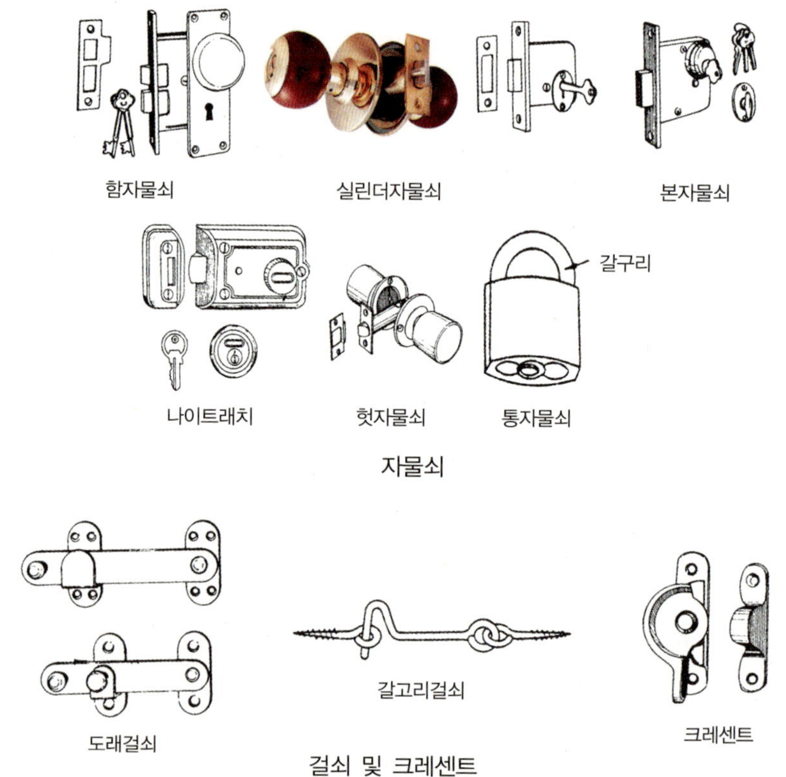

자물쇠

걸쇠 및 크레센트

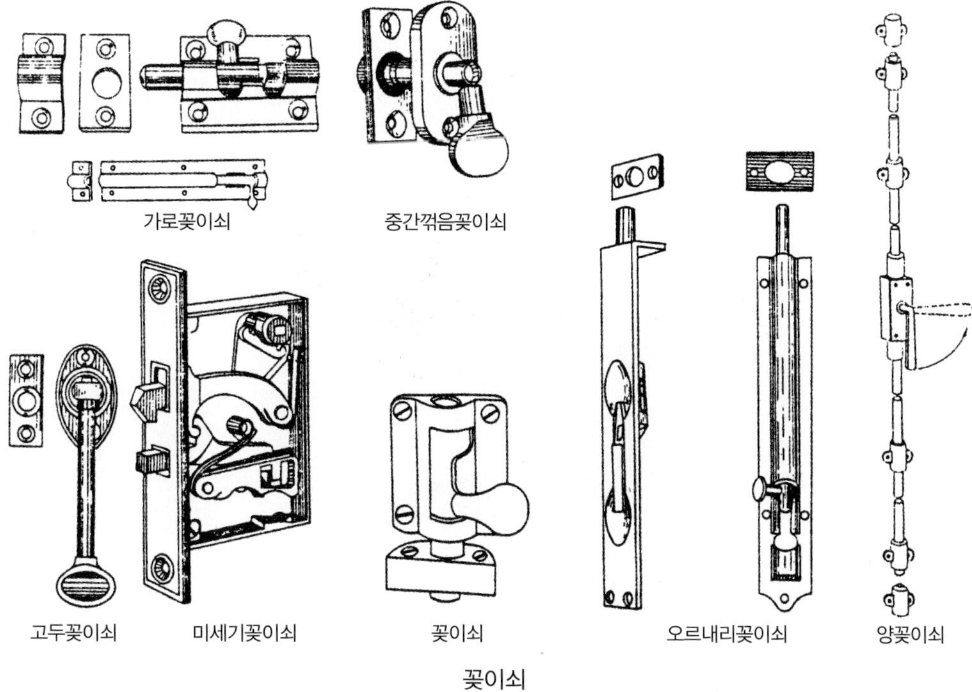

꽂이쇠

(3) 도어클로저(door closer) · 도어캐치(door catch) · 문버팀쇠(door stay) · 도어홀더(door holder) · 창개폐 조정기(sash adjuster)

① 도어클로저는 문과 문틀(여닫이)에 장치하여 문을 열면 저절로 닫히는 장치가 되어 있는 철물로서 도어체크(door check)라고도 한다. 강철 · 청동제가 있고, 문짝의 정지장치는 일정한 위치에 멎게 하거나 장치와 사용장소에 따라 개폐작용이 임의로 된 것과 화재시에 온도가 65℃ 이상이 되면 문이 자동적으로 닫히도록 된 것이 있다.

② 도어캐치는 문을 열어 제자리에 머물러 있게 하거나 벽 하부에 대어 문짝이 벽에 부딪히지 않도록 하며, 갈고리로 걸어 제자리에 머무르게 하는 철물이다. 여닫이문에 사용하며, 도움형 도어캐치와 바닥붙이기식 도어캐치가 있다. 도어스톱(door stop)이라고도 한다.

③ 문버팀쇠는 열려진 문을 버티게 고정시키는 철물로 문을 열면 부딪치지 않고 받쳐 걸어 놓을 수 있게 된 것이다.

④ 도어홀더는 여닫이 창호를 열어서 고정시키는 철물로서 벽붙이기식과

바닥붙이기식이 있다.

⑤ 창개폐조정기는 여닫이창의 창짝 하부와 밑틀에 달아 창짝이 바람에 여닫히는 것을 방지하기 위하여 창을 열어 고정시키는 철물이다.

도어클로저

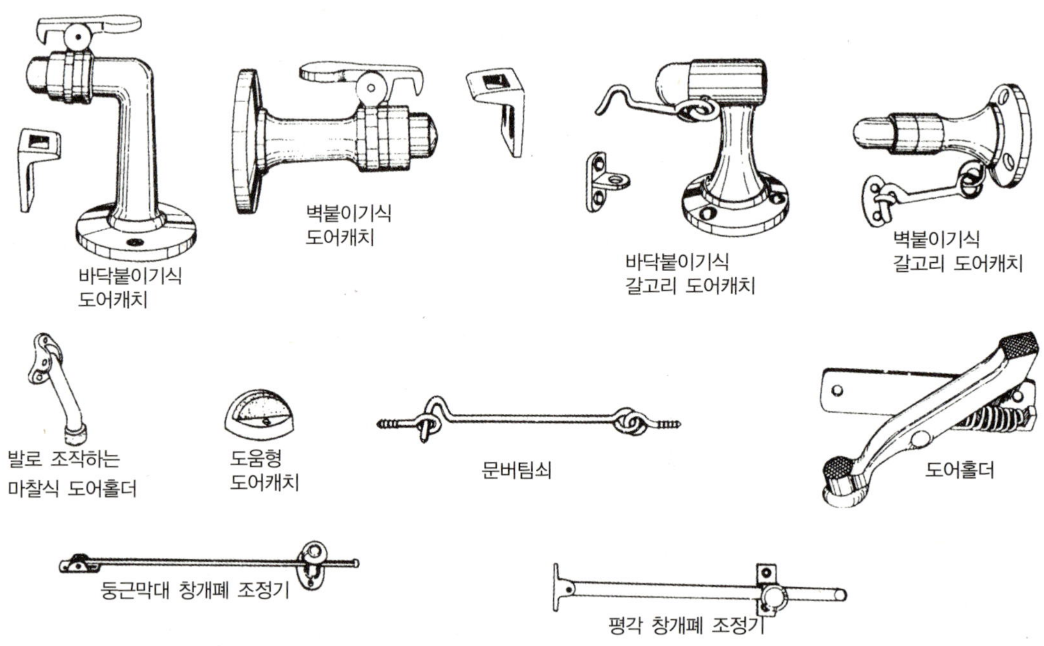

도어캐치 · 문버팀쇠 · 도어홀더 · 창개폐 조정기

(4) 손잡이(door handle, handle) · 손걸이(sash lift, window lift)

손잡이는 창문 등을 열 때 손으로 잡는 철물이고, 손걸이는 창문을 개폐할 때 손가락이 들어가 끼어 여닫게 되는 철물이다.

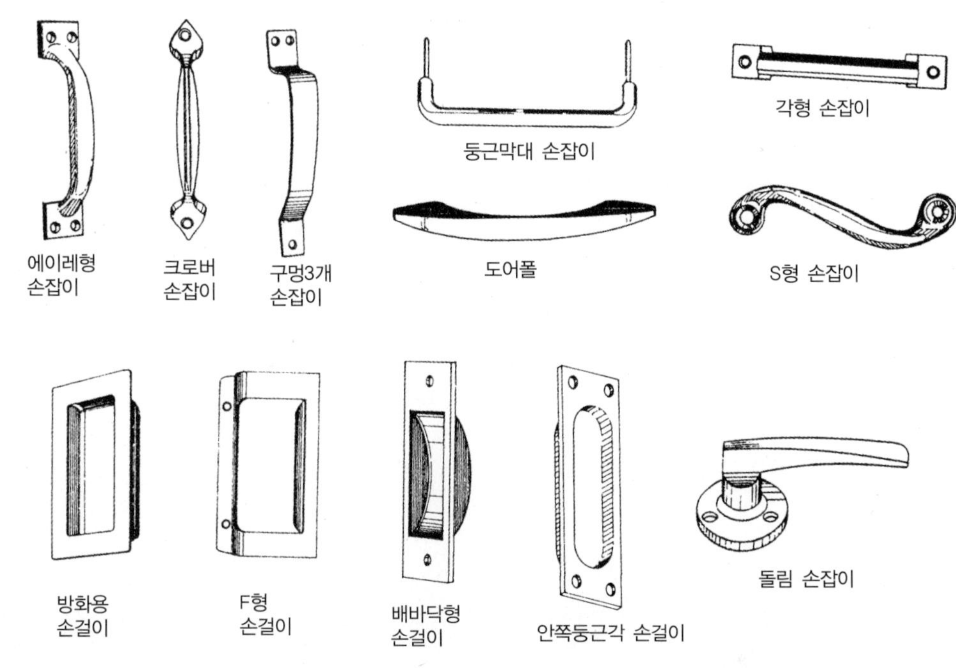

손잡이 및 손걸이

(5) 문바퀴(sliding door sheave, sash roller) · 도어행거(door hanger) · 레일(rail)

① 문바퀴는 미세기 · 미닫이 등의 창문 밑막이에 대어 문이 레일 위를 구르게 하는 철물이다. 호차(pulley)라고도 한다. 볼 베어링(ball bearing)이 들어있는 주철제 바퀴가 일반적으로 사용된다.

② 도어행거는 접문(folding door) 등 문 상부에 달아매는 철물 또는 미닫이 창호용 철물로 달아매는 문의 이동장치에 쓰이는 것으로 문짝의 크기에 따라 2개나 4개의 바퀴가 있는 것을 사용한다.

③ 레일은 미세기 · 미닫이 등의 창문 밑막이에 대어 문바퀴가 구르게 하는 철물로서 강철제 · 놋쇠제 등이 있고, 단면형에 따라 원형 · 각형 · 반원형이 있다. 길이는 1.8mm, 2.7mm, 3.6mm의 3가지가 있다.

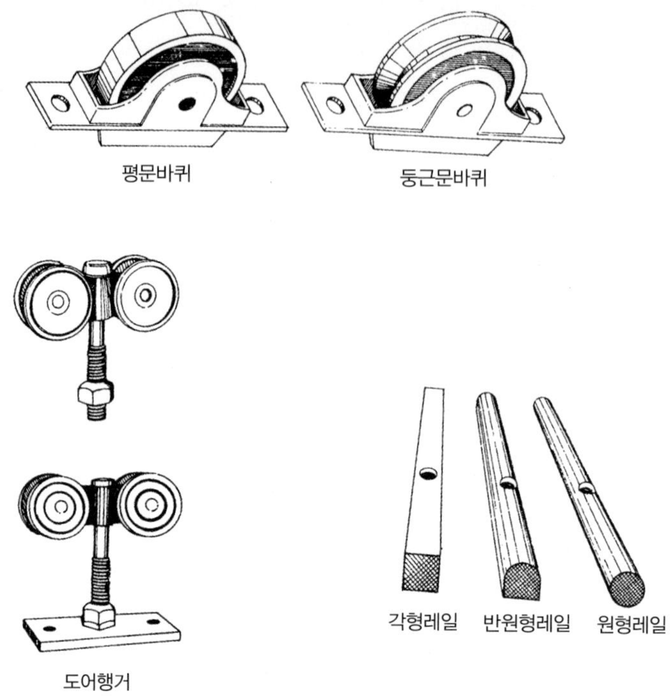

문바퀴 · 도어행거 · 레일

06 세라믹 제품

6-1 개 요

세라믹(ceramics)이란 점토(clay) 등의 비금속 무기물을 고온·가열하여 만든 요업제품(ceramic products)의 총칭이다. 좁은 의미로는 점토를 이용하여 만든 도자기류를 말하지만 넓은 의미로는 유리·시멘트·법랑(porcelain enamel)·내화물(refractory materials)·탄소제품(carbon products) 등을 포함한다. 세라믹이라는 말의 어원은 점토를 구어서 소결(sintering)하여 만든 기물(tableware)을 뜻하는 그리스어 'Keramikos'에서 비롯되었다고 한다. 따라서 초기의 세라믹은 도자기류를 뜻한 것으로 보인다. 그러나 근래에는 유리·시멘트·내화물 탄소제품 등이 발전되면서 이것들도 세라믹에 포함하게 되어 세라믹의 범위가 넓어지고 제품도 매우 다양하게 되었다.

건축용 세라믹제품(ceramic products)으로는 점토벽돌(보통벽돌)·점토기와·타일·테라코타·위생도기 등이 대표적이다. 이들 제품은 구성 성분이 산화물(oxide)이기 때문에 녹스는 일이 없고, 경도가 강하며, 내구성이 뛰어날 뿐만 아니라 높은 온도에서도 잘 견디는 장점을 가지고 있으나 깨지기 쉬운 단점도 있다.

6-2 점 토

점토(clay)란 암석이 오랜 기간에 걸쳐 풍화 또는 분해되어 생긴 세립(granule : 0.01mm 이하) 또는 분상집합체(powder-like gathering body)로 물을 가하여 습한 상태(wet state)로 하면 가소성(plasticity)을 나타내고, 이것을 건조, 즉 마른상태(dry state)로 하면 강성(stiffness)을 나타내며, 적당한 온도로 소성(baking)하면 소결하는 광물을 뜻한다.

점토의 주성분은 규산(SiO_2 : 50~70%) · 알루미나(Al_2O_3 : 36~15%)이며, 그 밖에 산화철(Fe_2O_3) · 석회(CaO) · 알칼리(K_2O, Na_2O) 등이 포함되어 있다. 규산이 많은 점토는 가소성은 좋지만 주성분 외의 성분이 많아지면 연화온도가 낮아지고 소성변형(plastic deformation)이 커져서 좋은 제품을 만들 수 없다.

점토를 소성하면 함유된 성분의 일부 또는 대부분이 용해되어 용적 · 비중 · 색조 등의 변화가 일어나며, 냉각과 더불어 상호밀착하여 강도가 현저하게 증대된다. 따라서 점토를 소성함에 있어서 각 제품에 적합한 소성온도(baking temperature)로 가열할 필요가 있는데, 이 소성온도의 측정은 제게르콘(seger cone)을 사용한다. 제게르콘은 세모뿔형으로 된 기구로 노(furnace) 속의 고온도(600~ 2,000℃)를 측정하는 온도계로서, 이 고온도 사이를 총 59종으로 나누어 번호(SK-NO)로 표시한 것이다. 세모뿔의 경화(hardning) 정도로 온도를 알 수 있다.

6-3 세라믹 제품의 분류 및 제조

6.3.1 세라믹제품의 분류

점토를 주원료로 하여 제조된 건축용 세라믹제품(ceramic products)에는 벽 · 바닥에 쓰이는 재료로서 벽돌 · 타일 · 테라코타 등이 있고, 지붕재료로는 기와가 있으며, 천장재료로는 타일이 있다. 또한 설비재료로는 위생도기·토관·도관 등이 있으나 주로 벽재료에 세라믹제품이 많이 쓰인다. 세라믹제품은 일반적으로 소지의 흡수성·투명 정도에 따라 아래 표와 같이 분류한다.

세라믹제품은 일반적으로 점토를 소성하여 만든 제품이라 하여 통상 점토소성제품(clay baking products)이라고 부르고 있다.

점토소성제품의 분류

종류	소지				원료	소성온도	시유 여부	제품
	흡수성	색	투명 정도	강도				
토기	크다	유색	불투명	취약	보통점토	SK.0.15(790℃) ~ SK.0.5(1,000℃)	시유(무유한 것도 있음)	벽돌, 기와, 토관, 오지그릇
도기	약간 크다	백색 유색	불투명	견고	도토	SK.1(1,100℃) ~ SK.7(1,230℃)	시유(무유한 것도 있음)	타일, 테라코타, 기와, 위생도기, 도관
석기	작다	유색	불투명	치밀, 견고	양질점토 (유기질 없음)	SK.4(1,160℃) ~ SK.12(1,350℃)	시유, 무유	벽돌, 타일, 토관, 테라코타
자기	아주 작다	백색	반투명	치밀, 견고	양질점토 또는 장석분	SK.7(1,230℃) ~ SK.16(1,460℃)	시유	타일, 위생도기

6.3.2 세라믹제품의 제조

세라믹제품은 원료배합→반죽→숙성→성형→건조→시유→건조→소성의 공정을 거쳐 제조된다. 이 공정 중 원료배합, 성형과 소성이 가장 중요하다. 채집되고, 선별된 원료는 대부분 여러 공정을 거쳐 배합·반죽하여 성형하게 된다. 성형한 것을 소성가마(baking kiln)에 넣어 소성한다. 건조 전 또는 건조 후에 유약(glaze enamel)을 바르는데 이 공정을 시유(enameled, glazed)라 한다. 유약은 소지(nature) 표면을 보호하고, 광택을 증가시키며, 착색이 가능하도록 해준다.

6-4 세라믹 제품

6.4.1 보통벽돌

① 보통벽돌(common brick, building brick)은 진흙(clay)을 빚어 소성하여 만든 벽돌(brick)로서 불완전연소로 구운 벽돌인 검정벽돌(black brick)과 완전연소로 구운 벽돌인 붉은벽돌(red brick)이 있다. 보통벽돌을 점토벽돌(ceramic brick)이라고도 한다.

우리나라 및 중국에서는 전(磚)이라 칭하는 흑색 소성벽돌인 전벽돌을 제조하여 궁전 · 불각 · 탑비 · 담장 등에 쓴 것이 현재까지 남아 있는 것이 있고, 서양건축이 발전함에 따라서 오늘날과 같은 벽돌이 쓰이게 되었다. 제조공정은 점토조절 → 혼합 → 원료배합 → 성형 → 건조 → 소성 → 제품의 순서이다. 적색 또는 적갈색을 띠고 있는 것은 점토 중에 포함되어 있는 산화철분(iron oxide powder)에 기인한 것이다.

② 보통벽돌의 품질은 표 6-2와 같고, 규격은 한국산업규격(KS L 4201)에 규정되어 있다. 치수는 표준형이 길이 190mm, 너비 90mm, 두께 57mm이고, 줄눈은 세로 · 가로 10mm를 표준으로 하고 있다.

벽돌은 온장을 쓰는 것이 원칙이지만 경우에 따라서는 온장을 나누어 반토막(half, bat) · 이오(二五)토막(quarter bat) · 칠오(七五)토막(three quarter bat) · 반절(queen closer) · 가로반절(split, soap) 등으로 하여 쓰기도 한다. 이렇게 하는 것을 벽돌마름질(brick cutting)이라 한다.

보통벽돌의 품질(등급)

등급		압축강도 (kgf/㎠)	흡수율 (%)	구워진 정도	두드렸을 때	형상	비고
1급	1호	150 이상	20 이하	양호	금속성 청음	형상이 양호하고 갈라짐 · 흠이 극히 적은 것.	벽돌의 비중은 1.5~2.0, 1장의 중량은 1.9~3.0kg
	2호						
2급	1호	100 이상	23 이하	보통	탁음	1호는 형상이 양호하고 갈라짐 · 흠이 극히 적은 것. 2호는 형상이 보통이고 심한 갈라짐 · 흠이 없는 것.	
	2호						

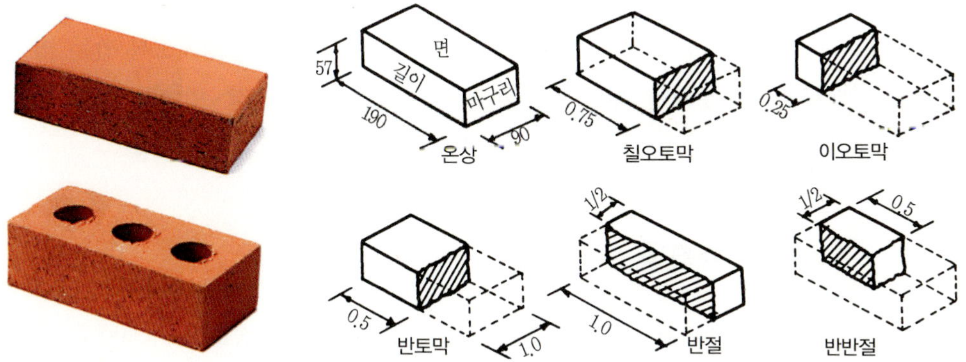

보통벽돌의 형상 및 벽돌 마름질

③ 보통벽돌은 벽돌조 건축물 등의 구조재료로 사용되지만 내외 벽체의 마감재 및 치장재료 또는 바닥깔기 재료로도 사용되고 있고 다른 건축재료와도 혼용하여 많이 사용되고 있는 재료 중의 하나이다.

6.4.2 경량벽돌

경량벽돌(light weight brick)은 저급점토 · 목탄가루 · 톱밥 등으로 혼합 · 성형한 후 소성하여 만든 것으로서, 보통벽돌보다 가벼운 벽돌을 말한다. 무게가 가볍고 단열 · 방음성이 있어 특수한 목적에 쓰이는 것으로 구멍벽돌과 다공벽돌이 있다.

구멍벽돌(hollow brick)은 속이 비게 만든 벽돌로서 치수는 구멍수에 따라 각기 다르다. 방음벽 · 단열벽 등에 주로 쓰이고, 건축물의 경량화를 도모하

구멍벽돌의 형상

다공벽돌의 형상

기 위하여 칸막이벽 등에 쓰인다.

다공벽돌(porous brick)은 내부에 무수한 작은 구멍이 생기도록 만든 벽돌로서 절단·못치기 등의 가공이 유리한 벽돌이다. 방열·방음 또는 경미한 칸막이벽 및 단순한 치장재로 쓰인다.

6.4.3 내화벽돌

내화벽돌(fire brick)은 내화성이 높은 원료인 내화점토(fire clay)로 만든 벽돌로서, 내화도(refractoryness)가 1,580~2,000℃ 정도인 황백색 벽돌이다. 내화점토질 벽돌(fire clayes brick)이라고도 한다. 내화벽돌은 형상·내화도·품질에 따라 종류가 많다. 치수는 보통 230×114×65mm이고, 각종 이형벽돌도 있으며, 치수 및 품질은 한국산업규격(KS L 3101, 3102, 3105, 3201, 3204, 3205, 3301)에 규정되어 있다.

내화벽돌은 용도상 내화도가 어느 정도인가가 가장 중요하고, 형상이 바르고 사용상 해로운 흠 또는 균열 등이 없는 것이 좋고, 주로 굴뚝·난로 및 보일러 내부 쌓기용으로 사용한다.

내화벽돌

내화벽돌을 쌓는 데는 내화모르타르(refractory motar)를 사용하게 되는데, 내화모르타르는 한국산업규격(KS L 3202)에 적합하고 사용하는 내화벽돌과 같은 정도의 내화도가 있는 품질의 것을 반드시 사용해야 한다.

6.4.4 황토벽돌

황토벽돌(loess brick)은 황토를 주원료로 하여 제조된 벽돌로서 황토의 누렇고 거무스름한 색깔을 나타낸다.

황토분말

황토벽돌

황토분말 및 황토벽돌

단열효과도 있고 습기조절 기능이 뛰어나며, 자연적이며 냄새를 제거하는 갖가지 자정능력(natural purificatory ability)이 있어 실내 칸막이벽 및 치장용으로 많이 사용되고 있다. 크기 및 모양은 여러 가지가 있다. 황토벽돌을 쌓을 때는 황토모르타르를 사용한다.

6.4.5 점토기와

점토기와(ceramic roofing tile)는 진흙 또는 찰흙에 약간의 모래를 섞고 물로 빚어 구워 만든 기와를 말하며, 토기와(earthen-ware tile)·군기와(burnt roofing tile)라고도 한다. 기와는 모양에 따라 한식기와(조선기와)·일식기와·양식기와로 구별하며, 우리나라에서 많이 쓰이고 있는 한식기와는 오목한 암키와(concave tile)와 수키와(convex tile)가 있고, 부속기와로는 막새(수막새)·내림새(암막새) 등이 있다. 빛깔은 보통 검정색이고, 때에 따라서는 시유한 오지기와·청기와 등을 사용한다. 오지기와(salt-glazed roofing tile)는 광택이 나고 표면이 매끈한 기와이고, 청기와(glazed blue roofing tile)는 특히 청색 광택이 나는 기와로서 고급한식기와 지붕에 많이 쓰인다.

점토기와는 흡수율이 낮고 두드리면 금속성의 청음이 나며 형상·색깔·광택 등이 아름답고 방수·보온·내구성·강도 등이 충분하면서 이지러짐·갈라짐·얼룩 등이 없는 상등품을 사용하는 것이 좋다. 한식기와의 치수는 아래 표와 같다.

한식기와 치수

(단위 : mm)

종별	암키와		수키와	
	길이	너비	길이	지름
보통기와	300	270	270	120
고급기와	330	300	300	135
고건축큰기와	330	315	315	150

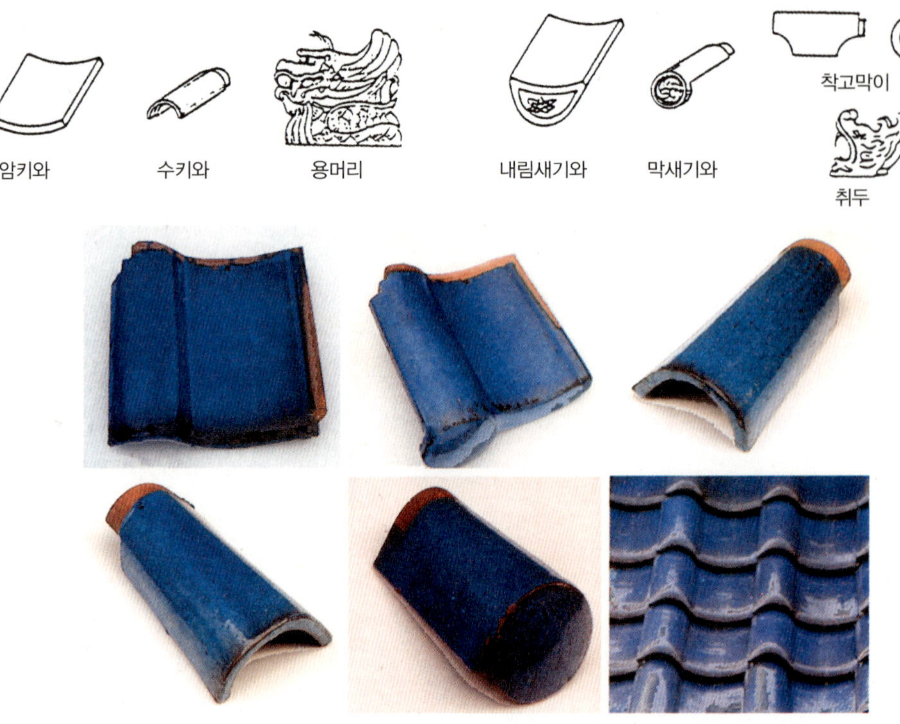

점토기와(청기와)

6.4.6 타 일

① 타일(tile)은 점토 또는 암석의 분말을 성형 · 소성(1,200℃)하여 만든 얇은판형(두께 약 5mm 정도)을 총칭한 것이다.

타일의 소지(nature)는 장석(feldspar) · 도토(potter's clay) · 납석(agalmatolite) · 고령토(kaolin) · 점토(clay) · 규석(silex) 등으로 되어 있고, 이에 색깔을 내기 위한 착색제(colouring admixture)가 혼입된다. 착색제는 거의 금속성 산화물을 사용한다. 타일의 표면을 매끄럽게 하기 위해 제조시 표면에 유약(glaze, enamel)을 사용하여 시유(glazed, enameled)하는 경우도 있다.

타일의 제조법에는 물반죽으로 된 습식제법(plastic process)과 물을 거의 이용하지 않는 건식제법(dry process)이 있다. 일반적으로 내장타일과 모자이크타일은 건식제법으로, 외장타일과 바닥타일은 습식제법으로 제조된다.

자기질 타일 석기질 타일 도기질 타일

소지별 타일의 표면 형상(예시)

시유타일 무유타일

시유 · 무유타일 표면 형상(예시)

② 타일의 종류는 내장타일 · 외장타일 · 바닥타일 · 모자이크타일 · 특수용 타일로 구분하여 호칭하고, 소지의 질 및 흡수율에 따라 자기질타일(procelain tile) · 석기질타일(stoneware tile) · 도기질타일(earthenware tile)로 구분하며, 시유의 유무 및 표면상태에 따라 시유타일(glazed tile) · 무유타일(unglazed tile) · 활면타일(rough surface tile) · 조면타일(smooth surface tile)로 구분한다. 또한 호칭 및 소지의 질에 따라 다음 표와 같이 구분하기도 한다.

타일의 종류 구분

호칭명	소지의 질	주용도
내장타일	자기질 · 석기질 · 도기질	내장벽재
외장타일	자기질 · 석기질	외장벽재
바닥타일	자기질 · 석기질	내 · 외장 바닥재
모자이크타일	자기질	내 · 외장벽 및 바닥재
특수용 타일	자기질 · 석기질 · 도기질	벽 · 바닥재 기타

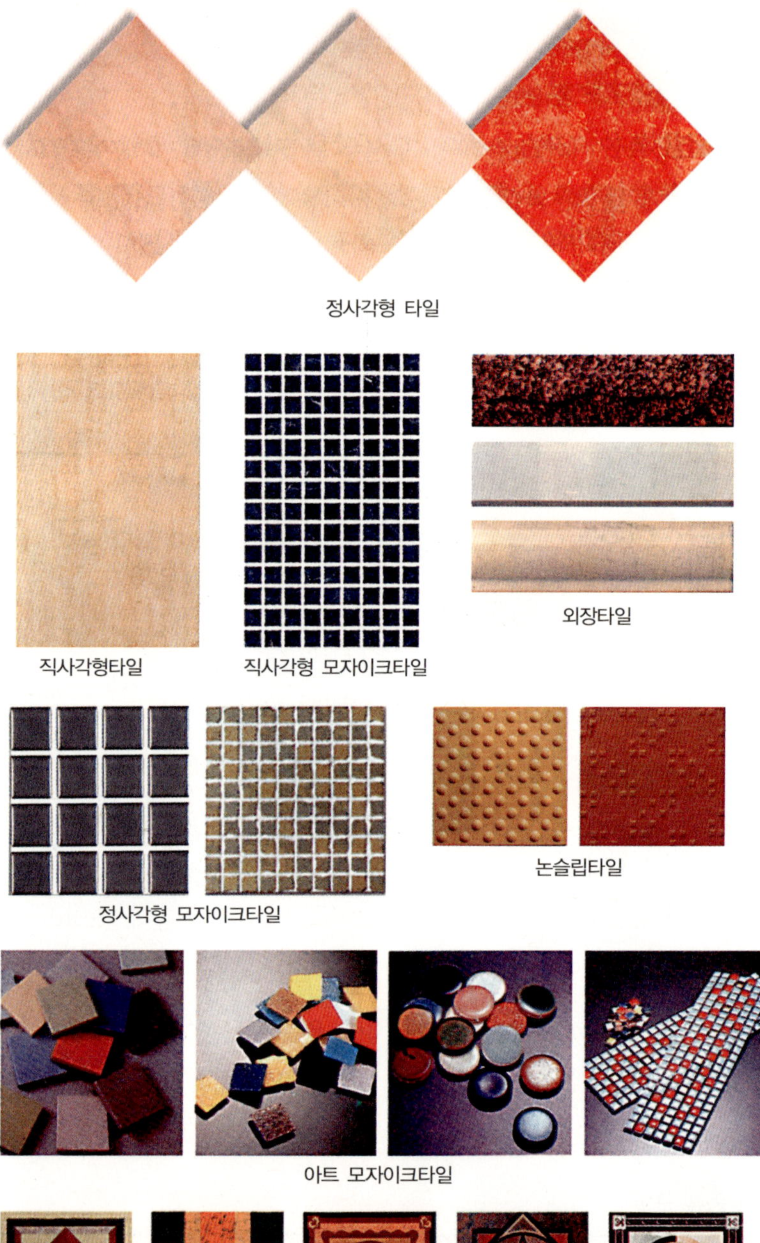

정사각형 타일

직사각형타일

직사각형 모자이크타일

외장타일

정사각형 모자이크타일

논슬립타일

아트 모자이크타일

아트 모자이크타일 패턴

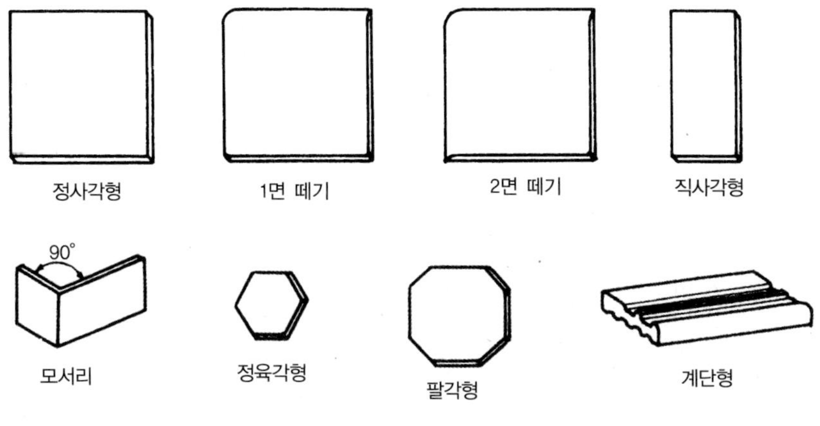

타일의 형상

타일의 형상에 따라 여러 가지가 있으나 보통 정사각형 · 직사각형 · 정육각형 · 팔각형이 많이 쓰인다.

모자이크타일은 타일 1개의 크기가 4cm 각 이하의 소형으로 된 타일을 말하는데, 이것은 30cm각 유닛(unit)화로 뒷면에 하드롤지(hard-rolled paper) 또는 나일론망(nylon gauze)에 줄눈을 일정하게 나누어 모아 접착제로 붙여 시공하기 쉽게 만들어 판매한다. 모자이크타일 중에서 11mm 각 정도의 극히 작은 타일을 아트모자이크(art mosaic) 또는 라스모자이크(lath mosaic)라고 하며, 이것은 무늬 모양 · 회화 등에 쓰인다. 바닥타일용으로 미끄럼을 방지할 목적으로 만든 논슬립타일(non-slip tile)도 있다.

특수용 타일은 논슬립타일, 코너타일(corner tile), 창인방용 타일, 창대용 타일, 보더타일(border tile), 스크래치타일(scratch tile), 태피스트리타일(tapestry tile), 폴리싱타일(polishing tile), 파스텔타일(pastel tile), 아트타일(art tile) 등의 타일로서 특수용도로 사용하기 위하여 주문제작한다.

③ 타일의 치수 및 품질기준은 한국산업규격(KS L 1001)에 규정되어 있으며, 두께는 내장타일 4~8mm, 외장타일 5~15mm, 바닥타일 7~20mm, 모자이크타일 4~8mm 정도이다.

근래에는 타일의 크기가 대형화되어 가고 있고 또한 큰 치수의 타일을 선호하는 경향이 있으며, 특별주문으로 제작하는 경우도 있다.

타일이 대형일수록 치수차가 크고, 모양도 뒤틀리거나 우그러든 것이 많고, 저급품일수록 표면에 흠집이 많다. 알맹이가 붙어 있는 것, 유약에 금이 그어진 것, 옆면 가장자리가 곱지 않고 유약이 불균등하게 묻은 것이 있으나 이것은 대부분 눈으로 판별되고 손으로 만져보면 그 결함은 판단할 수 있다. 또한 아주 미세한 부분이라도 유약이 묻지 않은 곳이 있는 것은 동결기에 수분이 흡수되면 결손되기 쉬우므로 엄선하여 사용해야 한다. 타일은 흡수율이 자기질타일은 3% 이하, 석기질타일은 5% 이하, 도기질타일은 18% 이하인 것이어야 한다.

④ 타일 선정시는 견본품을 제출받아 타일의 종류 · 등급 · 형상 · 치수와 소지표면의 상태, 시유약의 색깔 · 광택 등이 공사시방에 명시된 내용과 적합한지를 검사한 후 이에 합격된 것만을 현장에 반입한다.
그리고 세로 · 가로치수의 차가 심한지 등에 유의하고, 특히 색채 선정시는 실제 타일로 구성된 색표(color chart)를 제출받아 선정한다.

⑤ 타일의 결점에 대한 판정은 다음 표에 따른다.

타일의 결점 및 판정 기준

구분	결점 분류	판정 기준
1개의 타일에서 결점	금 갈라짐, 현저한 뒷면 흠집, 깨짐	없어야 한다.
	소지 떨어짐, 핀홀, 오목, 표면흠집, 이물질 부착, 장식얼룩, 색얼룩, 광택얼룩, 변형	약 1m 거리에서 바라보았을 때 눈에 띄지 않아야 한다.
타일 상호 간의 결점	색조의 불균일, 광택의 불균일	결점조사에서 필요한 개수의 타일을 펴놓고, 약 2m 거리에서 바라보았을 때 눈에 띄지 않아야 한다.

비고 : 장식상 별도 제작 타일인 경우 색얼룩, 색조의 불균열, 유약얼룩, 금 갈라짐 등은 사용자의 판단에 따라 결점으로 취급하지 않아도 된다.

6.4.7 테라코타

테라코타(terra - cotta)란 이탈리아어로 "구운 흙"이라는 뜻으로 자토(kaolin)를 반죽하여 조각의 형태로 찍어내어 소성한 속이 빈 대형의 점토제품이다.

건축공사에 사용되는 테라코타는 바닥 · 칸막이벽 등에 사용되는 공동벽돌의 형상으로 만들어진 구조용 테라코타와 난간벽 · 돌림띠 · 창대 · 주두 등에 쓰이는 장식용 테라코타로 구분할 수 있다. 장식용 테라코타는 대부분 주문제작하여 사용하고 시유한 것이 많이 쓰인다.

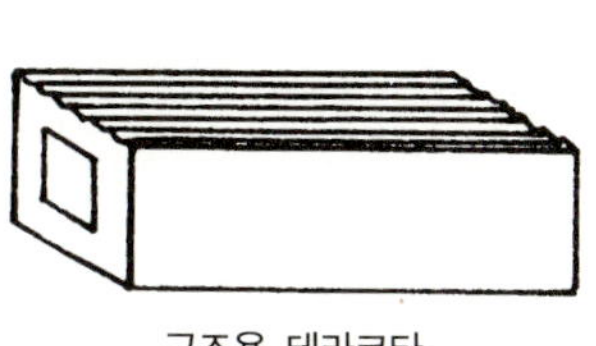
구조용 테라코타

장식용 테라코타

테라코타

6.4.8 위생도기

위생도기(sanitary wares)는 각종 위생설비에 쓰이는 점토제품 기구류인 대변기(closet bowl, toilet bowl) · 소변기(urinal) · 세면기(lavatory, bowl, basin) · 정수조(cistern, water tank) · 개수기(sink, lavatory sink) · 목욕조(bathtub) · 음수기(drinking fountain) · 수채통(cesspool, catch basin) 등의 총칭이다.

그림 6-11 위생도기

위생도기는 철분이 적은 장석 · 점토를 주원료로 하고, 유약원료(glaze raw material)로는 아연화 · 연단 · 석회석 · 점토 등을 사용한다. 경질도기질(earthen-ware body)의 위생도기가 품질이 우수하므로 널리 사용되고 치수 및 형상이 정확하고 외관이 아름다우면서 청결한 것을 주로 선정하여 사용하게 된다.

6.4.9 토관과 도관

① 토관(clay pipe, earthen-ware pipe)은 진흙으로 빚어 소성한 관으로 강도는 약하지만 짙은 자갈색에 두들기면 고음이 나며, 흡수율은 20% 이하이다.
유약칠을 한 것을 오지토관(earthen-ware pipe)이라고 한다. 토관은 주로 환기통·배수관·굴뚝 등에 쓰인다.

② 도관(ceramic pipe)은 토관의 일종이지만 도기질을 사용하여 보통토관보다 소성온도를 높게 하고, 식염유를 칠한 것으로 흡수율이 낮다. 주로 상수관·배수관·배선관의 용도로 사용된다.

07 목 재

7-1 개 요

목재(timber, lumber, wood)는 건축물의 중요한 재료로서 구조재에서 수장재에 이르기까지 옛날부터 다양하게 사용해왔다. 그러나 현대건축에서는 철강 및 콘크리트 등이 사용 주재가 되면서부터 구조재로서의 쓰임은 점차 감소되어가고 있는 반면, 수장재로서의 역할은 증대되어가고 있다.

목재는 다른 재료에 비해 여러 가지 특질이 있는데 그 장·단점을 들면 다음과 같다.

① 장점 : 가볍고 비중이 적은데 비해 강도가 크고 가공이 용이하며 외관이 아름다울 뿐만 아니라 열전도율이 적으므로 보온·방한·방서성이 뛰어나고, 음의 흡수·차단성이 크며, 흡습조절의 능력이 우수하다. 또한 온도에 대한 신축이 적고 충격·진동 등의 흡수성도 크다.

② 단점 : 가연성이고 내화적이 아니므로 화재에 취약하고, 수분에 의한 변형과 팽창·수축이 크며, 재질 및 섬유방향에 따라 강도가 다르고 크기에 제한을 받아 강재나 콘크리트와 같이 큰 재료를 얻기가 어렵다.

7-2 목재의 분류

① 목재의 분류방법에는 여러 가지가 있으나 일반적으로 성장 · 재질 · 용도에 따라 분류하면 다음과 같다.

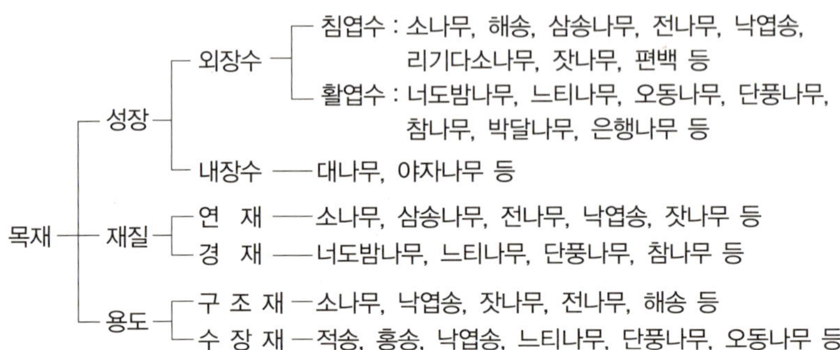

② 목재는 성장 상태에 따라 외장수(exterior finishing tree timber)와 내장수(interior finishing tree timber)로 구분되는데 외장수는 길게 뻗어나감과 동시에 연륜(annual ring)이 형성되는 수종으로서 건축용 목재라고 하면 거의 이에 속한다. 반면 내장수는 길게 성장할 뿐 연륜이 형성되지 않는 수종으로 특수용도 이외는 건축용으로 거의 이용하지 않는다.

구조재

수장재

구조재 · 수장재

목재는 재질에 따라 연재(soft wood)와 경재(hard wood)로 구분되는데, 연재는 대부분이 침엽수(needle-leaved tree)이고 경재는 활엽수(broad - leaved tree)로서 연재에 속하는 목재는 수장재 및 가구재로 사용되고 경재에 속하는 목재는 구조재 및 창호재 등으로 사용된다.

목재를 용도에 따라 구분하는 구조재는 강도 및 내구성이 큰 수종으로 침엽수에 많고 건축물의 뼈대 등에 쓰인다. 수장재는 나뭇결이 좋으며, 무늬가 곱고 뒤틀림이 적은 수종으로서 활엽수에 많고, 건축물의 창호재 및 가구재 또는 장식용재로 쓰인다. 외국산 목재로는 나왕(lauan), 미송(oregon pine), 티크(teak), 마호가니(mahogany), 자단(red sandal wood), 흑단(ebony), 아피톤(apitong), 서양측백(white cedar), 라민(ramin) 등이 쓰인다. 이 중에 나왕이 가장 많이 쓰인다.

7-3 목재의 성질

목재의 성질을 알고 그 특성을 살려서 사용해야 한다. 목재의 성질을 물리적 · 역학적 · 화학적 · 열 및 전기 등에 대한 성질로 구분하여 들면 다음과 같다.

7.3.1 물리적 성질

(1) 색깔 · 광택 · 향기 · 맛

① 목재는 여러 가지 색깔을 나타낸다. 목재 색깔은 수종에 따라 거의 일정하므로 수종을 구별하는데 도움이 된다. 목재에 그 재면을 대패질하면

팽나무

주엽나무

버드나무

호도나무

목재 색깔(예시)

일반적으로 우미한 광택을 내고, 그 정도는 절단면의 방향에 따라 차이가 많이 난다. 광택은 곧은결면이 가상 우비하며, 널결면이 다음이고, 마구리면이 가장 떨어진다. 일반적으로 재질이 치밀하고 단단할수록, 수선이 많을수록, 심재가 변재보다, 활엽수가 침엽수보다 광택이 좋다.

② 목재는 대부분 특유한 나무의 향기와 맛을 가지고 있다. 향기와 맛은 수종에 따라 다르므로 목재를 구별하는 데 참고가 되고, 벌채한 때에는 강하지만 건조함에 따라 줄어든다.

(2) 비 중

① 목재의 비중은 동일 수종이라 하더라도 연륜·밀도·생육지·수령 또는 심재와 변재에 따라 다소 다르다. 보통 목재의 비중은 기건비중(air-dried specific gravity)으로 나타내고 있으나 절대건조비중(absolute-dried specific gravity)으로 나타낼 수도 있다. 목재의 비중은 기건비중으로 0.9~0.3 정도이다.

- 기건비중 : 목재 성분 중 수분을 공기 중에서 제거한 상태의 비중이다. 구조설계시 참고자료로 사용된다.
- 절대건조비중 : 온도 100~110℃에서 목재의 수분을 완전히 제거했을 때의 비중이다.
- 진비중(실비중) : 목재가 공극을 포함하지 않은 실제 부분의 비중으로서 수종 및 수령에 관계없이 1.54 정도이다.
- 겉보기비중 : 목재가 공극을 포함한 비중으로서 세포막의 상태 및 목재 속에 포함된 유기질의 양에 따라 크게 달라진다.

② 목재의 비중은 목질부 내에 포함된 섬유질과 공극률(percentage of void)에 의해 결정되며, 그 공극률은 다음 식으로 계산할 수 있다.

$$v = \left(1 - \frac{\gamma}{1.54}\right) \times 100\%$$

여기서, v : 공극률 γ : 절대건조비중

③ 일반적으로 비중이 큰 목재일수록 강도는 커진다. 반면 수축의 양이 많아지고 기계 가공성이 떨어지며, 뒤틀림의 양도 많아진다.

(3) 함수율 및 수축률

① 목재의 함수율에 따라 목재를 생재(green wood)와 기건재(air-dried

wood)로 구별할 수 있다. 생재는 벌채한 직후의 목재로서 함수율은 60~100%(변재는 80~100%, 심재는 40~100%) 정도이고, 기건재는 생재를 대기 중에서 건조시킨 목재로서 함수율이 12~18% 정도이다. 목재의 함수율이 0%인 상태를 전건재(whole dried wood)라 한다. 여기서 목재의 함수율이라 함은 목재가 수분을 포함하고 있는 상태, 즉 건조 전의 중량을 절대건조중량에 대한 중량백분율로 나타내며, 다음 식으로 구한다.

$$u = \frac{W_1 - W_2}{W_2} \times 100(\%)$$

여기서, u : 함수율

W_1 : 건조 전의 시료 중량

W_2 : 절대건조(100~105℃의 온도에서 일정량이 될 때까지 건조)시의 시료 중량

목재의 함수율은 일반적으로 구조재는 20% 이하, 수장재·창호재 및 가구재는 15% 이하, 마감재는 13% 이하, 접착제를 사용한 경우는 18%로 보고 있다. 목재가 건조하게 되면 먼저 유리수(free water)가 증발하고 세포수만이 남게 되는 시점을 섬유포화점(fiber saturation point)이

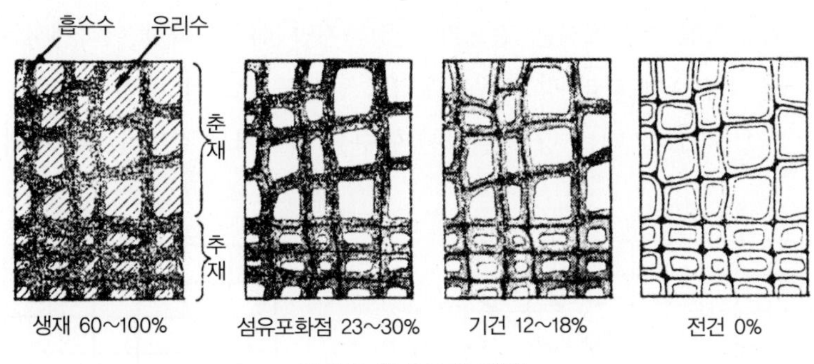

목재의 함수상태 변화

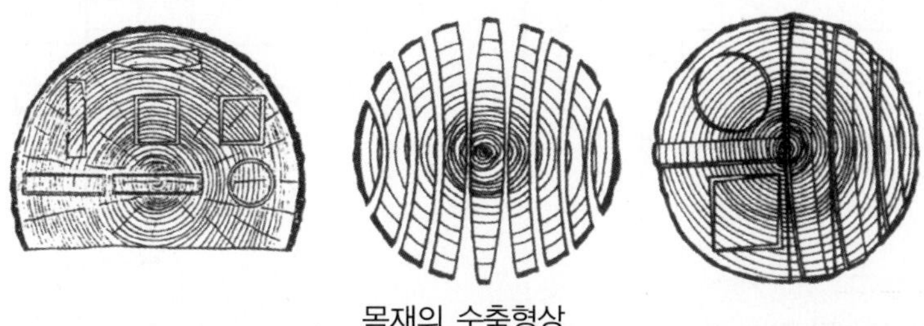

목재의 수축형상

라 하고, 이때의 함수율은 30% 정도가 된다.

② 목재의 함수율이 섬유포화점 이하가 되면 세포수의 증발이 시작되며, 세포벽의 건조가 생기고, 목재는 수축하기 시작하며 목질부가 흡수시에는 반대로 팽창한다. 섬유포화점 이상의 함수율 변화에서는 수축·팽창이 일어나지 않는다. 동일 나뭇결에서도 변재는 심재보다 수축이 크고, 비중이 적은 목재일수록 수축과 팽창의 변형은 적다. 목재의 수축 크기는 널결 방향이 가장 크고, 곧은결 방향, 섬유방향 순이다. 목재의 수축률은 수종·비중 등에 따라 일정하지 않지만 일반적으로 널결 방향에 6~8%, 곧은결 방향에 3~4%, 섬유방향에 0.1~0.3%로서, 그 비는 대체로 20 : 10 : 1~0.5이다. 이것을 목재의 이방성(anisotropy)이라 한다.

7.3.2 역학적 성질

(1) 비중 및 함수율과 역학적 성질의 관계

① 목재의 비중은 강도 등 역학적 성질과 밀접한 관계가 있다. 따라서 비중을 측정하면 목재의 역학적 성질을 어느 정도 추정할 수 있다. 일반적으로 비중이 큰 목재일수록 각종 강도도 크다.

② 목재는 섬유포화점을 경계로 하여 강도 등 역학적 성질이 변화한다. 섬유포화점 이상에서는 강도가 일정하지만 섬유포화점 이하에서는 함수율의 감소에 따라 강도가 증대되고 인성도 감소된다. 따라서 목재의 강도를 비교할 때는 항상 일정한 함수율 이하에서 강도를 비교해야 한다.

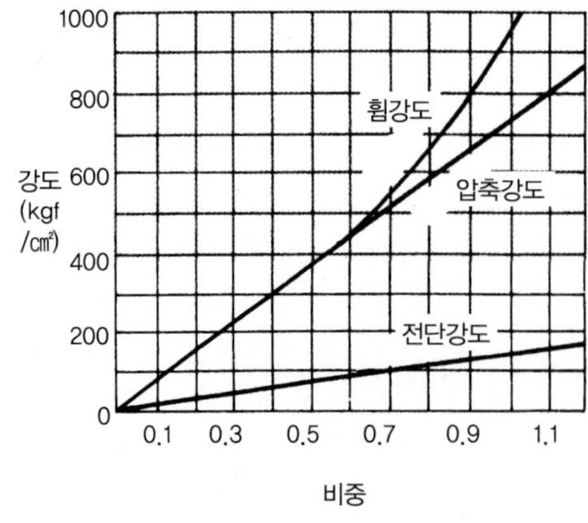

목재의 비중과 각종 강도와의 관계

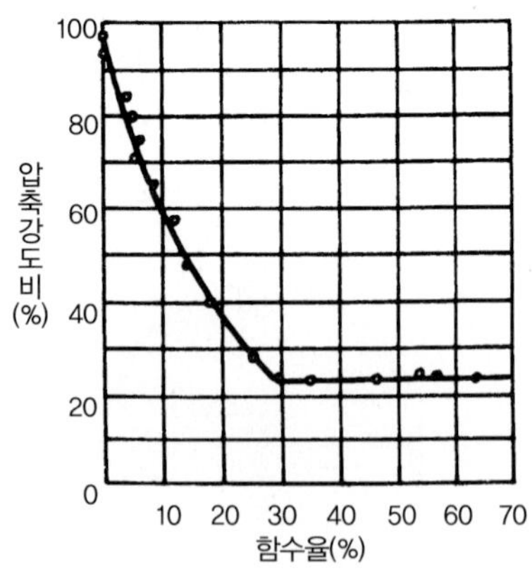

목재의 함수율과 압축강도와의 관계

(2) 강 도

① 목재의 강도는 비중 및 함수율뿐만 아니라 수종, 섬유의 방향, 가력방향, 목재의 옹이 등 결함에 따라 다르다. 아래 표와 같이 수종에 따라 강도의 차이가 있나. 이는 산지 · 입지 · 기타 인자에 영향을 받으므로 확정적인 것은 아니다.

② 목재의 압축 및 인장강도는 목재를 인장시키고 압축시킬 때 생기는 외력에 대한 내부저항을 말하는데, 섬유의 평행방향에서 가장 크고 섬유의 직각방향에 대한 것이 가장 작다. 목재는 섬유의 평행방향으로 압축력을 받을 때 압축강도가 크기 때문에 구조재로 사용할 경우 기둥재로 사용되는 경우가 많으며, 섬유의 평행방향에 인장력을 받을 때 인장강도는 여러 강도 중에서 가장 크지만 목재를 인장재로 쓸 때 이음부가 취약하고 마디 또는 섬유 비틀림의 영향이 크기 때문에 인장재로 사용하는 경우는 드물다. 목재의 압축강도는 옹이가 있으면 감소하고, 죽은 옹이가 생옹이 보다 감소율이 크며, 지름이 클수록 감소율도 크다.

목재의 휨강도는 압축 · 인장 · 전단 등의 응력이 복합적으로 작용한다. 따라서 목재가 휠 때는 압축 · 인장 · 전단력이 동시에 일어난다. 목재의 휨하중에 저항하는 휨강도는 옹이가 클수록 또는 위치가 보의 하단에

각종 목재의 비중과 강도

수종	기건비중 (12%)	압축강도 (kgf/㎠)	인장강도 (kgf/㎠)	휨강도 (kgf/㎠)	전단강도 (kgf/㎠)
소나무	0.53	480	519	890	101
삼나무	0.37	410	447	730	65
전나무	0.43	517	573	804	72
낙엽송	0.61	638	695	827	90
밤나무	0.51	390	593	850	64
느티나무	0.74	400	878	880	130
오동나무	0.31	240	214	390	60
단풍나무	0.72	564	821	910	114
참나무	0.83	641	1,250	1,180	123
벚나무	0.70	534	742	879	102
떡갈나무	0.82	459	901	786	79
나왕	0.48~0.54	378~525	-	689~928	77~127
미송	0.54	488	-	872	93

비고) 본 표는 우리나라 목재를 기건상태에서 시험한 결과의 한 예를 소개한 것이다.

가까울수록 강도의 감소가 크다. 목재를 휨재로 사용하는 경우가 많으므로 휨강도는 역학적 성질 중에서도 가장 중요한 것의 하나이다.

목재의 전단강도는 섬유의 조직상태에 따라 차이가 있으며, 섬유방향에 평행한 전단력은 매우 약하다. 따라서 목재의 전단력은 섬유의 직각방향이 평행방향보다 강하다. 목재의 전단력은 목재의 상단부인 압축측과 하단부인 인장측의 접촉면에서 작용한다.

각종 강도와의 관계

가력방향 / 응력의 종류	섬유에 평행(0°)	섬유에 수직(90°)
압축강도	100	10~20
인장강도	약 200	6~20
휨강도	약 150	10~20
전단강도	침엽수 16	-
	활엽수 19	-

목재 섬유방향의 허용응력도

(단위 : kgf/㎠)

목재의 종류		장기허용응력도			단기허용응력도		
		압축	인장 또는 휨	전단	압축	인장 또는 휨	전단
침엽수	육송 · 삼송 · 아카시아	50	60	4	단기허용응력도는 각각 장기허용응력도의 1.5배로 한다.		
	전나무 · 삼나무 · 가문비나무 · 미삼나무 · 일본삼송나무	60	70	5			
	잣나무 · 벗나무	70	80	6			
	낙엽송 · 적송 · 흑송 · 미송 · 일본송	80	90	7			
광엽수	밤나무 · 참나무	70	95	10			
	느티나무	80	110	12			
	떡갈나무	90	125	14			
	나왕	70	90	6			

비고) ① 위 표에 없는 목재에 대하여는 비중이 같은 목재의 허용응력도를 적용한다.
② 목재를 기초말뚝 · 수조 · 욕실 · 기타 이와 유사한 상시 습윤상태에 있는 부분에 사용하는 경우에는 그 허용응력도는 위 표의 값의 70%로 한다.
③ 단단한 재질의 목재로서 특히 품질이 우량한 것을 비녀장 등에 사용하는 경우에는 그 허용응력도는 위 표의 값의 2배까지 할 수 있다.
④ 비 · 바람에 직접 노출되는 구조물에 사용하는 경우에는 상황에 따라 그 허용응력도는 위 표의 값의 80%까지 할 수 있다.
⑤ 갈라진 틈이 없는 목재의 전단에서는 위 표의 전단응력도 값의 1.5배까지 할 수 있다.

③ 목재의 강도는 섬유방향과 가력방향에 따라 차이가 있다. 일반적으로 전단강도를 제외하고는 응력의 방향이 섬유방향에 평행한 경우가 강도가 최대가 되고, 직각인 경우에 최소가 된다. 섬유의 평행방향의 압축강도에 따라 다른 강도의 수치를 대략 추측할 수 있다. 섬유의 평행방향의 압축강도를 100으로 했을 때 각종 강도와의 관계를 표시하면 앞의 위 표와 같다.

(3) 경 도

목재의 경도는 마멸에 대한 목재 내부저항을 말한 것으로서, 마구리면이 경도가 가장 높고 곧은결면과 널결면은 별로 차이가 없다. 일반적으로 비중이 큰 목재가 경도가 높고 마구리의 경도는 곧은결의 약 3배 정도이다.

(4) 허용응력도

목재에 하중을 작용시켰을 때 실제로 그 목재의 안정성에 지장이 없는 응력, 즉 허용응력의 한도인 목재의 허용응력도(allowable stress)는 가력하중인 압축 · 인장 · 휨(구부림) · 전단에 따라 다르며, 구조용 목재의 섬유방향의 허용응력도는 앞의 아래 표와 같다.

7.3.3 화학적 성질

목재는 다른 재료에 비해 산과 알칼리 성분에 의한 부식 등의 변형 발생이 적고, 목재를 공기 중에서 가열하면 100℃ 내외에서 수분을 소실하고 160℃를 넘으면 점차 열분해(thermal decomposition)를 시작하여 일산화탄소(CO), 메탄(CH_4), 수소(H_2) 등의 휘발성 가스를 발산한다. 150℃에서 탄화작용(carbonized action)으로 흑갈색으로 변색된다.

7.3.4 열 · 전기 · 음 등에 대한 성질

① 목재는 조직 가운데 공간이 있기 때문에 열의 전도가 더디다. 열전도율은 비중이 크고 함수율이 증가함에 따라 증가한다. 일반적으로 다공질의 목재, 즉 겉보기비중이 작은 목재일수록 열전도율은 낮다. 목재를

100℃ 이상으로 가열하면 목질부 조직의 성분이 분해되기 시작한다. 250~260℃가 되면 화원(source of a fire)의 불길을 끌어당기는 인화점(flash point)이 되며, 275° 전후에서는 분해가 현저히 진행된다. 400~450℃가 되면 화원이 없어도 목재 자체에서 자연발화되는 발화점(ignition point)이 된다. 100℃ 이하의 낮은 온도에서 계속하여 장시간 가열하면 재질이 변화되어 흡습성 및 신축성이 감소되는 경향이 있다.

② 목재는 함수율이 높을수록 전기저항(electric resistance)은 떨어진다. 전기저항은 비중이 작은 것이 큰 것보다, 변재는 심재보다 크다. 또한 활엽수보다 침엽수가 크고, 섬유방향보다 섬유의 직각방향이 크다(2.3~8.0배 정도).

목재는 목질부 세포 내의 공극에 의하여 흡음효과가 있으므로 방음용으로 적당한 재료이다. 흡음률(absorption coefficient)은 비중이 작은 목재일수록 크다.

목재면에서 광선이 투사되면 일부는 흡수하고 나머지는 반사한다. 방사광선의 일부는 정반사하고 나머지는 난반사하는데 정반사가 많은 것일수록 광택도가 크다. 목재는 목질부 안에 있는 세포의 방사조직에 의해 광택이 나타나는데 일반적으로 곧은결면이 널결면보다 크고 마구리면은 광택이 거의 없다.

7-4 목재의 조직 및 성분

7.4.1 목재의 조직

수목(trees)은 뿌리(root), 잎(leaf), 수간(trunk)으로 되어 있으며, 건축용 목재로 다루고 있는 부분은 수간이다. 목재의 단면을 보면 다음 그림과 같이 수피 · 목질부(심재 · 변재) · 수심의 세 부분으로 되어 있으며, 목질부가 대부분을 차지한다.

(1) 세포조직

목재는 목섬유(wood fiber) · 도관세포(vessel cell) · 수선세포(medullary cell)로 된 세포조직으로 구성되어 있다.

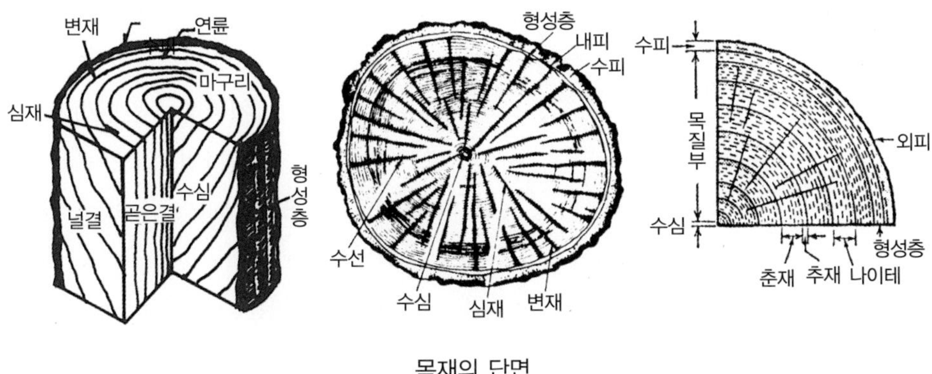

목재의 단면

① 목섬유 : 목섬유(섬유세포)는 가늘고 긴 모양으로 목재 전체의 90~97%를 차지하고 있으며, 수간 방향에 평행으로 놓여 있고, 수간에 견고성을 준다. 침엽수에는 수분의 통로와 수간을 지지하는 가도관(tracheid) 역할을 하므로 수분 · 영향분의 통로가 되고, 세포막이 두꺼운 것은 목재의 강도가 크다.

② 도관세포 : 목섬유보다 크고 굵은세포가 목섬유와 같은 방향으로 들어 있어서 그 양끝이 열려 서로 연결되므로 수액의 통로가 된다. 도관세포는 주로 활엽수에 있고, 도관세포의 배열은 수종에 따라 다르므로 수종 식별의 참고가 되며, 종단면에 얼룩얼룩한 무늬가 생겨 아름다운 무늬를 나타낸다.

③ 수선세포 : 수선세포는 도관세포와 같은 모양과 동일한 작용을 하지만 수심에서 사방으로 뻗어 있으므로 수액이 이동하는 역할을 한다.
침엽수에서는 가늘어서 잘 보이지 않고 활엽수에서는 종단면에서 은색 · 암색의 얼룩얼룩한 무늬와 광택이 뚜렷하게 나타나고 있다.

(2) 나이테(annual ring)

① 수목의 횡단면을 보면 제일 바깥에 수피(bark)가 있고, 그 안쪽에 형성층(cambium)이 있는데 형성층은 수목에 가장 중요한 조직으로서 새로운 목질을 내부에 형성하여 수목이 점차 바깥쪽으로 성장한다. 이 층의

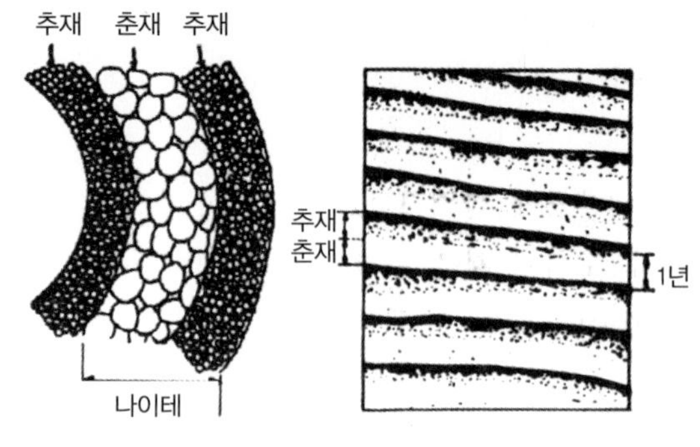

목재 나이테

활동은 봄과 여름에 활발하며, 가을과 겨울에는 둔해진다. 따라서 봄과 여름에 이루어진 목질부는 비교적 연약하면서 가볍고 색깔도 연한 담색으로 나타나며, 이 부분을 춘재(spring wood, early wood)라 하고, 가을과 겨울에 이루어진 목질부는 치밀하여 단단하고 색깔도 암색으로 나타나며, 이 부분을 추재(autumn wood, late wood)라 한다. 이렇게 하여 목재의 단면상에는 동심원형(concentric round shape)의 조직이 나타나는데 이 조직을 나이테 또는 연륜(annual rings)이라고 한다. 다시 말하면 1년 동안 성장하여 형성된 층을 말한다.

② 열대지방의 목재는 연중 계속 성장하므로 나이테가 없고 사계절이 구분되지 않는 지역에서는 나이테가 불명확하다. 활엽수보다 침엽수에서 연륜이 명확하게 나타나며, 같은 수종에도 연륜의 조밀 정도, 즉 연륜밀도에 따라 비중과 강도가 달라 연륜밀도(annual ring density)가 큰 목재일수록 비중 및 강도가 크다.

(3) 심재(heart wood)와 변재(sap wood)

① 심재는 목질부 중 수심 부근에 있는 부분을 말한다. 재질은 변재보다 단단하고, 변형이 적고, 내후성(weatherability) · 내구성(durability)이 있어 이용가치가 큰 주요 부분이다. 색깔은 짙으며 변재보다 비중이 크고 오래된 나무일수록 심재의 폭이 넓다.

② 변재는 목질부 중 심재 외측과 수피 내측 사이, 즉 수피 가까이에 있는 부분을 말한다. 재질은 심재보다 비중이 적고 강도가 약하며 흡수성(water absorptivness)이 커서 건조될 때 수축 · 변형이 심하고 내구성도 떨어진다. 색깔은 비교적 옅다.

(4) 나뭇결(wood grain)

나뭇결은 목재의 면을 깎았을 때 여러 가지 무늬가 나타나는 외관적 상태를 말한다. 나뭇결을 목리라고도 하며, 다음과 같은 종류가 있다.

① 널결(flat grain) : 나이테에 평행방향으로 켠 목재면에 나타난 곡선형

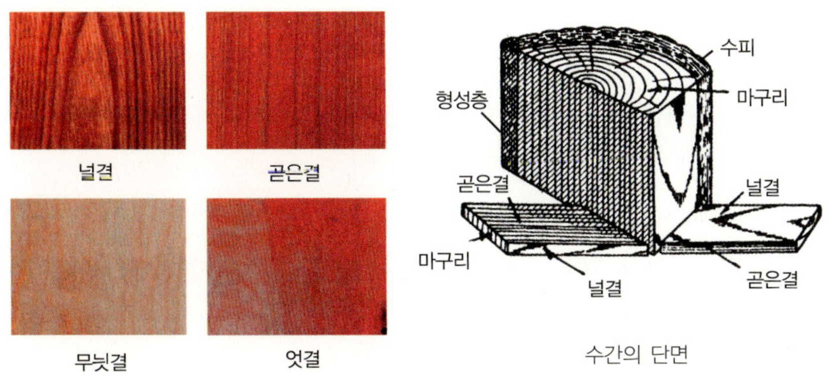

수간의 단면 및 나뭇결

수종별 나뭇결(예시)

(물결모양)의 나뭇결을 말한 것으로 결이 거칠고, 불규칙하게 나타난다. 널결이 나타난 목재를 널결재라 한다.

② 곧은결(straight grain, edge grain) : 연륜에 직각방향으로 켠 목재면에 나타나는 평행선상의 나뭇결을 말한 것으로 널결에 비해 외관이 아름답고 수축변형이 적으며 마모율도 적다. 곧은결이 나타난 목재를 곧은

결재라 한다.

③ 무늿결(curly grain) : 나뭇결이 여러 가지 원인으로 불규칙하면서 아름다운 무늬를 나타내는 상태를 말한 것으로 무늿결이 나타난 목재를 무늿결재라 한다.

④ 엇결(diagonal grain, ros grain) : 나무섬유가 꼬여 나뭇결이 어긋나게 나타난 상태를 말한 것으로 엇결이 나타난 목재를 엇결재라 한다.

7.4.2 목재의 성분

목재는 대부분 주성분(chief ingredient)과 수액(tree sap)을 포함한 소량의 부성분(accessory ingredient)으로 형성되어 있다. 목재의 주요 성분은 섬유소(cellulose)로서 목재 건조중량의 50~60% 정도이며, 나머지 대부분은 리그닌(lignin)으로 20~30% 정도이다. 그 외에 반셀룰로오스(semi-cellulose) · 탄닌(tannin) · 수지(resin) 등이 함유되어 있다.

목질(wood-base)은 탄소 50%, 산소 40%, 수소 6%, 질소 1%의 원소로 조성되어 있으며, 그 외 회분 · 석회 · 칼슘 · 마그네슘 · 망간 · 나트륨 · 알루미늄 · 철 등의 성분이 미량 함유되어 있다.

7-5 목재의 흠

① 목재의 흠(defect)은 생목시 생리적인 원인과 기후의 변화, 곤충 및 균 등에 의해서 생기며 벌채시 인위적인 손상 및 운반과정에서의 취급부주의로 인해 발생한다.
목재의 흠은 외관을 손상시킬 뿐만 아니라 강도 및 내구성을 저하시켜 목재의 이용가치를 저하시킨다.

② 목재의 흠에는 옹이, 갈라짐, 연륜간격의 차이, 껍질박이, 송진구멍, 혹 등 여러 가지 종류를 들 수 있다.

• 옹이(knot)는 가지가 줄기의 조직에 말려들어간 것으로서, 성장중에

가지가 말려들어가서 만들어진 생옹이(live knok)와 말라 죽은 가지가 말려들어가서 생긴 죽은옹이(dead knok)가 있다. 이외에도 썩은 옹이, 빠진옹이, 옹이구멍 등이 있다. 이런 옹이가 있는 목재는 인장 및 휨강도가 저하되어 가공이 곤란하고 외관노 손상시킨다. 특히 죽은옹이가 빠져서 구멍이 생겨 강도에 영향을 준다.

- 갈라짐(crack)은 불균일한 건조 및 수축에 의하여 생기는 것으로 노목(old tree)에서 흔히 볼 수 있다. 갈라짐의 종류는 갈라지는 형상 및 위치에 따라 벌목 후 건조수축에 의하여 생긴 심재성형(heart woody star form) 갈라짐, 침입된 수분이 동결하여 팽창된 결과 생긴 변재성형(sap woody star form) 갈라짐, 수심의 수축이나 균의 작용에 의해 생긴 심재원형(heart woody round form) 갈라짐, 껍질박이(bark pocket)로 인하여 생긴 껍질박이 갈라짐, 마구리(end header) 갈라짐, 겉(outside) 갈라짐 등이 있다.

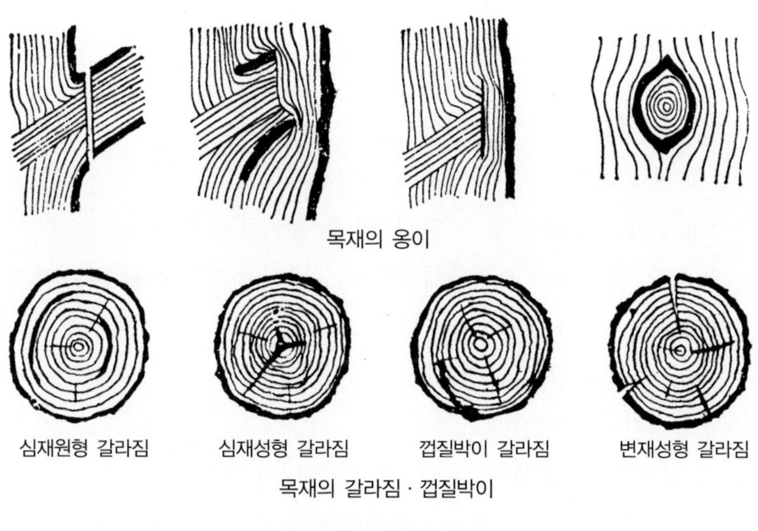

목재의 흠

- 연륜간격(interval of annual rings)의 차이는 수목이 경사지에서 경사지게 성장하게 되면 어느 한쪽의 연륜이 다른 쪽보다 넓어지는 변형된 조직으로서, 이 목재 부분은 비중이 크며, 압축에는 강하고, 인장에는 약하다. 또한 진한색으로 수축은 크며 변형되기 쉽다.
- 껍질박이(bak pocket)는 수목이 성장도중 세로방향의 외상으로 수피의 일부가 목재 내부에 말려들어간 것이며, 송진구멍(resin pocket)은

목질의 틈서리에 송진이 모인 것으로서 소나무에 많다. 혹(gall, burl)은 섬유가 집중되어 껍질의 외부로 부풀어 나온 부분으로 뒤틀리기 쉬우며, 가공하기도 어렵다.

7-6 목재의 건조

① 목재의 건조는 내부의 수분이 외부로 이동하여 표면에서 증발하는 것을 말한다.

목재는 사용하기 전에 반드시 건조시켜야 하는데 그 목적은 다음과 같다.

- 강도 및 내구성을 증진시킨다.
- 중량을 경감시키고(생목의 1/2 정도) 그로 인한 가공 및 취급을 쉽게 한다.
- 사용 후의 수축이나 균열을 방지한다.
- 부패나 충해로 인한 피해를 예방한다.
- 도장이나 방부제 등의 약제처리를 용이하게 한다.

② 목재가 건조하는 과정에서 온도가 높고 풍속이 빠를수록 건조속도는 빠르고, 습도가 높을수록 건조속도는 늦다. 이러한 기후조건 외에도 목재의 비중이 클수록 건조속도는 늦어지고, 목재의 두께가 두꺼울수록 건조시간이 길어진다.

③ 목재의 건조방법에는 다음과 같은 방법이 있다.

- 자연건조방법(natural seasoning method) : 목재를 자연의 조건에 의해 건조하는 방법으로서 실외에 목재를 쌓아두고 기건상태가 될 때까지 건조시키는 공기건조방법(air seasoning)과 건조시키기 전에 예비처리로서 목재를 수중에 3~4주간 담가두었다가 수액을 수중에 용출(melted out)시키는 수침법(water seasoning method)이 있다.

  이 자연건조법은 많은 목재를 일시에 건조시킬 수 있는 이점이 있는 반면, 건조시간이 길며 넓은 장소가 필요하고 변색·부패 등 손상을 입기 쉬운 결점이 있다.

• 인공건조법(artificial seasoning method) : 건조한 실내에서 온도와 습도의 조절에 의하여 건조시키는 방법으로서 건조실에서 공기를 가열한 증기로 건조시키는 증기건조(steam seasoning), 가열된 공기를 송풍기로 건조실에 보내 선소시키는 송풍건조(blast seasoning) 이외에도 훈연건조, 전열건조, 연소가스건조, 진공건조, 약품건조, 고주파건조의 방법이 있다. 이 인공건조방법은 단시간 내에 사용목적에 따라 함수율까지 건조시킬 수 있는 등의 장점이 있으나 시설비용이 많이 드는 단점이 있다.

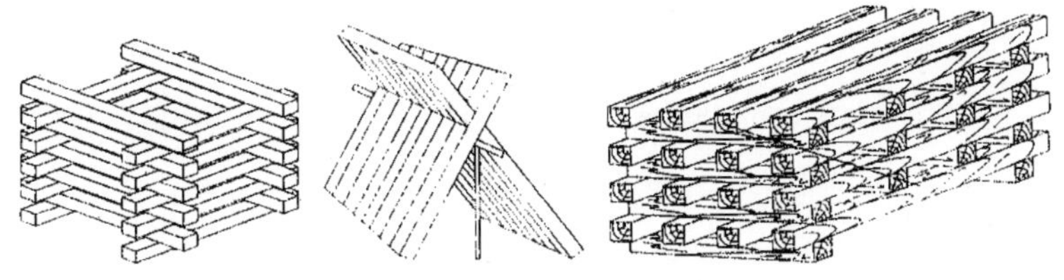

목재의 자연건조

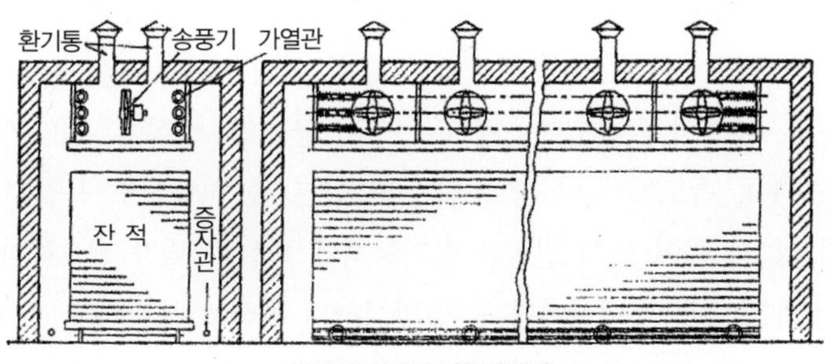

목재의 인공건조(증기건조)

목재의 건조방법

7-7 목재의 내구성 및 내연성

(1) 목재의 내구성

① 목재의 내구성(durability)이란 목재가 풍우, 일광, 자외선, 공기 등에 노출되었을 때의 풍화작용(weathering and erosion)으로 인한 마모, 균류(fungus) 또는 곤충류(insects)에 의한 부패 및 충해, 화학적 작용에

의한 변질 등에 대한 저항성을 말하며, 내구성에 영향을 주는 요소로 수종, 목재의 경도, 함수율, 벌채 시기 및 취급방법, 심재와 변재 등이 있고, 이에 의하여 내구성 증대에 차이가 있다.

목재의 내구성이 좋은 수종으로는 소나무, 삼나무, 밤나무, 회나무, 느티나무 등을 들 수 있고, 내구성이 좋지 않은 수종으로는 전나무, 솔송나무, 가문비나무 등을 들 수 있다.

② 목재의 내구성을 감소시키는 이유는 주로 부패(putrefaction)에 있고, 부패는 균류에 의한 경우가 많다. 목재 부패균은 대부분 리그닌(lignin)을 용해(melting)하는 것과 섬유소(cellulose)를 용해하는 것이 있는데, 전자를 백부(white colour rot), 후자를 적부(red colour rot)라 한다. 또는 생재가 부패균의 작용에 의해 변재부가 청색으로 변하는 청부(blue colour rot)와 건조된 목재가 부패균이 지면 또는 그 부근으로부터 수분을 흡수하여 부패시키는 건부(dryness rot)가 있다.

부패 초기에는 단순히 변색되는 정도이지만 진행되어감에 따라 재질이 현저히 저하된다.

목재를 부패시키는 조건 중에서 균류의 침입 및 번식을 차단시켜 내구성을 지속시키는 것이 중요하므로 균류의 번식에 적당한 온도(20~35℃), 습도(80% 이상), 공기 및 양분 중 하나라도 근절시키거나 부적당하게 하여 균의 번식을 불가능하게 하는 처리가 필요하다. 그리고 공기를 전부 배제시키면 균이 번식하지 못하고 부패되지 않는다. 즉 공기가 없는 수중에 완전히 잠겨 있는 목재는 부패하지 않는다. 상수면 이하에 박은 기초말뚝이나 수중에 완전히 침수시킨 목재가 부패하지 않는 것도 하나의 예다.

③ 목재를 방부처리하여 균류에 대한 양분을 부적당하게 처리하는 방법인 목재 방부법(preservative method)에는 방부제(preservative agent)를 목재 표면에 도포하는 방법과 목재 중에 주입(grouting)하는 방법이 있다. 도포하는 방법이 가장 간단한 방법으로서 목재를 충분히 건조시킨 다음 균열이나 이음부 등에 솔 등으로 방부제를 도포하는 방법이다. 도포법, 주입법 외에도 침지법, 표면탄화법, 생리적 주입법이 있다.

목재를 방부처리하기 위한 재료로 사용하는 방부제의 종류는 여러 가지가 있다. 그 종류를 유성 방부제, 수용성 방부제, 유용성 방부제로 분류하여 들면 다음과 같다.

- 유성 방부제 : 크레오소트유(creosote oil), 콜타르(coal tar), 아스팔트(asphalt), 페인트(paint)
- 수용성 방부제 : 황산동 1%용액, 염화아연 4%용액, 염화제2수은 1%용액, 불화소다 2%용액
- 유용성 방부제 : 펜타크롤페놀(PCP : Penta - Chloro Phenol), 캐로신(Kerosene)

④ 목재가 충해(insect pests)로 인해 내구성을 저하시킨다. 충해는 목질부에 각종 곤충류가 침식하여 섬유를 절단하고 곤충의 분비물에 의해 썩게 하는 것을 말한 것으로 곤충류 중 가장 충해를 주는 것은 흰개미(white ant)이다. 일반적으로 침엽수는 활엽수 보다 저항력이 약한 경향이 있으며, 충해를 받지 않는 수종은 거의 없으나 회나무 · 느티나무 등은 다른 수종에 비해 저항력이 약간 크다. 충해를 방지하는 방충법(insect-proof method)으로는 목재를 충분히 건조시킨다거나 유성 방부제 등을 목재에 주입 또는 청산가스 · 염화가스 등의 증기를 쬐어 1~2일간 방치하는 방법이 있다.

⑤ 목재는 풍화작용(weathering)으로 인해 내구성이 저하되는데 목재가 대기와 풍우 · 한서에 접하여 기온의 변화를 받으면 성분조직(component tissure)이 분해되어 이로 인한 표면이 점차 변색 또는 변질되고 비중감소나 노화현상(aging appearace)이 나타난다. 이를 풍화작용이라고 하는데 풍화작용이 진행되면 흡수하기 쉽고, 균류의 생육이 가능하게 되어 목재가 부패하기 쉬운 결과가 된다.

(2) 목재의 내연성

목재를 불연화(non-combustiblization)할 수는 없으나 여러 가지 방법을 이용하여 내연성(internal combustive resistance)으로 만들어 연소시간을 지연시킬 수는 있다. 방화방법으로는 방화제(몰리브덴 · 인산 등)를 도포 또는 주입한다거나 목재 표면에 방화페인트 등을 도포 또는 플라스터 · 모르타르 등으로 피복하는 등 불연성 가스를 발생시키거나 연소에 필요한 공기를 차단시키는 방법이 있다.

7-8 목재의 제재 및 치수

7.8.1 목재의 제재

건축재료로 사용하는 목재는 일반적으로 제재(sawing)된 판재 · 각재 등을 사용한다. 제재란 필요한 치수의 목재를 얻기 위해 원목을 절단하는 조작을 말하는 것으로 제재한 목재를 제재목(sawing lumber, lumbering)이라 한다.

제재목은 각재(rectangular timber, square timber)와 판재(board, plank)로 대별되고 건축에서 구조재(structural lumber) · 수장재(factory and shape lumber) · 창호재(wood for fittings, wood for fixture) · 가구재(furniture material) 등으로 구분하기도 한다.

제재의 취재율(connected ratio of materials)은 침엽수에서는 원목의 약 60~75%이고, 광엽수는 약 40~60% 정도이다.

목재의 제재

7.8.2 목재의 치수

(1) 제재목의 치수

① 판재류 : 두께가 60mm 미만이고, 너비는 두께의 3배 이상인 것으로서 다음과 같이 구분할 수 있다. 판재(board, plank)를 널재라고도 한다.

• 좁은판재 : 두께가 30mm 미만이고, 너비는 120mm 미만인 것.
• 넓은 판재 : 두께가 60mm 미만이고, 너비는 120mm 이상인 것.
• 두꺼운 판재 : 두께가 30mm 이상이고, 너비는 두께의 3배 이상인 것.

② 각재류 : 두께가 60mm 이상이고, 너비는 두께의 3배 미만인 것 또는 두께 및 너비가 60mm 이상인 것으로서 다음과 같이 구분할 수 있다.

• 각재(rectangular timber, square timber) : 두께 및 너비가 60mm 이상인 것으로서 횡단면이 정방형인 정각재, 장방형인 평각재가 있다.
• 오림목(small cant timber) : 두께가 60mm 미만이고 너비는 두께의 3배 미만인 것. 가늘고 단면이 작은 제재목으로서 보통 60mm 각 미만의 작은 각재를 말한다.

(2) 제재치수(sawed timber size)와 마무리치수(finished size)

① 제재치수란 제재된 목재의 실제 치수를 말한다. 목공사에 있어서 목재의 단면을 표시한 지정치수에 특기가 없을 때에는 구조재와 수장재는 모두 제재치수로 한다. 제재된 목재의 실제 치수는 제재하기 전보다 톱날두께 만큼 작아지며, 톱날 두께는 1~3mm(보통 2mm)이다.

② 마무리치수란 제재목을 치수에 맞추어 깎고, 다듬어 대패질로 마무리한 치수를 말하며, 마감치수라고도 한다. 창호재와 가구재의 치수는 마무리치수로 한다. 대패질 또는 건조수축에 대한 치수의 감소를 고려해야 하는데, 이 경우 보통 한 면 대패질 감소 두께는 각재의 경우 2~3mm, 판재의 경우 1.5mm이고, 수축감소(함수율 30°/wt에서 20°/wt로 건조할 때)는 3%이다.

(3) 목재의 취급단위 및 재적계산

① 목재는 미터법인 m^3 또는 ℓ (1,000㎤) 등의 체적단위로 취급한다. 종래에는 1치각 12자 길이의 체적을 1재(才)라 하여 척법(尺法)단위를 쓰기도 하였다.

② 목재의 재적은 다음과 같이 계산한다.

• 통나무인 경우

– 길이가 6m 미만 $V = D^2 \times L \times \frac{1}{10,000} (m^3)$

– 길이가 6m 이상 $V = D + (\frac{L' - 4}{2})^2 \times L \times \frac{1}{10,000} (m^3)$

D : 통나무의 말구지름(cm)

L : 통나무의 길이(cm)

L' : 통나무의 길이로서 끝수를 버린 길이(1m 미만)

• 제재목인 경우

$$V = T \times W \times L \times \frac{1}{10,000}\ (\mathrm{m^3})$$

T : 제재목의 두께(cm)

W : 제재목의 너비(cm)

L : 제재목의 길이(m)

V : 제재목의 재적($\mathrm{m^3}$)

7-9 목재의 가공 제품

7.9.1 합 판

① 합판(plywood)은 목재의 얇은판인 단판(veneer)을 3, 5, 7매 등의 홀수로 1매마다 섬유방향이 직교(orthogonal)하도록 접착제로 겹쳐서 붙여 만든 것을 말하며, 이를 베니어판(veneer board) 또는 베니어합판(veneer plywood)이라고도 한다.

합판에 쓰이는 목재로는 박달나무 · 느티나무 · 오동나무 · 단풍나무 등 여러 나무가 있으나 주로 수입재인 나왕이 많이 쓰인다. 이러한 나무의 껍질을 벗긴 원목 또는 각재의 원목을 톱으로 얇게 켜내거나 칼날 등으로 벗겨내는 방식으로 제작된 것이 단판이며, 베니어(veneer)라고도 하고, 치장면에 붙이는 단판을 무늬목(wood veneer)이라 한다.

무늬목은 아름다운 결을 갖고 있기 때문에 수장재 또는 가구재의 표면 치장재로도 쓰인다.

② 합판은 크게 보통합판(ordinary plywood), 치장합판(fancy plywood, veneered plywood), 특수합판(special plywood)으로 나누어진다. 보통

보통합판 무늬목치장합판

프린트합판

합판

합판은 표면에 아무것도 붙이지 않고, 칠하지 않는 것으로 내수합판(water - proof plywood)과 비내수합판(non-water - proof plywood)이 있고, 규격은 한국산업규격(KS F 3101)에 규정되어 있다. 치장합판은 합판의 표면에 도료를 칠하거나 무늬목 · 종이 · 천 · 필름(film) 등을 덧붙인 것으로 프린트합판(printed plywood), 무늬목치장합판(sliced veneer fancy plywood), 피복합판(overlayed plywood), 도장합판(painting plywood, coating plywood) 등이 있다. 특수합판은 표면 또는 형태를 특수하게 만든 합판으로서 벌집심합판(honeycomb core plywood), 곡면합판(curved surface plywood), 무늬목쪽매합판(plywood squares, plywood parquet) 등이 있다.

③ 합판은 주로 내장용으로서 천장, 칸막이벽, 내벽의 바탕으로 쓰이는 경우가 많고, 가설재료로는 거푸집재로 사용되며, 창호재로서는 플러시문(flush door) 등의 표판(surface panel)으로 쓰인다. 보통 합판의 두께는 3mm, 6mm, 9mm, 12mm, 15mm, 18mm, 21mm, 24mm 등이고 너비와 길이는 용도에 따라 다르지만 표준품의 경우 900mm×1,800mm(3×6판), 1,200mm×2,400mm(4×8판) 등을 기준으로 한다. 반자, 칸막이벽, 바닥은 보통 두께 3~9mm를 쓴다.

7.9.2 섬유판 · 파티클보드

① 섬유판(fiber board)은 식물섬유(톱밥 · 볏집 · 파지 · 파목 등)를 주원료로 만든 판재의 총칭이고, 목질섬유를 주원료로 하는 것이 대부분이며, 파이버보드(fiber board) 또는 텍스(tex) 등으로 불린다. 천연목재에서 나타나는 갖가지 결점을 보완하기 위해 만든 인조목재의 일종이다.
섬유판은 비중에 따라 연질섬유판(soft fiber board, softboard) · 반경질섬유판(semihard fiber board) · 경질섬유판(hard fiber board)으로 분류한다. 규격은 한국산업규격(KS F 3201, 3202, 3203)에 규정되어 있다.
연질섬유판은 건축물의 내장 및 흡음 · 단열 · 보온을 목적으로 만든 비중 0.4 미만의 보드(board)이고, 반경질섬유판은 유공흡음판 및 수장판으로 사용하는 비중이 0.4~0.8 정도의 보드이며, 경질섬유판은 비중이 0.8 이상이고 강도 · 경도가 비교적 큰 보드로서 수장판으로 사용한다.

섬유판 · 파티클보드

② 파티클보드(particle board)는 목재의 작은 조각(부스러기), 즉 삭편(shaving)을 합성수지 접착제와 같은 유기질의 접착제를 사용하여 가열 · 압축해 만든 판재로서, 칩보드(chip - board)라고도 한다.

파티클보드는 표면의 연마(abrasion) 유무에 따라 양면연마, 한면연마, 소판(nature plate)의 3종류가 있고, 난연도에 따라서는 보통 또는 난연으로 분류하기도 한다. 강도가 크고 내력적이므로 상판으로 사용하고, 기공이 용이하고 접착성(abhesiveness)이 우수하여 벽이나 천장 등의 수장재 및 칸막이벽재 등에도 사용한다. 파티클보드의 표면을 아름답게 치장하여 만든 파티클보드 치장판(prefinished particle board)도 있다. 규격은 한국산업규격(KS F 3104, 3105)에 규정되어 있다.

7.9.3 플로어링보드 · 쪽매판

① 플로어링보드(flooring board)는 판재의 옆면과 마구리면에 제혀(tongue)와 홈(groove)을 파서 접합에 편리하게 만든 것을 말하며, 마룻널(floor board)이라고도 한다. 또한 마루판(floor board, flooring)이라고도 부른다. 플로어링보드는 주로 바닥의 마루깔기에 사용되고, 두께 9mm, 너비 60mm, 길이 600mm 정도가 가장 많이 쓰이며, 규격은 한국산업규격(KS F 3103)에 규정되어 있다.

플로어링보드는 무늬목치장합판 플로어링보드(sliced veneer fancy plywood for flooring board)와 방부처리 플로어링보드(preservative treatment for flooring board)가 있다. 무늬목치장합판 플로어링보드는 합판(판재) 표면에 두께 1mm 내외로 벗겨낸 얇은 무늬목(veneer)을 치장재로 접착시키고 양측면을 제혀쪽매로 가공한 마루판으로 많이 사용되고 있다. 방부처리 플로어링보드는 목재 내부에 방부효력이 있는 성분의 방부제를 주입하고 건조하여 건조된 목재 재면의 양측면을 제혀쪽매로 가공한 것으로 습기 등에 접한 곳의 마루판으로 사용되고 있다. 또한 마루판은 원목마루판(strip flooring), 온돌마루판(ondol flooring), 강화마루판(laminated flooring)으로 구분한다. 원목마루판은 원목을 그대로 사용하여 가공한 마루판이고 온돌마루판은 합판을 사용 그 표면에 무늬목을 접착시킨 후 합성수지계 도료로 코팅(coating)처리하여 만든 마루판이다. 강화마루판은 접착제로 배합된 미세한 목분(wood flour)을 일정한 고온의 압력하에 가공한 고밀도섬유판(high density fiberboard : HDF)을 사용 그 표면에 무늬목 또는 인쇄무늬목 전사지

마룻널 · 마루판 · 쪽매판

(transfer paper) 등을 접착시켜 만든 마루판이다. 원목마루판은 값이 비싸기 때문에 많이 사용되고 있지 않고, 온돌마루판은 주택 등의 바닥재로 일반적으로 많이 사용되고 있다. 특히 강화마루판은 충격에 강하고 내마모성 · 내압 · 인성 등이 뛰어나 유지관리가 쉬우므로 일반 건축물의 바닥재료로도 많이 사용되고 있다. 습기에 의한 팽창, 동절기 수축으로 틈새 발생에 유의해야 한다.

② 쪽매판(parquetry, wooden mosaic)은 마룻널 길이를 그 너비의 정수배로 하여 3장 또는 5장씩 붙여서 길이와 너비가 같게 4면을 제혀쪽매

(tongue and groove, match), 즉 옆제혀쪽매(tongue and grove side match) 및 마구리제혀쪽매(tongue and groove end match)로 해서 만든 정사각형의 블록으로서 플로어링블록(flooring block)이라고도 부른다. 보통 25~30cm의 정사각형에 두께는 12~18㎜의 것이 많이 쓰이고, 목조바닥 또는 콘크리트바닥의 마루판용으로 쓰인다. 규격은 한국산업규격(KS F 3123)에 규정되어 있다.

7.9.4 집성목재와 적층목재

① 집성목재(glue - laminated timber)는 제재판재 또는 소각재 등의 각판재(laminations)를 서로 섬유방향을 평행하게 하여 길이 · 너비 및 두께 방향으로 겹쳐 접착제로 붙여서 만든 목재이다.

집성목재는 강도상 요구에 따라 단면과 치수를 변화시킨 구조재료, 즉 대단면 · 장대재 · 완곡재로 설계 · 제작할 수 있고, 아름다운 외관과 균일한 품질을 갖도록 만들 수 있을 뿐만 아니라 충분히 건조된 건조재를 사용함으로써 비틀림 · 변형 등이 생기지 않는 인공목재(artifical wood)로 만들 수 있다는 등의 특징 때문에 보 · 기둥 · 아치(arch) · 트

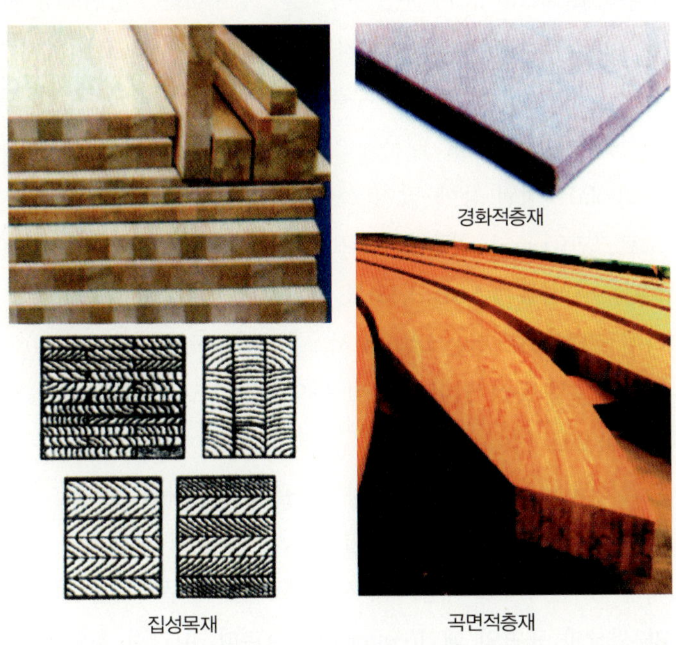

집성목재 · 적층목재

러스(truss) 등의 구조재료로 또는 계단·디딤판·노출된 서까래 등의 장식용으로 널리 쓰이고 있다. 최근에는 경골구조(ballon construction)에서 완곡재(slow curve material)를 만들어 큰 스팬(span)의 부재로도 쓰인다. 집성목재가 합판과 다른 점은 판의 섬유방향을 거의 평행으로 접착하고 홀수가 아니어도 되는 점, 또 합판과 같이 박판(sheet, thin plate)이 아닌 점 등이다.

② 적층목재(laminated wood)는 단판과 같은 박판이 아닌 두꺼운 판(두께 1.5~5cm)을 여러 장 겹쳐 접착시킨 목재이다. 제조는 합판과 유사하다. 합판이 판상재인데 비하여 적층목재는 주로 각재로서 이용된다. 적층목재는 목재의 불균일성을 개선하고, 뒤틀림을 적게 하며, 또 곡면재, 장대재를 만드는 데 적합하다. 적층목재는 합판의 단판에 페놀수지(phenolresin) 등을 침투시켜 열압하여 만든 경화적층재(hardening laminated wood)와 적층방법을 이용하여 곡면재로 만든 곡면적층재(curved surface laminated wood)가 있다.

7.9.5 방부목·코르크판·무늬목

① 방부목(treated timber)은 목재를 방부하는 방법 중에서 주입법(grouting process) 또는 침지법(steeping process)에 의해 방부처리된 목재를 말한다. 방부목은 수분·곰팡이균·해충으로부터 보호하고 내구성을 향상시키기 때문에 주로 외벽재·외부바닥재 또는 파고라(pergola)·정원 등에 많이 쓰이고 있다.

② 코르크판(cork board)은 코르크나무(지중해 연안이나 남방에 있는 상록수) 수피(두께 5cm 정도)를 원료로 하여 그 분말로 가열, 성형, 접착하여 판형으로 만든 것으로서, 유공판(perforated board)이므로 단열성·흡음성 등이 있어 방송실 등의 천장 또는 안벽의 흡음판(acoustical board)으로 많이 사용한다.

③ 무늬목(wood veneer)은 색상 및 결이 아름다운 원목을 종이처럼 얇게 벗겨낸 것을 말한 것으로, 합판 등의 표면에 부착시켜 원목의 질감을 내는 등 장식재로 다양하게 사용되고 있다. 무늬목은 원목의 수종에 따라 색상과 표면의 패턴(pattern)이 다르다. 따라서 용도에 따라 그 선택

이 필요하다.

합판 또는 원목 마룻널의 표면에 무늬목을 부착시킨 것을 무늬목 치장 합판 플로어링보드(sliced veneer fancy plywood for flooring boad)라 하고 한국산업규격(KS F 3111)에 규정되어 있으며, 시중에는 합판마루무늬목, 강화마루무늬목, 원목마루무늬목 등으로 생산·판매하고 있다.

방부목

코르크나무 수피 및 코르크판 표면

무늬목 색상 및 표면 패턴

방부목 · 코르크판 · 무늬목

08 유 리

8-1 개 요

유리(glass)는 중세기부터 창유리로 제조되어 사용되었으나 양적으로는 매우 적었고, 18세기 말에 소다유리(soda glass)가 발명되면서 제조방법도 개선되어 유리 제조공업이 크게 발달하였고 대량생산하게 되었다. 우리나라에서는 후한시대 이후 삼한시대에 도입한 것으로 추정된다.

유리는 철·시멘트와 함께 건축의 기본재료로 현대건축에서 빼놓을 수 없는 중요한 재료이다. 유리는 광선(ray)을 투과(transmisson)시키는 반영구적이고, 내구성 있는 불연재료(non-combustible materials)로서 품질이 균일하게 대량생산이 가능한 재료이지만 충격강도(impact strength)가 약하여 파손되기 쉽고, 연소에 약하며, 단열·차음효과도 다른 재료에 비하여 떨어지는 결점을 가지고 있다. 그러나 근대에 와서는 유리제조기술의 발달로 여러 결점이 보완된 유리가 개발되면서부터 건축의 다양한 용도로 널리 사용하고 있다.

8-2 유리의 주성분 및 제조

① 유리의 주성분은 이산화규소(SiO_2)·소다(Na_2O)·석회(CaO)이고, 기타

성분으로는 붕산 · 인산 · 산화마그네슘 · 알루미나 · 산화아연 등을 소량 함유하고 있다.

유리에 특수성을 부여하기 위해서 주성분에 산화제(oxidizing agent : 질산칼륨 · 질산나트륨 등), 환원제(reducing agent : 산화제일석 등), 청징제(purify agent : 황산나트륨 · 질산소다 · 질산가리 등), 착색재료, 탈색재료의 부원료를 소량 첨가하기도 한다.

② 건축용 유리의 일반적인 제조공정은 주원료 및 부원료 분쇄 → 계량 → 혼합(혼합기) → 용융(1,400~1,600℃) → 성형 → 서랭 → 가공(절단) → 건조 → 검사 → 제품 출하의 순이다.

성형방법에는 인양방식인 콜번(colburn)방식 · 푸르콜(fourcoult)방식 및 피츠버그(pittsburg)방식이 있고 인양방식 외에도 플로트(float)방식 · 롤아웃(roll - out)방식 · 프레스(press)방식이 있다. 보통판 유리인 경우는 용융유리(melting glass, fusion glass)를 수평으로 잡아당기는 콜번방식과 용융유리를 수직으로 끌어올리는 푸르콜방식이 사용되었으나 최근에는 용융금속의 액상면(liquid surface) 위에 용융시킨 유리를 띄우면서 성형하여 평활면을 얻는 플로트방식이 주된 생산방법으로 되었다. 두꺼운 판유리(6mm 이상)나 표면에 굴곡이 있는 유리인 경우에는 용융유리를 롤러(roller) 사이에 흘려서 성형시킨 롤러방식(roller process)을 사용하여 제조한다.

8-3 유리의 성질

유리의 성질은 일반적으로 그 성분에 따라 큰 차이가 있다. 또한 물리적 · 화학적 성질은 조성과 열처리(heat treatment)에 따라 크게 달라진다.

(1) 역학적 성질

① 비중 : 성분에 따라 2.2~6.3의 범위에서 달라지는데 보통판유리는 2.5 내외이다. 유리의 무게는 두께 1mm당 넓이 1㎡ 무게로 표시할 때가 많다.

② 경도 : 성분과 열처리에 따라 다르고, 정장석(orthoclase)의 경도와 비슷한 5~7이지만 보통의 것은 6내외이다.

③ 강도 : 조성과 열처리에 따라 다르고, 두께와도 관계가 있다. 압축강도는 5,000~12,000kgf/㎠, 인장강도(tensile strength)는 300~800kgf/㎠, 휨강도(bending strength)는 250~ 750kgf/㎠이다. 이중에서 창유리는 휨강도가 중요하다. 그리고 바람이 많은 지방이나 고층건축물의 상부 유리면은 풍속 및 풍압에 따른 내풍압강도(wind resisting pressure strength)를 고려해야 한다.

④ 선팽창계수 : 유리의 종류에 따라 크게 차이가 있는데, 보통판유리는 20~400℃에서 $8\sim11\times10^{-6}$의 범위이다.

(2) 물리적 성질

① 열 및 전기에 대한 성질 : 일반적으로 열전도율(heat conductivity) 및 열팽창률(thermal expansion conductivity)이 작고, 비열(specific heat)은 크므로 부분적으로 급히 가열하거나 냉각시키면 파괴되기 쉽다. 전기에 대해서는 건조상태에서 부도체(nonconductor)이나 공중의 습도가 많으면 유리표면에 습기가 흡착되므로 절연성이 작아진다.

보통판유리가 가열되어 녹는 온도인 연화점(softening point)은 720~750℃ 정도로서 화재가 발생하면 유리는 용융한다. 열에 견딜 수 있는 내열성(heat resistance)은 2mm 유리 두께는 105℃ 이상, 3mm 유리 두께는 80~100℃ 이상, 5mm 유리 두께는 60℃ 이상에서 부분적인 온도차가 발생하면 파괴된다.

② 빛에 대한 성질 : 유리의 성분 · 두께 · 표면의 평활도 · 맑은 정도 등에 따라 다르고, 또한 광선의 파장(wave length)에 따라서도 달라진다. 굴절률(refraction factor ; 공기 중 빛의 속도와 유리 중 빛의 속도의 비율)은 1.5~1.9(보통판유리는 1.52 정도)이고, 납을 함유하면 높아진다. 유리면에는 빛의 정반사(regular reflection)와 확산반사(diffued reflection)가 일어나는데 입사각(angle of incidence)이 클수록 확산도는 적어지고, 90° 정도에서는 정반사가 되며 전반사(total reflection)에 가깝게 된다. 반사는 굴절률과 입사각에 비례하여 증대한다. 보통판유리에서 입사각이 90°인 경우에도 표면과 뒷면에서 약 8% 정도 확산반사(난반사)가 일어난다.

③ 흡수 및 투과 : 일반적으로 깨끗한 창유리의 흡수율(absorptance, absorptivity)은 2~6% 정도이고, 두께가 두꺼울수록 또는 불순물이 많고 착색이 진할수록 높아진다. 투과율(transmission factor)은 투사각이 0°(즉 유리면에 직각)일 때 최고 92%로서 투명하고 깨끗한 창유리 및 맑은판유리는 최고 92%의 광선을 투과하지만 서리판유리와 같은 불투명유리는 약 80~85%이다. 광선의 파장이 짧으면 투과율이 떨어진다.

(3) 화학적 성질

① 물의 작용 : 창유리가 장기간 외기에 노출되어 있으면 대기 중의 수분과 탄산가스·아황산가스·암모니아가스 등의 각종 가스에 의하여 풍화작용(weathering)을 받아 유리표면에 기름이 번지거나 횟가루가 돋아날 수 있다.

② 화학작용과의 관계 : 창유리는 약한 산(acid)에는 침식(erosion)되지 않지만 염산·황산·질산 등에는 서서히 침식되며, 수산화나트륨·수산화칼륨 등에는 침식되어 성분 중의 규산분을 잃게 된다. 유리를 침식시키는 것은 불화수소(hydrogen fluoride)인데, 이 성질을 이용하여 유리기구에 눈금이나 마크(mark) 등을 만든다.

8-4 유리의 종류

유리의 종류는 화학적 성분 및 용도에 따라 매우 다양하다. 건축공사에 쓰이는 유리는 대부분 소다석회유리(sodiumlime glass)이고, 다음과 같이 판유리(면적유리)와 성형유리(체적유리)로 대별한다.

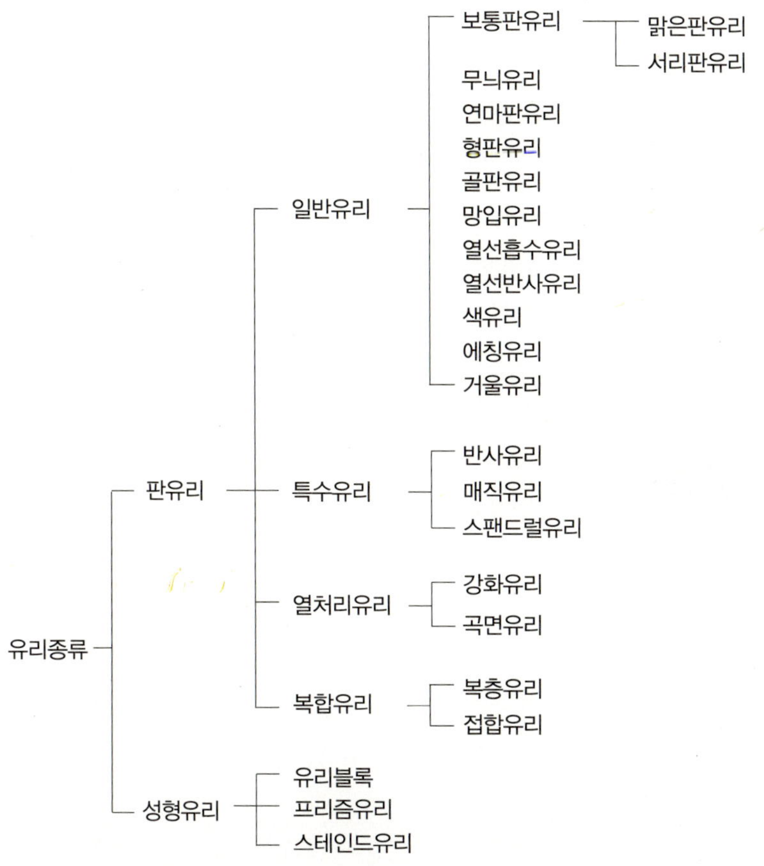

8-5 건축용 유리 제품

8.5.1 보통판유리

건축물의 창호 등에 통상적으로 사용되는 판유리(sheet glass)로서, 그 표면이 제조된 그대로의 평활한 면을 가진 맑은판유리(clear glass)와 맑은판유리의 한 면을 규사(silica sand) 등으로 갈거나 때리거나 기타 부식 등 방법으로 표면의 광택을 지워 불투명한 상태로 하여 명확히 볼 수 없게 가공된 서리판유리(obscured glass)로 구분한다. 맑은판유리를 투명판유리라고도 하며, 주로 창호에 많이 사용되고, 서리판유리를 흐린판유리(dimglass)라고 하

보통판유리(맑은유리)

보통판유리(서리판유리)

여 주로 실내칸막이 또는 장식용으로 쓰이고 있다. 또한 일반 창호에 쓰이는 두께 6mm 이하의 판유리를 얇은판유리(sheet glass) 또는 박판유리(laminated glass)라 하고, 6mm 이상의 것을 두꺼운 판유리(plate glass) 또는 후판유리(thick plate glass)라고도 한다. 두께 2mm의 판유리를 보통유리라 하고, 두께 3mm의 판유리를 정일푼(正一分)유리라고 할 때도 있다.

두꺼운판유리는 채광용보다는 실내차단용 · 칸막이벽 · 통유리문 · 특수구조 등에 쓰인다. 일반적으로 목제창호용으로는 2mm, 강제창호용은 3mm 두께를 쓴다.

보통판유리의 규격은 한국산업규격(KS L 2001)에 규정되어 있으며, 유리는 9.29㎡(100ft^2) 1상자 단위로 판매되고 있다. 유리는 기포(foam), 이물질의 혼입, 균열(crack), 모서리 결함, 줄금(crackle) 및 표면파상, 반점(spot), 흐림, 긁힘, 만곡(curve) 등의 결함(defect)이 없어야 하며, 이러한 결함이 없는 유리를 양질의 유리, 즉 고급유리라 할 수 있다.

8.5.2 무늬유리 · 형판유리

① 무늬유리(embossed glass)는 투명판유리의 한쪽면이나 양쪽면에 여러 가지 모양의 무늬를 만들어 장식적 효과를 내고 실내의장 겸 투시(seeing through)방지를 위한 것이다. 무늬모양은 다음 그림과 같은 여러 가지가 있고, 규격은 한국산업규격(KS L 2005)에 규정되어 있다. 무늬유리는 맞은편으로부터의 투시를 적당히 차단하여 프라이버시(privacy)를 확보해주는 특징 때문에 일반주택의 창호, 호텔, 사무실, 매장 등의 실내칸막이벽에 주로 사용한다.

② 형판유리(patterned glass, rolled glass)는 한면 또는 양면에 각종 무늬를 돋힌 것으로 만든 반투명판유리로서 현판유리(patterned glass)라고도 하며, 모양에 따라 줄무늬형 · 바둑판무늬형 · 다이아몬드형(diamond shape) · 주름형 등이 있다.

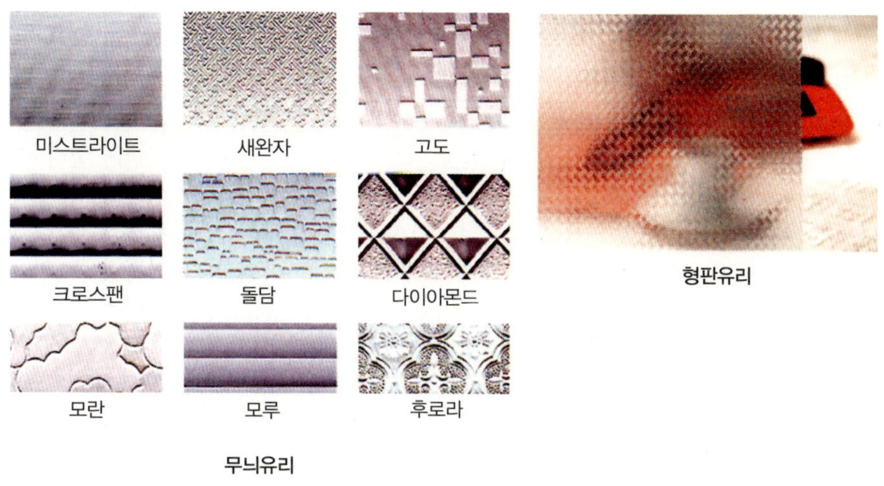

무늬유리 · 형판유리

8.5.3 연마판유리 · 플로트판유리 · 망입유리 · 골판유리

① 연마판유리(polished plate glass)는 후판유리의 양면 또는 한면을 연마(polishing) · 가공(working, processing)하여 평활하게 만든 판유리로서, 투시성(perspectiveness) 및 투명성(transparency)이 우수한 고급유리로서 쇼윈도(show window)의 큰 개구부나 고급건축물의 외부창 유리로 쓰인다.

② 플로트판유리(float plate glass)는 플로트방식(float process)에 의해 생산되는 광택이 우수한 맑은유리로 연마판유리와 같은 정도의 평활한 표면이고, 다시 연마하지 않고 거울유리나 강화유리 · 접합유리 · 복층유리 등에 그대로 사용할 수 있다.

③ 망입유리(wire glass, wired glass)는 유리 내부에 금속망(metal wire)을 삽입하고, 압착 성형한 판유리로서 철망유리 또는 그물유리라고도 한다. 망입유리는 깨지는 경우에도 파편이 튀지 않으므로 유리파편(glass

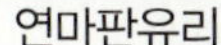

연마판유리

플로트판유리

piece)에 의한 상해가 없을 뿐만 아니라 연소도 방지할 수 있어 유리의 파손방지, 파편비산방지, 도난 및 화재방지, 위험한 천장, 엘리베이터의 문, 진동에 의하여 파손되기 쉬운 곳에 쓰인다. 규격은 한국산업규격(KS L 2006)에 규정되어 있다.

④ 골판유리(corruga glass, waveglass)는 유리의 한면에 각종 무늬를 골이 지게 만든 유리로서, 주로 천창을 필요로 하는 공장지붕깔기 등의 유리지붕에 사용한다. 규격은 한국산업규격(KS F 4802)에 규정되어 있다.

8.5.4 열선흡수유리 · 열선반사유리

① 열선흡수유리(heat absorbing glass)는 보통판유리 조성에 산화철 · 니켈 · 코발트 등의 금속산화물을 미량 첨가하여 열선흡수(heat ray absorbing)를 크게 하고 착색이 되게 한 유리로서, 일명 단열유리(heat insulating glass)라고도 한다. 색상의 종류는 녹색 · 청색 · 회색 · 갈색 등이 있는데, 각각 광선을 흡수하는 파장(wave length)의 영역이 약간 다르다. 열복사의 차단을 위한 외부창, 번쩍거림방지가 필요한 창, 공조설비를 갖는 건축물의 창 등에 사용한다. 규격은 한국산업규격(KS L 2008)에 규정되어 있다.

② 열선반사유리(solar reflective glass)는 유리 한 면에 열선반사막(금속, 금속산화물)을 입힌 판유리로서, 가시광선의 투과율이 30% 정도 낮아 외부로부터 시선을 차단할 수 있고 열선에너지(heat ray energy)를 차단함으로써 단열효과가 매우 우수하다. 건축물의 외부창, 공조설비를 가지는 건축물의 창, 디자인(design)을 중시하는 건축물 등에 사용한다. 규격은 한국산업규격(KS L 2014)에 규정되어 있다.

열선흡수유리　　　　열선반사유리

열선흡수유리 · 열선반사유리

8.5.5 색유리 · 에칭유리 · 거울유리

① 색유리(coloured glass, pot metal glass, tinted glass)는 판유리에 착색제(colouring agent)를 넣어 만들거나 판유리 한 면에 특수필름코팅(special film coating)하여 여러 가지 패턴(pattern)과 색상을 낸 유리로서 컬러유리(color glass)라고도 한다. 코팅막(coating film)에 따라 소프트코팅(soft coating : 코팅막이 약하여 다양한 색상 연출 가능)과 하드코팅(hard coating : 코팅막이 강하여 가공 및 열처리가 가능)으로 구분된다. 코팅막의 밀도가 높고 균일한 코팅으로 되어 있을수록 좋은 색유리라 할 수 있다. 색유리는 사무실, 매장, 호텔 등 건축물의 내부마감재 및 장식용으로 쓰이고 있다.

② 에칭유리(etching glass)는 후판유리면에 그림이나 무늬모양, 문자 등을 화학적으로 새긴 유리로 일명 조각유리(sculpture glass)라고도 하며, 주로 장식용으로 실내장식, 층계의 난간 옆, 상업건축물의 주출입문 및 유리파티션(glass partition) 등에 주로 쓰인다.

③ 거울유리(mirror glass)는 판유리의 뒷면에 아말감(amalgam)을 도포하여 전반사(total reflection)로 되게 한 유리로 고급 연마판유리를 상품으로 하며, 주로 장식용으로 쓰인다. 규격은 한국산업규격(KS L 2104)에 규정되어 있다.

녹색 청색 청동색
색유리
에칭유리
거울유리

색유리 · 에칭유리 · 거울유리

8.5.6 반사유리 · 매직유리 · 스팬드럴유리

① 반사유리(reflective glass)는 특수기체(special gaseous body)로 표면처리를 하여 일정 두께의 반사막(reflecting film)으로 특수코팅하여 거울효과를 낸 판유리로서 거울유리(mirror glass)라고도 한다. 이 유리는 광선에 면한 쪽에서는 불투명하므로 낮에는 내부에서 투명하게 보이고 밤에는 외부에서 투명하게 보인다. 특히 열선흡수유리보다 열전도가 적어 공기조화(air conditioning)설비를 갖춘 건축물에 사용하기 좋다.

② 매직유리(magic glass)는 판유리 표면에 얇은 은막(silverfoil) 등의 반사성 금속피막(metallic membrance)을 입힌 유리로서 밝은 쪽에서 보면 반사되어 투시되지 않고, 어두운 쪽에서 보면 투시될 수 있는 성질을 가진 판유리이다. 매직거울(magic mirror)이라고도 하며, 방범용으로 현관문의 샛문(wicket door)이나 기타 특수한 곳에 쓰인다.

③ 스팬드럴유리(spandrel glass)는 플로트판유리의 한쪽 면에 세라믹질(ceramic matter)의 도료를 코팅(coating)한 다음 고온에서 융착(fusion) · 반강화(semi-strengthening)시킨 불투명한 색유리로서 스팬드럴(spandrel) 부분의 보 · 기둥 및 기타 구조재 등을 감추기 위해 창이나 커튼월(curtain wall)에 끼워넣는 유리판이다.

반사유리

스팬드럴유리

8.5.7 강화유리 · 복층유리 · 접합유리

① 강화유리(tempered glass, toughened glass, strong glass)는 판유리(맑은유리, 색유리 등)를 열처리한 후 전체 유리면에 공기를 뿜어 급랭시켜서 기계적으로 강화시킨 유리로서, 일종의 안전유리(safety glass)이다. 강화안전유리(tempered safety glass) 또는 강철유리(steel glass)라고도 하며, 규격은 한국산업규격(KS L 2002)에 규정되어 있다. 일반적으로 보통판유리보다 5배 정도의 내충격강도(quake impact strength)를 가지며 무게를 견디는 힘은 3~5배나 된다. 파손되더라도 콩알만한 알모양이 되고 예리한 파편(piece)은 없기 때문에 안전유리라고도 한 것이다. 그러나 절단 · 구멍뚫기 등의 재가공(reprocessing)이 곤란하므로 제작 전에 용도에 맞는 모양 및 치수로 가공해야 하며, 특히 12mm는 절단이 불가능하므로 제작 전에 소요치수를 정확히 해야 한다.

강화유리는 건축물의 창유리, 특히 테두리 없는 유리문, 에스컬레이터(escalator) 및 계단난간의 옆판, 엘리베이터(elevator)의 창, 고층건축물의 창이나 출입문 등에 많이 사용한다.

② 복층유리(pair glass)는 2장 또는 3장의 판유리를 일정한 간격을 띄고 둘레에는 틀을 끼워서 내부를 기밀하게 만들고, 여기에 건조한 공기를 넣거나 진공상태(vacuum state)로 한 후 밀봉 접착하여 만든 유리제품으로서 보통 페어글라스(pair glass)라고 부르고, 이중유리(double glass) 또는 겹유리(pair glass)라고도 한다.

복층유리는 단열 · 방서 · 방음효과가 크고 결로방지용으로도 우수하여 특히 에너지절약 차원에서 단열효과를 높여 주기 위해 주택의 외부창에 많이 사용하고 있다. 규격은 한국산업규격(KS L 2003)에 규정되어 있으며, 두께는 판유리의 두께와 공기층(air layer)의 두께를 합하여 표시한다. 예를 들면 5mm 판유리 2장과 공기층이 6mm인 복층유리의 두께는 16mm가 되며, 16(5+A6+5)으로도 표시한다.

③ 접합유리(laminated glass)는 2장 또는 그 이상의 판유리 사이에 유연성(softness) 있는 강하고 투명하면서도 접착성(adhesiveness)이 강한 플라스틱 필름(plastic film)인 폴리비닐부티랄 필름(polyvinyle butyral film)을 넣고 판유리 사이에 있는 공기를 완전히 제거한 진공상태(vacuum state)에서 고열과 압력을 가하여 강하게 접착시켜 파손되더

라도 그 파편이 접착제로부터 떨어지지 않도록 만든 안전유리의 일종이다. 접합유리를 접합안전유리(laminated safety glass)·합판유리

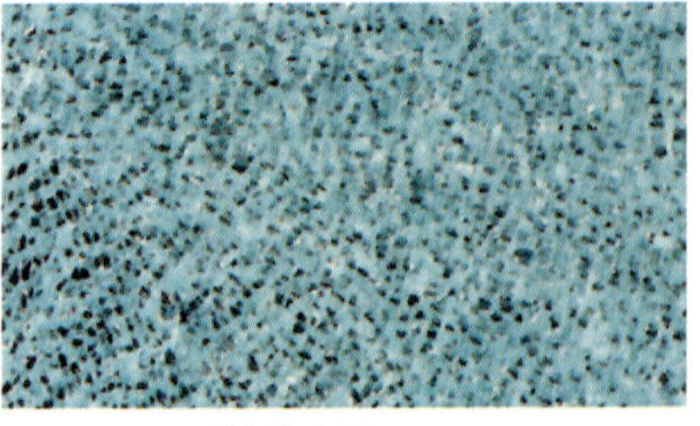

파손된 상태

강화유리

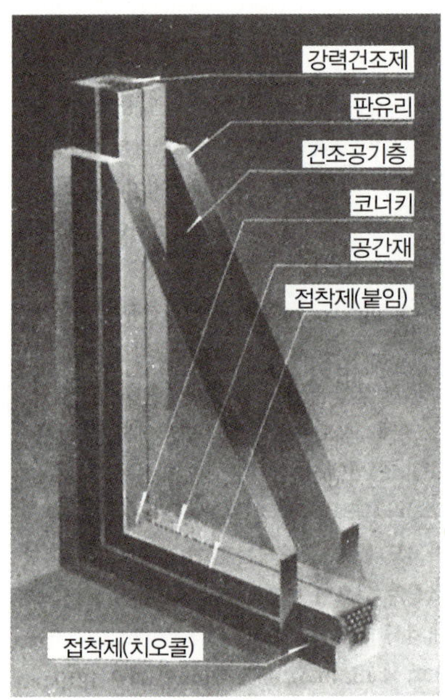

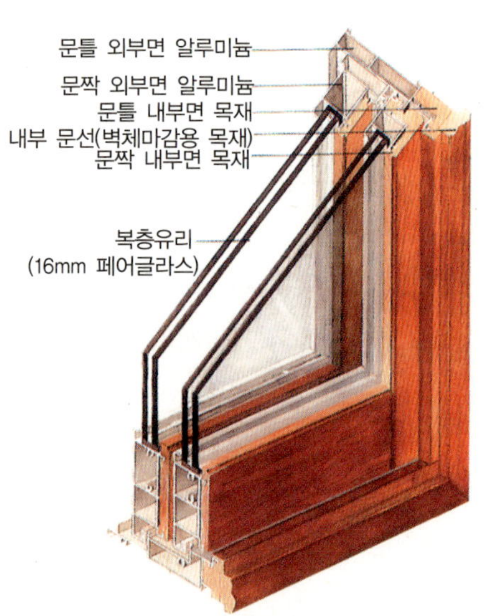

복층유리

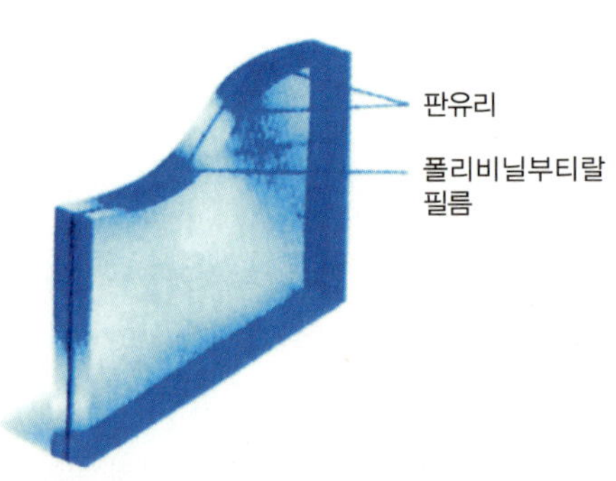

접합유리

(laminated glass)·합유리라고도 한다. 규격은 한국산업규격(KS L 2004)에 규정되어 있다. 두께는 2장의 판유리 두께에 폴리비닐부티랄 필름(PVB)의 두께(0.4mm, 0.8mm)를 더한 것으로 한다. 예를 들면 3mm 판유리+0.4mm PVB+3mm 판유리=6.4mm이다. 접합유리는 충격, 흡수력이 우수하고 쉽게 파손되지 않은 안정성(stability)과 소음을 흡수·차단해주고 단열 및 자외선을 차단해주는 효과가 있어 창이나 실내의 유리문, 채광지붕 등 안전함이 필요한 곳에 쓰이고, 특히 판유리 사이에 넣은 필름의 색상 및 문양에 따라 여러 가지로 연출이 가능하여 바닥·칸막이·조명장식 등 독특한 분위기 연출이 필요한 부위에 쓰이고 있다.

8.5.8 유리블록·프리즘유리·스테인드유리

① 유리블록(glass block)은 사각형이나 원형의 상자형 2개를 각각 둘레를 잘 맞추어 합쳐서 고열(약 600℃)로 용착(deposition)시켜 일체로 하고, 내부에는 0.5기압 정도의 건조공기를 봉입(sealing)한 중공유리제품 블록이다. 모양에 따라 정방형·장방형·둥근형·이형 등이 있고, 규격은 한국산업규격(KS F 4903)에 규정되어 있으며, 속빈유리블록(hollow glass block) 또는 데크유리(deck glass)라고도 한다. 단열을 겸한 채광을 위해 벽·바닥·천장 등에 장식용으로 쓰인다.

② 프리즘유리(prism glass)는 프리즘의 이론을 응용하여 만든 유리제품으로서, 한면은 톱니모양의 돌기(protrusion)가 열지어 있고 다른 면은 평활한 판유리로 되어 있다. 평평한 면으로 투사광선(seeing through light)이 투사되면 광선은 굴절·확산하여 실내를 균일하게 밝게 해주므로 주로 지하실 또는 지붕 등의 채광용으로 쓰이고 톱라이트유리(top light glass)·데크유리(deck glass)·포도유리(pavement glass)라고도 한다.

③ 스테인드유리(stained glass)는 색유리를 쓰거나 색을 칠하여 무늬 및 그림을 나타낸 유리로서 여러 가지 색유리를 도안에 따라 절단하여 I자형 납살(fret lead)에 끼워 납접한 것으로 모양을 내게 한 교회의 창·천장 또는 상업건축 등의 장식용으로 주로 쓰인다.

CROSS
145×145×95mm

PRISM
200×200×50mm
145×145×40mm

PRISM
190×190×100mm

유리블록

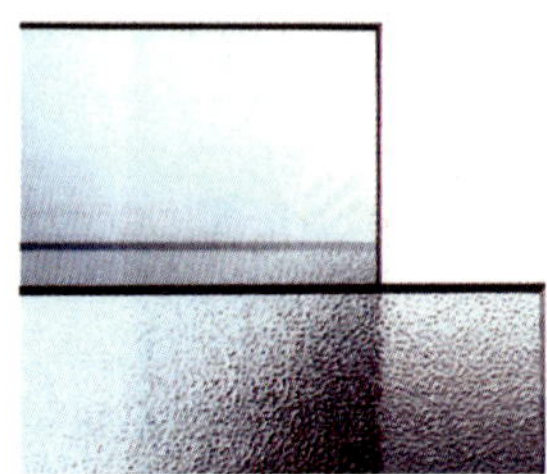

프리즘유리

09 플라스틱

9-1 개 요

플라스틱(plastic)이란 원래 가소성(plasticity)이란 말에서 유래한 것으로 이러한 성질을 갖는 물질, 즉 가소성을 가진 고분자 화합물(high polymer)을 총칭한 것이다. 플라스틱을 일반적으로 합성수지(synthetic resin)라고 부르기도 하는데, 합성수는 가소성이 풍부한 성질이 있으므로 플라스틱과 같은 뜻으로 쓰이는 경우가 많다. 플라스틱은 성형성·가공성이 좋고, 다양한 착색이 자유롭고, 전성(malleability)·연성(ductility)이 크며, 강도·경도·내식성·내후성·내수성·내열성·내구성 등이 높아 건축재료로서 여러 가지 방면으로 사용되고 있다.

9-2 플라스틱의 종류 및 특징

플라스틱은 성질과 성상에 따라 여러 가지 종류가 있으나 열에 대한 성질로 보아 다음과 같이 2가지로 대별할 수 있으며, 이에 대한 각 종류별 특징 및 용도를 들면 다음 표와 같다.

플라스틱의 종류 · 특징 및 용도

종 류		특 징	주용도
열가소성수지	아크릴수지	투광성이 크고, 내후성이 양호하며, 착색이 자유롭다.	채광판, 유리대용품
	염화비닐수지	강도 · 전기절연성 · 내약품성이 양호하고, 가소재에 의하여 유연고무와 같은 품질이 되며, 고온 · 저온에 약함.	바닥용 타일, 시트, 파이프, 조인트 재료, 접착제, 도료
	초산비닐수지	무색투명, 접착성이 양호, 각종 용제에 가용, 내열성이 부족	도료, 접착제, 비닐론 원료
	비닐아세틸수지	무색투명, 밀착성이 양호	안전유리 중간막, 접착제, 도료
	메틸메타크릴수지	무색투명, 강인, 내약품성이 상당히 크다.	방풍유리, 광조장식, 조명기구
	스티롤수지 (폴리스티렌)	무색투명, 전기절연성 · 내수성 · 내약품성이 크다.	창유리, 파이프, 발포보온판, 벽용 타일, 채광용
	폴리에틸렌수지	물보다 가볍고 유연 · 내열성이 결핍된 것도 있다. 내약품성 · 전기절연성 · 내수성이 매우 양호함.	건축용 성형품, 방수필름, 벽재 · 발포보온판
	폴리아미드수지 (나일론)	강인하고 잘 미끄러지며 내마모성이 큼.	건축물 장식용품
	셀룰로이드	투명, 가소성 · 가공성이 양호하지만 내열성이 없다.	대용유리, 수통 파이프
열경화성수지	페놀수지	강도 · 전기절연성 · 내산성 · 내열성 · 내수성 모두 양호하지만 내알칼리성이 약함.	벽, 덕트, 파이프, 발포보온판, 접착제, 배전판
	요소수지	대체로 페놀수지의 성질과 유사하지만 무색으로 착색이 자유롭고 내수성이 약간 약함.	마감재, 조작재, 가구재, 도료, 접착제
	멜라민수지	요소수지와 같으나 경도가 크고 내수성은 약함.	마감재, 조작재, 가구재, 전기부품
	알키드수지	접착성이 좋고 내후성이 양호, 성형이 가능, 전기적 성능이 우수함.	도료, 접착제
	폴리에스테르수지	전기절연성 · 내열성 · 내약품성이 좋고 제압성형이 가능 유리섬유를 보강재로 한 것은 매우 강인	커튼월, 창틀, 덕트, 파이프, 도료, 욕조, 대성형품, 접착제
	실리콘수지	열절연성이 크고, 내약품성 · 내후성이 좋으며, 전기적 성능이 우수함.	방수피막, 발포보온판, 도료, 접착제
	에폭시수지	금속의 접착성이 크고, 내약품성이 양호하며, 내열성이 우수함. 다소 고가임.	금속도료 및 접착제, 보온보냉제, 내수피막
	폴리우레탄수지	열절연성이 크고, 내약품성이 있으며, 내열성이 우수함.	보온보냉제, 접착제, 내수피막, 도료
	규소수지	내열성 · 전기절연성 및 발수성이 양호 다소 고가임.	전기부품, 기름발수제
	푸란수지	내약품성 · 접착성이 양호, 흑색임.	금속도료, 금속접착제

(1) 열가소성수지(thermoplastic resin)

열가소성수지는 가열하거나 용제(solvent)에 녹여서 자유롭게 가공할 수 있는 수지류로서 열가소성 플라스틱이라고도 한다. 이 수지는 몇 번이라도 가열만 하면 녹아서 물렁물렁해지기 때문에 원하는 대로 어떤 모양으로든지 만들 수 있으며, 식으면 굳어진다. 즉 열경화성수지와는 달리 가열했다가 식혀도 화학구조의 변화는 없고 다만, 물리적 변화만을 한다.

열가소성 수지는 성형하기에 좋고 투광성(permeableness)이 좋지만 강도 및 연화점(softening point)이 낮은 결점이 있어 구조재료로 사용하기에는 적당치 않지만, 가격이 비교적 저렴하다는 점에서 마감재로 사용하기에 적당하다.

(2) 열경화성수지(thermosetting resin)

열경화성수지는 가열하거나 용제에서도 다시 용해(dissolution)되지 않는 수지류로서 열경화성 플라스틱이라고도 한다. 이 수지는 열과 압력을 가하면 가소성이 나타나 원하는 대로 어떠한 모양으로도 만들 수 있으나 한 번 식었다 굳으면 수지의 화학적 구조가 달라져 열을 다시 가해도 부드러워지지 않는다. 따라서 2차 성형이 어렵다.

9-3 플라스틱 제품의 구성 및 종류

9.3.1 플라스틱 제품의 구성

합성수지를 주원료로 하여 만든 제품을 플라스틱제품(plastics products)이라 한다. 플라스틱제품은 합성수지 자체, 즉 단일재료만으로 만든 것, 합성수지에 충전재 및 보강재를 혼합하여 강도 및 내후성 등을 증가시켜 만든 것, 합성수지를 다른 재료에 적층(lamination)하여 만든 것, 합성수지에 발포제를 넣어 다공질(porosity)로 만든 것 등 여러 가지 상태로 구성되어 있다. 건축용 플라스틱제품의 일반적인 구성내용을 들면 다음 표와 같다.

플라스틱제품의 구성

종 류	구 성	제품 예
단일재료	합성수지만으로 착색제 외에는 혼입하지 않은 것.	아크릴평판 및 골판, 염화비닐판, 폴리스티렌투명판 등
충전재 혼입재료	합성수지에 탄산칼슘·금속분말·유리섬유·석면·목분 등을 섞어서 보강을 꾀하는 것.	폴리에스테르강화판, 염화비닐판 및 타일, 아스팔트타일, 비닐타일 등
적층재료	합성수지를 타재료에 적층하는 것 또는 종이 ·직물 등에 침지(浸漬)한 것을 여러 겹 적층한 것.	폴리에스테르치장판, 멜라민치장판, 페놀수지판, 리놀륨·리놀륨타일 등
다공질재료	합성수지에 발포제를 혼입하여 다공질로 만든 것.	스티로폴, 플라스틱스펀지, 허니콤재, 발포폴리우레탄 등
합성수지 섬유재료	합성수지를 용제에 녹여 섬유화한 것으로 만든 것.	염화비닐리덴섬유, 폴리에스테르섬유, 나일론, 비닐계 섬유, 아크릴 등
수지가공재료	합성수지를 종이나 직물 등에 침지하여 강도나 내수성을 증대시키는 것.	합성수지 종이 및 천
도장마감재료	합성수지를 용제에 희석하거나 전색제로 하는 도료로 만든 것.	합성수지 스프레이 코팅재, 플라스틱 라이닝, 비닐모르타르 등
접착제·코킹재	합성수지를 주성분으로 하여 만든 것.	에폭시수지접착제, 비닐수지접착제 등 또는 유성코킹재

9.3.2 플라스틱 제품의 종류

플라스틱제품에는 판상·바닥판·레저 및 필름·수지관류·다공질제품·도장마감재·접착제 등 용도에 따라 여러 종류 및 형상이 있다. 건축용 플라스틱제품을 사용부위별로 구분하여 예를 들면 아래 표와 같다.

건축용 합성수지제품 예

용재구분	제품 예
지붕재	폴리에스테르경화파형판, 아크릴파형판, 염화비닐파형판 등
외벽재	폴리에스테르경화평판, 멜라민합성판, 아크릴불투명판, 염화비닐평판, 폴리스티렌강화판, 페놀수지합판 등
내벽재	폴리에스테르치장판, 멜라민치장판, 아크릴평판, 염화비닐치장판, 폴리스티렌타일, 염화비닐리덴시트 등
채광재	아크릴투명판, 염화비닐투명판, 폴리스티렌투명판, 초산·셀룰로오스투명판 등

건축용 합성수지제품 예 (표 계속)

용재구분	제품 예
천장판	폴리에스테르강화판, 아크릴투명판, 염화비닐적층판, 비닐필름 흡음판, 폴리스티렌 적층반 등
바닥판	염화비닐타일, 비닐시트, 폴리스티렌타일, 쿠마론수지타일, 폴리에스테르도장재 등
설비재	폴리에스테르세면기, 멜라민치장판, 아크릴제 수도꼭지, 염화비닐파이프, 폴리에스티렌파이프 및 부속품, 페놀수지파이프 등
단열재	폴리에스테르발포제, 염화비닐스펀지, 폴리스티렌발포제, 폴리에틸렌스펀지, 합성고무스펀지 등
기밀재	염화비닐방수판 및 조이너, 폴리에틸렌패킹, 합성고무제품 등
도 료	폴리에틸렌수지 이외의 모든 수지를 용제에 녹여서 원료로 쓸 수 있음.
기 타	폴리에스테르필름, 멜라민가구재, 아크릴가구재, 염화비닐창호바퀴 · 튜브 · 호스, 페놀수지전기재, 경구조재 등

9-4 주요 플라스틱 제품

9.4.1 바닥판재

(1) 염화비닐타일(polyvinyl chloride tile) · 비닐시트(polyvinyl chloride sheet) · 비닐타일(vinyl tile)

① 염화비닐타일은 염화비닐에 가소제(plasticizer)를 섞어서 연질물로 만든 것에 충전제(filler)로 석분(stone powder) · 코르크분말(cork powder) 등을 혼합하고, 이에 안료를 섞은 것을 가열하면서 롤러로 압연 · 성형한 것으로서, 착색판 · 무늬판(마루판 무늬, 대리석판 무늬) 등이 있다. 탄력성이 좋고 내마모성이 있으며 내약품성이 좋아 바닥판으로 주로 쓰이고, 바닥판 이외에 계단의 논슬립용으로 사용한다. 상품으로는 플라스틱타일 · 비닐아스타일 · 논슬립 등이 있다.

② 비닐시트는 염화비닐과 초산비닐의 공중합체(copolymer)를 원료로 하여 펄프 등의 충전제로 쓰고 안료를 혼합하여 열압 · 성형한 시트

(sheet)로서, 부드럽고 보행촉감이 좋으며 자국이 생겨도 빨리 회복되고, 마모도 적으므로 바닥마감재로 많이 쓰인다. 상품으로는 론륨 · 플라스터륨 · 비닐륨 등이 있다.

③ 비닐타일은 아스팔트 · 합성수지 · 광물분말 · 안료 등을 혼합 · 가열하여 시트형으로 만들어 30cm각 정도로 절단한 판이다. 촉감 · 미감 · 탄력이 좋고, 내화학성이 있으며, 마멸성이 적어 자국이 생겨도 곧 회복되므로

염화비닐타일

비닐시트

비닐타일

염화비닐타일 · 시트 및 비닐타일

바닥마감재 또는 마루재 등으로 많이 쓰인다. 염화비닐을 주원료로 만든 비닐타일이 있고, 특히 쿠마론인덴수지(cumarone-inden resin)를 주원료로 하여 만든 비닐아스타일(vinyl - as - tile)은 여러 가지의 선명한 색재와 촉감이 좋은 바닥재이다.

(2) 아스팔트타일(asphalt tile) · 스펀지시트(sponge sheet)

① 아스팔트타일은 아스팔트와 쿠마론인덴수지를 원료로 하고, 목분(wood flour) 및 기타 충전제와 안료를 혼합하여 착색 · 열압한 것으로서 두께는 3mm 정도이고 크기는 30cm 각으로 절단한 것이다. 촉감 · 탄력 · 미관 · 내화학성 · 내마멸성이 우수하고 자국이 나도 곧 회복되므로 바닥마감재로 쓰인다. 그러나 내유성 및 내열성이 낮은 결점이 있다. 상품으로는 아스타일 · 에스타일 등이 있다.

② 스펀지시트는 염화비닐수지를 원료로 하고, 가소제 · 충전제 · 발포제 등을 혼입하여 스펀지층 위에 염화비닐 착색막을 붙여서 만든 것으로 탄력성이 크며 내마모성 · 단열성 · 방음성이 우수하므로 바닥 및 내벽재로 쓰인다.

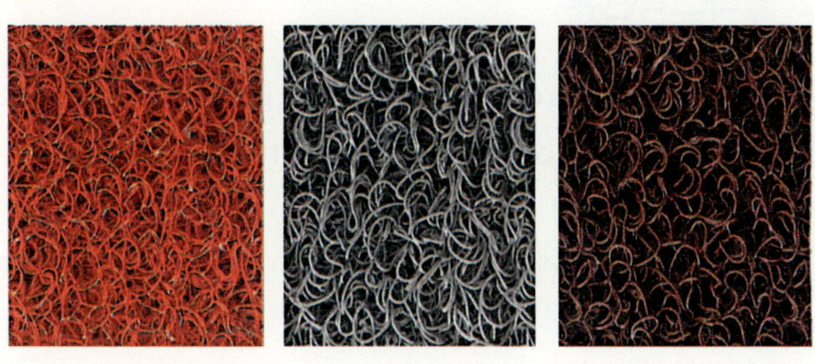

스펀지시트

(3) 리놀륨(linoleum) · 리놀륨타일(linoleum tile)

① 리놀륨은 아마인유(linseed oil)의 산화물인 리녹신(linoxyn)에 수지 · 고무질물질 · 코르크분말 · 안료 등을 섞어 마포(hemp cloth) 같은 것에 발라 두꺼운 종이 모양으로 압연 · 성형한 제품으로서 깨끗하고 부드러우며 내열성 및 탄력성이 있어 바닥재로 사용하면 부드럽고 보행촉감도 좋다. 벽의 수장재로도 쓰인다.

② 리놀륨타일은 리놀륨과 동질이고, 뒷면에 마포를 대지 않고 30cm 각

또는 90cm×90cm, 90cm×180cm의 크기로 절단한 것으로서 단색과 대리석 무늬가 있으며, 주로 바닥재로 쓰인다.

리놀륨 · 리놀륨타일

9.4.2 플라스틱관류

(1) 경질염화비닐관(hard vinyl chloride pipe) · 폴리에틸렌수지관 (polyethylene resin pipe)

① 경질염화비닐관은 염화비닐수지에 안정제 · 안료를 첨가하여 가열한 것을 압축 · 성형하여 관으로 만든 것으로서 급 · 배수관 및 전선관 등에 주로 이용한다. 시중에서는 통상 PVC관(PVC파이프)라 부른다.

플라스틱관

② 폴리에틸렌수지관은 폴리에틸렌수지 원료를 고압 또는 저압으로 압축·성형한 관 제품으로서, 고압압축법에 의한 것은 부드럽고, 저압압축법에 의한 것은 약간 경질이다. 급·배수관 및 전선관 등에 사용되며 내열성이 있으므로 가격이 비싼 편이다. 시중에서는 통상 PE파이프라 부른다.

(2) 염화비닐홈통(polyvinyl gutter)·염화비닐튜브(polybinyl tube)

① 염화비닐홈통은 염화비닐 원료에 안정제를 넣어서 가열·압축·성형한 홈통으로서 색은 회색이고, 에스론홈통(s-lone gutter)이라고도 한다.

② 염화비닐튜브는 연질비닐을 압축·성형한 것으로서 강관의 녹막이방지 피복재 등에 사용한다.

9.4.3 판상제품

(1) 폴리에스테르 강화판(polyester hard board)·폴리에스테르 치장판(polyester decorated board)

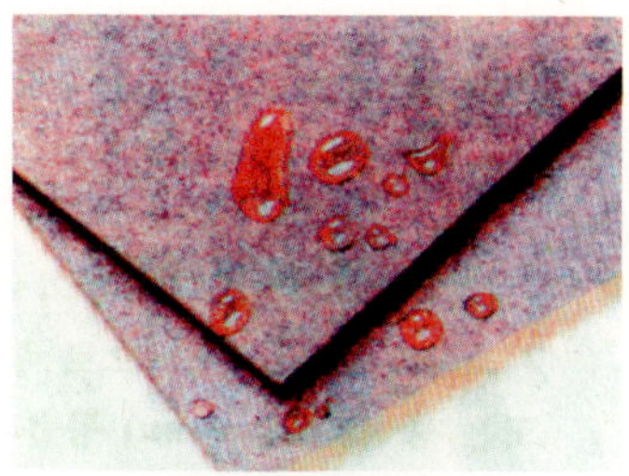

폴리에스테르 강화판

① 폴리에스테르 강화판은 유리섬유를 폴리에스테르수지에 혼입하여 가압·성형한 판으로서 평판과 골판이 있다. 알칼리 이외는 저항성이 있고 내구성이 좋아 내·외수장재 및 설비재로 사용한다.

② 폴리에스테르 치장판은 합판·하드보드(hard board) 등의 판류 표면에 0.5~1mm 정도 두께로 폴리에스테르수지 피막을 입힌 판으로서 투명처리하거나 바탕에 여러 색상 및 무늬를 코팅(coating)하여 의장효과를 내도록 만들어져 있다. 경도는 크지만 열이나 습기에 약하여 천장재 및 내벽판으로 사용되지만 외장판으로는 부적당하다.

폴리에스테르 치장판

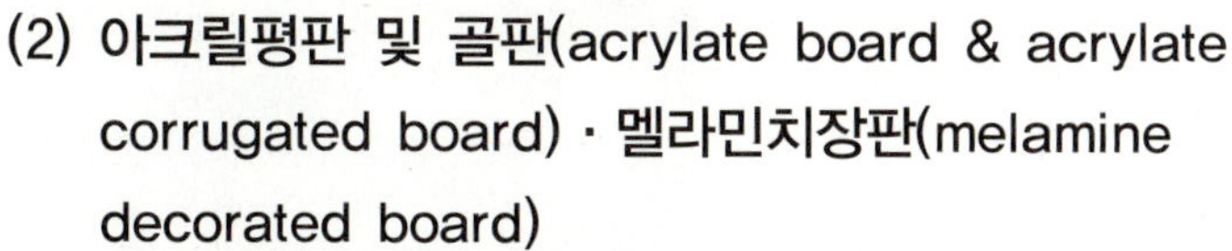

(2) 아크릴평판 및 골판(acrylate board & acrylate corrugated board)·멜라민치장판(melamine decorated board)

① 아크릴평판은 입상(granulous) 아크릴 원료에 안료를 혼

합하여 열압·성형한 얇은 판으로서 착색반투명판 또는 무색투명판이 있다. 투과율은 90% 정도이고, 유리에 비해 잘 깨지지 않아 유리 대용품의 채광판(lighting board)으로 사용한다. 그리고 아크릴골판은 아크릴 원료를 골 롤러(roller)에 통과시켜 골판으로 만든 것으로서, 휨강도가 크고 투명도가 좋으므로 지붕재·천장재·내·외부 장식재로 쓰인다.

② 멜라민치장판은 두꺼운 종이에 페놀수지를 침투시켜 부착시킨 바탕에 색종이나 나무무늬판 등을 붙이고, 멜라민수지를 침투시킨 종이를 씌우고 압력을 가하여 성형한 판으로서 경도는 크나 내열·내수성이 부족하여 외장재로는 부적당하지만 아름다운 색깔과 광택이 있어 내장재·가구재로 쓰인다.

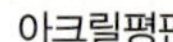
아크릴평판

멜라민치장판

아크릴평판 및 멜라민치장판

(3) 염화비닐평판 및 골판(polyvinyl chloride board & polyvinyl chloride corrugated board)·폴리스티렌투명판(polystyrene transparent board)

① 염화비닐평판 및 골판은 입상 염화비닐 원료를 가열하여 롤러(roller)를 통과시켜 투명평판·착색골판·불투명판·무늬판·골판 등으로 만든 것으로서 천장재·내벽재로 쓰인다.

② 폴리스티렌투명판은 폴리스티렌수지를 가열하여 틀(mold)에 주

염화비닐골판

입 · 성형한 것으로서 무색투명하여 투과율이 90% 이상이므로 채광판으로 쓰이고, 착색판은 내장재 및 장식재로 쓰인다.

9.4.4 레더 및 필름

(1) 비닐레더(vinyl leather)

염화비닐에 가소제(plasticzer)를 넣어 잘 이겨서 안료와 안정제(stabilizing agent)를 혼합한 후, 이것을 바탕이 되는 면포(cotton cloth)와 함께 캘린더 롤러(calender roller)에 통과시켜 만든 것으로서, 표면을 가죽 모양의 레더 스킨(leather skin)으로 만들 수 있고 색채 · 모양 · 무늬 등을 자유롭게 할 수도 있다. 벽지 · 천장지 등으로 많이 쓰인다.

(2) 염화비닐필름(polyvinyl chloride film) · 폴리에틸렌필름(polyethylene film)

염화비닐필름은 염화비닐수지에 가소제를 혼합하여 캘린더 롤러에 통과시켜 만든 엷은 막(membrane)으로 된 필름이고, 폴리에틸렌 필름은 폴리에틸렌수지를 원료로 하여 만든 필름으로서 이 두 가지를 보통 비닐필름(vinyl film), PVC필름이라고 한다. 비닐필름을 일반적으로 인테리어 필름재(interior film materials)라고 부르고, 이는 시트재(sheet materials)의 일종이

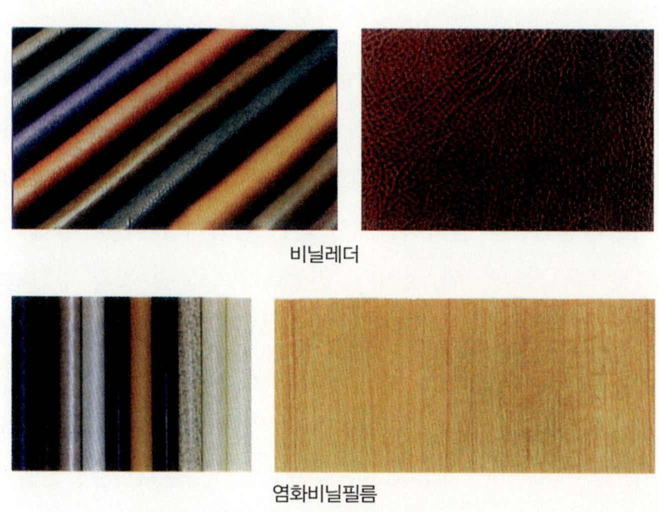

비닐레더

염화비닐필름

비닐레더 및 염화비닐필름

라할 수 있다. 비닐필름에는 연질, 경질이 있으며, 필름 자체의 투명도에 따라 투명, 반투명, 불투명으로 구분하기도 한다. 목재, 철재 등의 마감면에 붙여 장식품 등으로 또한 바닥재, 벽재 등 소재의 마감용으로 사용하기도 한다.

9.4.5 합성수지 다포질 제품·합성수지 섬유 제품

(1) 합성수지 다포질 제품(synthetic resin multi-cellular goods)

다포질 제품으로는 플라스틱 스펀지(plastic sponge)와 허니콤재(honey-comb material)를 들 수 있다.

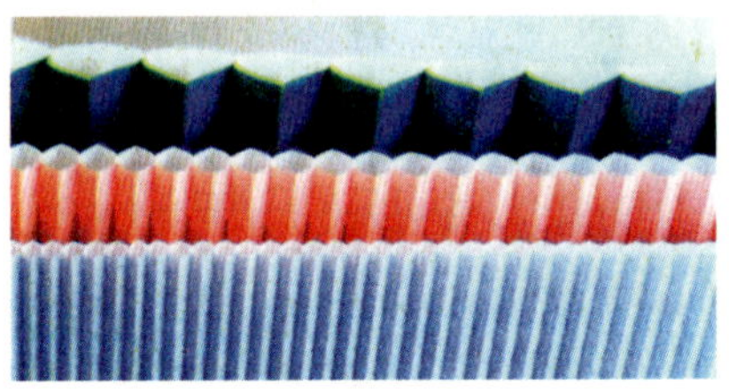
합성수지 다포질제품(허니콤재)

플라스틱 스펀지는 각종 합성수지를 써서 해면(sponge)처럼 다공상태로 만든 제품으로서 단열성이 크고 흡음률이 높으므로 단열재 또는 흡음재로 많이 사용된다. 종류는 염화비닐 스펀지(상품명은 스티로폴), 폴리우레탄폼, 합성고무 스펀지 등이 있다.

허니콤재는 얇은 염화비닐판이나 페놀수지액에 적신 크라프트지(craft paper) 등을 사용하여 여러 겹으로 겹치거나 또는 벌집 모양으로 만든 제품을 총칭한 것인데, 이 허니콤의 특징은 단열과 흡음이 좋고 코어(core)로서의 강도가 충분하다는 것이다. 주로 천장이나 내부 벽체에 흡음재로 사용되고 있다.

(2) 합성수지 섬유 제품(synthetic resin fiber goods)

합성수지 섬유 제품으로는 염화비닐리덴섬유(polyvinylidene fiber)·비닐계섬유(polyvinyl fiber)·폴리에스테르섬유(polyester fiber)를 들 수 있다.

염화비닐리덴섬유는 염화비닐에서 얻은 염화비닐리덴을 용해하여 실로 만들고, 그것으로 직물을 짠 것이다. 천(cloth)으로 된 것과 망사(gauze)로 된 것이 있는데, 강도·내수성·내화학성·난연성이 있어서 베니션블라인드(venetian blind), 벽지 등 여러 곳에 사용된다.

비닐계섬유는 염화비닐을 주재료로 한 염화비닐제품(상품명은 로빌)과 폴리비닐알코올(polyvinyl alcohol)을 주재료로 한 폴리비닐알코올제품(상품명은 비닐론)이 있는데, 내열성은 좋으나 수축성이 큰 것이 단점이다. 직물용으로 망사·커튼·스크린 등에 사용된다.

폴리에스테르섬유는 나일론의 성질과 비슷한 것으로 테릴렌(영국산), 테토론(미국산) 등은 실내장식재 등으로 쓰인다.

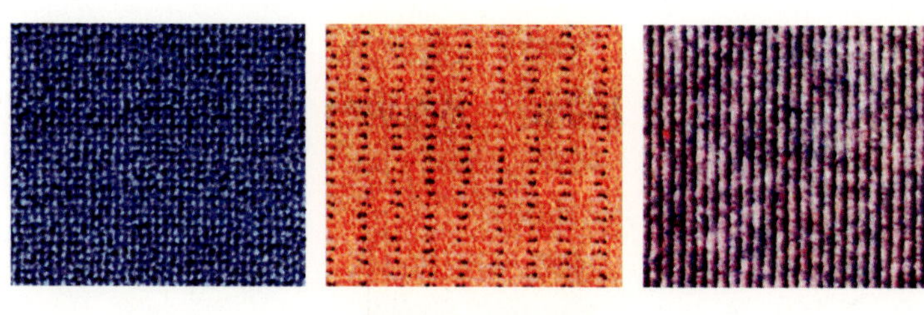

합성수지 섬유제품

9.4.6 도장마감재료·기타 플라스틱제품

(1) 도장마감재료

도장마감재료로는 비닐모르타르(vinyl mortar), 플라스틱라이닝(plastic lining), 합성수지 스프레이코팅재(synthetic resin spray coating materials)를 들 수 있다.

비닐모르타르는 염화비닐을 녹인 용액이나 초산비닐에멀션(물로 혼합된 것) 등을 시멘트모르타르에 혼합하여 바르면 광택이 나고 인장강도가 증대되고 접착성이 크며 방수성이 있으나 내구성은 불명확하다. 그리고 바닥에 바르면 탄성이 있으므로 보행촉감이 좋아진다. 단열재 도장으로도 쓰인다.

플라스틱라이닝은 플라스틱필름을 연속적으로 붙여나가거나 두껍게 바르는 것인데 내식성·내수성이 있으므로 수조 등의 내벽 또는 지하실 방수 등에 쓰인다.

합성수지 스프레이코팅재는 알키드수지·아크릴수지·에폭시수지·작산비닐수지를 용제에 녹여서 착색제를 혼입하여 만든 도료의 일종으로서 내화학성·내후성·방수성 및 치장효과가 있어서 내외장 도장재료로 쓰인다.

(2) 기타 플라스틱제품

플라스틱을 주재료로 하여 만든 제품으로는 플라스틱제인 신축줄눈대(expansion joint)·조이너(joinner)·개스킷(gasket)·필름(film)과 플라스틱 목욕조(plastic bathtubs)·플라스틱 창(plastic sash) 및 문(plastic door) 등 여러 가지 제품이 있다.

10 미장재료

10-1 개 요

미장재료(plastering materials)란 건축물의 벽 · 바닥 · 천장 등의 미화 · 보호 · 보온 · 방습 · 방음 · 내화 · 내마멸 등을 목적으로 적당한 두께로 마무리하는 재료이다. 미장재료는 경화 후 마감층의 성능을 결함 없이 발휘하도록 단일재료(singleness material)로 사용되는 경우 보다는 주로 복합재료(composite material)로서 사용되고 있다. 미장바름(plastering)은 각 시공 부위별로 일정한 두께를 가지며, 미장재료의 성능에 따라 미장바름 바탕의 강도에 영향을 준다. 또한 미장바름에 있어 미장재료의 선택 및 사용 양부가 건축물의 마감 정도 및 미관에도 큰 영향을 준다.

미장재료는 다양한 형태로 성형(forming)할 수 있고, 가소성(plasticity)이 크며, 타재료와 혼합하여 내화 · 방수 · 차음 · 단열효과를 낼 수 있을 뿐만 아니라 마무리방법도 다양하여 여러 형태로 디자인(design)할 수 있고, 이음매 없이 바탕을 처리할 수 있다는 장점이 있는 반면, 균질성 확보가 어렵고 대부분의 재료혼합시 물 사용으로 인한 경화시간이 길어 공기에 영향을 준다는 단점도 있다.

10-2 미장재료의 분류

① 미장재료를 구성재료(component materials)와 경화기구(hardening mechanism)에 따라 구분하여 분류할 수 있다. 구성재료에 따라 구분하면 다음과 같고, 경화기구에 따라 구분하여 분류하면 아래 표와 같다.

- 결합재(binder) : 그 자신이 물리적 또는 화학적으로 고화(solidity)하여 미장바름의 주체가 되는 재료로서, 시멘트 · 석회 · 석고 · 돌로마이트석회 · 점토 등이 있다.
- 골재(aggregate) : 결합재의 결점인 수축균열과 점성 및 보수성의 부족을 보완하거나 응결 · 경화시간의 조절 또는 치장의 목적으로 쓰이는 재료로 모래 · 종석 · 경량골재 · 돌가루 등이 있다.
- 혼화재료(admixture, additive) : 방수 · 내화 · 단열 등의 효과를 얻기 위한 재료와 경화를 촉진시키고 응결을 빠르게 하며 착색을 하기 위한 촉진제, 급결제, 착색재 등이 있다.
- 보강재(reinforcement) : 균열방지 등을 위하여 부분적으로 사용되는 여물 · 풀 · 수염과 와이어라스 · 메탈라스 등이 있다.

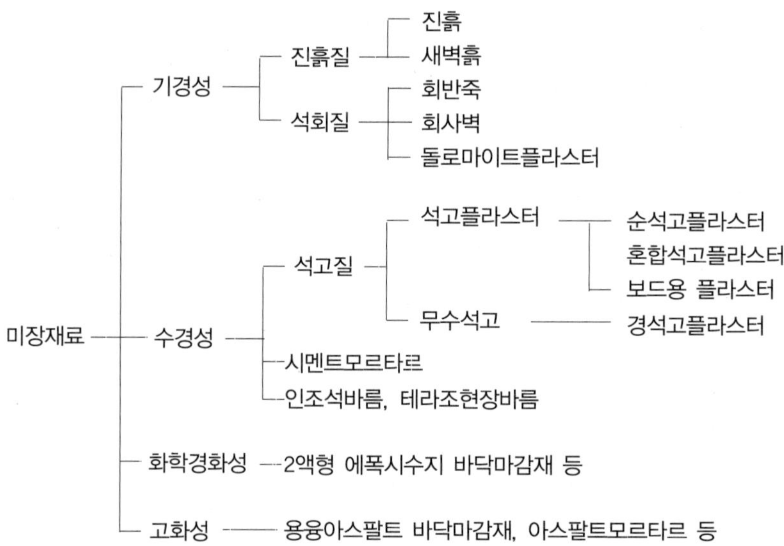

위 표에서 기경성(anhydraulicity)은 공기 중에서 완전히 경화하는 것, 수경성(hydraulicity)은 물과 화학반응하여 경화하는 것, 화학경화성

(chemical hardening)은 사용재료 간의 화학반응으로 경화하는 것, 고화성(solidness)은 액체가 고체상태로 변화하는 물리적 현상으로 경화하는 것을 말한다.

② 미장재료는 현장에서 배합하여 사용하는 것이 일반적이지만 현장시공의 편리를 위해 기배합(already mixing)된 재료도 있다. 기배합 재료로는 기배합시멘트모르타르, 유색시멘트모르타르, 기배합석고플라스터, 기배합회반죽, 기배합돌로마이트플라스터, 단열모르타르, 합성수지플라스터, 셀프레벨링재(self leveling materials : 시멘트계, 석고계), 롤러마무리바름재(roller finish plastering materials) 등이 있다.

10-3 각종 미장재료

10.3.1 시멘트모르타르

시멘트모르타르(cement mortar)는 시멘트를 결합재로 하고, 모래를 골재로 하여 이를 혼합해서 물반죽하여 사용하는 미장재료로서 다른 미장재료보다 내구성 및 강도가 크고 또한 가장 많이 사용하고 있는 재료이다.

시멘트모르타르는 시멘트 · 모래 이외에 돌가루(stone powder) · 플라이애시(flyash) · 규산백토(clay silicate) · 소석회(hydraulic lime) 등의 혼화재와 각종 합성수지의 합성수지계 혼화재를 사용하기도 한다.

시멘트모르타르에 사용되는 시멘트는 보통포틀랜드시멘트, 고로슬래그시멘트, 실리카시멘트 및 백색포틀랜드시멘트가 대부분 쓰이고 모래는 깨끗하고 유기물질이나 기타 유해한 흙 · 먼지 등이 함유되지 않는 양질의 것을 체로 쳐서 사용한다.

시멘트모르타르는 구성재료에 따라 여러 종류가 있다. 보통시멘트모르타르(일반용), 백색시멘트모르타르(치장용), 액체방수모르타르(방수용), 규산질모르타르(충전용), 바라이트(barite)모르타르(방사선차단용), 질석모르타르(경량용), 색시멘트모르타르(치장용), 합성수지혼합모르타르(특수용) 등이 있다.

10.3.2 회반죽·돌로마이트플라스터

(1) 회반죽(lime plaster)

회반죽은 소석회(hydraulic lime)를 주원료로 하고 물을 가하여 반죽하거나 여물(fiber for plastering)·해초풀(sea weed grass)로 개어 반죽하기도 하며 필요에 따라 돌가루·모래 등을 혼합하여 바르는 미장재료로서 목조바탕·콘크리트블록 및 벽돌바탕 등에 바른다. 회반죽은 다른 미장재료에 비해 건조하는 데 시일이 걸리고, 다소 연질이기는 하지만 외관이 온유하고 시공을 잘하면 균열(crack)·박락(peeling off)될 우려가 없는 비교적 값이 저렴한 재료이다.

(2) 돌로마이트플라스터(dolomite plaster)

돌로마이트플라스터는 돌로마이트석회(dolomite lime)에 모래·여물을 섞어 반죽한 바름벽 재료로서 필요에 따라 시멘트를 혼입할 때도 있다.

돌로마이트플라스터는 소석회보다 점성이 높고 작업성이 좋기 때문에 풀을 넣을 필요가 없으므로 변색·냄새·곰팡이가 없으며 보수성(water holdingness)이 크고 응결시간(setting time)이 길어 바르기도 좋다. 회반죽에 비하여 조기강도 및 최종강도가 크고 착색하기도 쉽다. 그러나 건조수축이 커서 균열이 생기기 쉽고 수증기나 물에 약한 것이 결점이다. 품질은 한국산업규격(KS F 3508)에 규정되어 있다.

10.3.3 석고플라스터

석고플라스터(gypsum plaster)는 소석고(burnt gypsum)를 주원료로 하고, 골재(모래 등), 보강재(여물·종려털 등), 응결시간 조절재(아교질재 등) 등을 혼합한 플라스터로서 수경성(hydraulicity)이므로 회반죽에 비해 경화건조(dry hard)가 빠르고 경도도 크므로 주로 벽·천장 등의 미장재료이다. 석고플라스터에 시멘트, 소석회, 돌로마이트플라스터 등을 혼합하여 사용하면 안되므로 이에 유의한다. 석고플라스터에는 소석고플라스터(burnt gypsum plaster)와 경석고플라스터(anydrite gypsum plaster)의 2종류가 있다.

소석고플라스터에는 혼합석고플라스터(mixing gypsum plaster), 순석고플라스터(pure gypsum plaster), 보드용 석고플라스터(boarding gypsum plaster)

가 있는데 실제 사용되고 있는 것은 대부분이 혼합석고플라스터이다. 품질은 한국산업규격(KS F 3507)에 규정되어 있다.

10.3.4 석고보드(gypsum board)

석고보드

석고보드는 주원료인 소석고에 혼화제를 넣고 물로 반죽하여 두 장의 강인한 보드용 원지 사이에 채워 넣어 결정상태(crystalling state)의 석고로 환원(restoration)시켜 판상으로 제조한 것이다. 벽, 천장, 칸막이 등에 합판 대용으로 많이 사용되고 있으며, 내화성, 단열성, 방균성, 방수성 및 시공성 등이 우수한 반면에 내수성, 탄력성이 부족하고 충격에 약한 단점을 가지고 있다. 석고보드의 종류는 형상 또는 성능에 따라 여러 가지가 있으며, 두께는 보통 9.5~15mm, 크기는 900mm×1,800mm, 900mm×2,400mm가 일반적이다.

10.3.5 인조석 바름·테라조 바름

(1) 인조석 바름(artificial stone finish)

인조석 바름은 모르타르로 바름 바탕을 한 위에 종석(chip, stone chip)과 보통포틀랜드시멘트 또는 백색포틀랜드시멘트와 안료(pigment)·돌가루(stone dust) 등을 배합·반죽하여 바르고 씻어내기·갈기 또는 잔다듬 등으로 천연의 석재와 유사하게 마무리한 것이다.

종석은 화강석·석회석·대리석·기타 자연석을 부숴 잔알로 만든 것으로서, 주로 백색의 석회석 부순돌을 많이 쓴다. 종석은 단단하고 미려하며 지나치게 납작하거나 얇지 않은 것을 사용한다.

안료는 무수용성(non-water solubility)이고 내식성이 있는 것으로서 노랑에는 황토·크롬황 등, 빨강에는 주토(red earth)·산화철 등, 갈색에는 앰버(amber), 파랑에는 코발트청·군청 등, 검정에는 카본검정·망간검정 등이 사용된다.

돌가루는 시멘트와 종석만으로는 밀실하게 다지기 곤란하고, 부배합의 시멘트가 건조수축할 때 생기는 균열을 방지하기 위하여 혼입하는 것으로서 대부분은 백색 미세분 돌가루로 하고 시멘트와 같은 양 이하로 혼입한다.

일반적으로 현장바름 인조석은 보통 잔다듬으로 하고 돌다듬기와 같이 하여 자연석과 유사하게 마무리하는 제품을 모조석(imitation stone) 또는 캐스트스톤(cast stone)이라 한다.

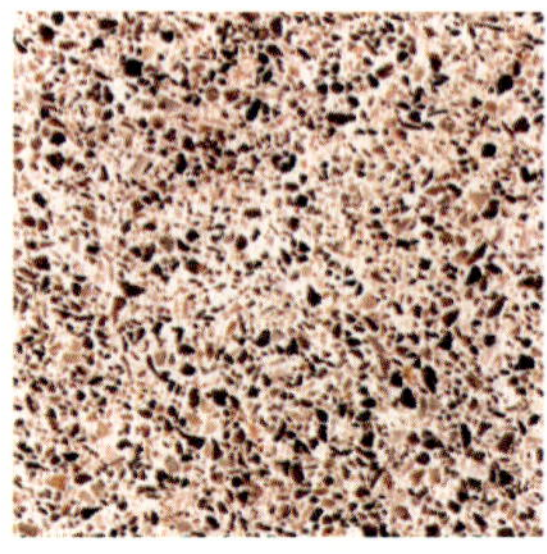
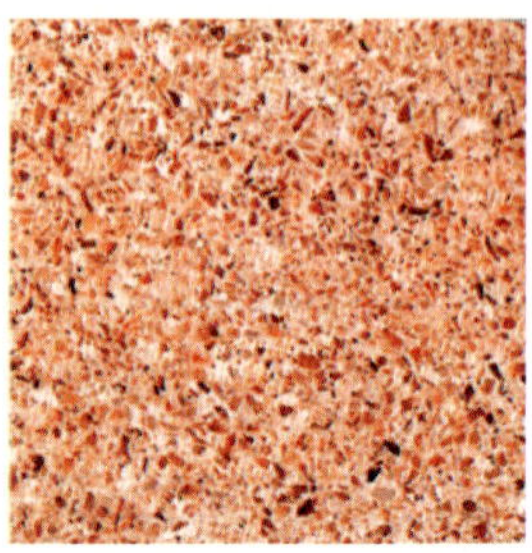

인조석 바름(마무리면)

(2) 테라조 바름(artificial stone finish & terrazo finish)

테라조는 알이 크고 좋은 종석을 쓰고, 갈기횟수를 늘려 잘 갈아낸 인조석의 하나이다. 테라조에 사용하는 시멘트는 백색포틀랜드시멘트만을 사용하고 안료를 충분히 사용하며, 종석은 대리석·화강석 등으로 주로 대리석(여러 가지 색)을 부수어 잔알로 만든 것이 많이 쓰인다. 테라조 현장갈기는 현장바름이 굳은 후에 표면을 돌알(stone ball)이 균등하게(최대면적이 될 때까지) 나타나도록 숫돌로 갈고 물씻기 청소 후 테라조와 같은 색의 시멘트풀을 문질러 바르고 잔구멍 등을 메운 다음 광내기 마무리를 한다.

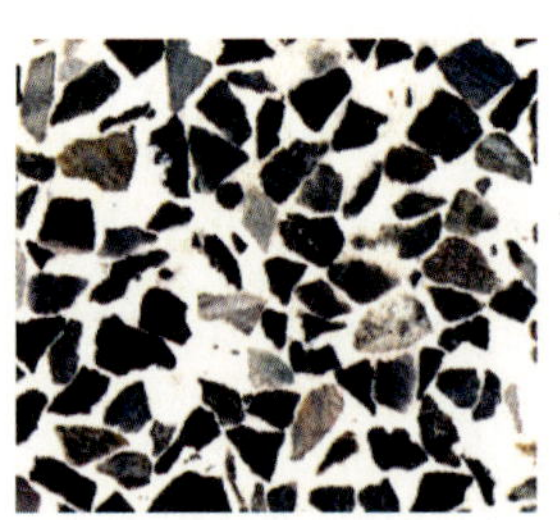

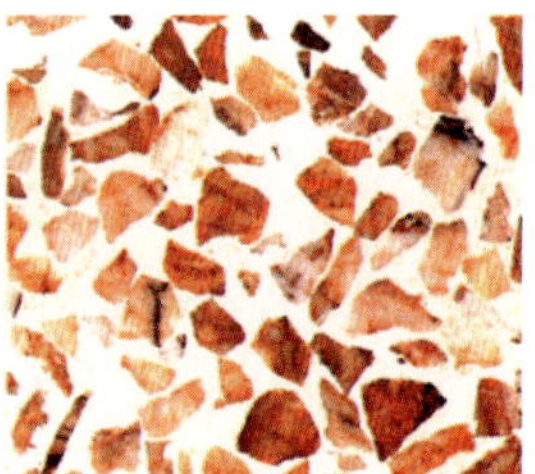

테라조 바름(마무리면)

10.3.6 기배합재료

① 기배합재료(already mixing materials)는 시멘트 · 골재 · 혼화재료 · 보강재료 등을 공장에서 미리 배합한 분말체로서 공사현장에서 적당량의 물을 가하여 반죽상태로 사용한 재료이다. 기배합재료로서 기배합시멘트모르타르(already mixing cement mortar), 시멘트모르타르 엷게 바름재, 단열모르타르(heat insulation mortar), 셀프레벨링(self leveling)재 등을 들 수 있다.

② 기배합시멘트모르타르는 시멘트 · 골재 · 혼화재료 등을 공장에서 배합하여 만든 것으로서 한국산업규격(KS F 4716)에 합격한 것을 공사현장에서 적당량의 물을 더하여 반죽상태로 사용하는 모르타르이다.

③ 시멘트모르타르 엷게 바름재는 시멘트 · 골재 · 무기질혼화재 · 수용성수지 등을 공장에서 배합한 분말체에 제조업자가 지정한 비율의 시멘트혼화용 폴리머분산제 또는 유화형 분화수지와 혼합한 기배합재료로서 한국산업규격(KS F 4716)에 합격한 것을 공사현장에서 적당량의 물을 더하여 반죽상태로 사용하는 바름재이다.

④ 단열모르타르는 팽창질석을 사용한 시멘트, 골재(펄라이트 · 석회석 · 화강암 등), 보강재료(유리섬유 · 부직포 등), 혼화재료 등을 공장에서 배합하여 만든 것으로서 공사현장에서 적당량의 물을 더하여 반죽상태로 사용하는 모르타르이다. 주로 단열이 필요한 부위에 미장재료로 사용한다.

⑤ 셀프레벨링재는 자체가 유동성(liquidity)을 가지고 있으므로 평탄하게 되는 성질을 갖도록 만든 바닥바름재를 말하며, 석고계와 시멘트계가 있다.

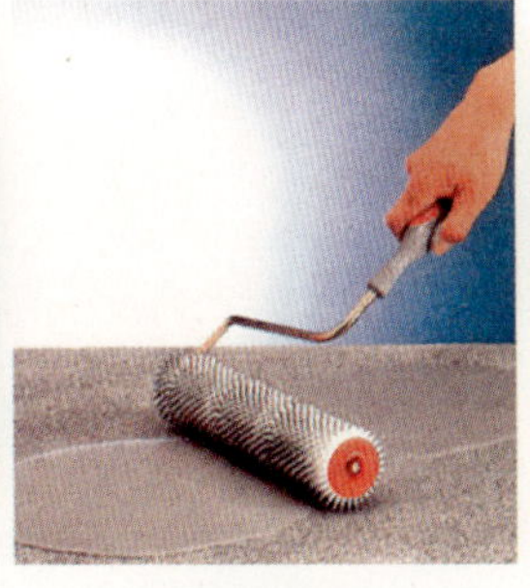

셀프레벨링재

석고계 셀프레벨링재는 석고에 모래·경화지연재·유동화제 등을 혼합하여 자체적으로 평탄성 있게 한 것이고, 시멘트계 셀프레벨링재는 포틀랜드시멘트에 모래·분산제·유동화제 등을 혼합하여 자체적으로 평탄성 있게 만든 것으로서 대부분 기성배합상태로 이용할 수 있게 제조한 것이다. 특히 석고계 셀프레벨링재는 물이 닿지 않는 실내에서만 사용한다.

10.3.7 흙바름

흙바름은 진흙(clay)·새벽흙(plastering clay)·모래·짚여물 등을 물반죽하여 외벽(wattle wall)바탕·산자(lattice sticks across roof rafters)바탕 등에 바르는 것을 말한다.

진흙은 보통 밭흙 또는 야산의 찰흙으로서 색깔은 보통 적갈색이고, 잔돌알·불순물이 혼입되지 않은 부드럽고 차진 것을 쓴다. 근래는 황토(loess)라 하여 누렇고 거무스름한 흙으로서 보통 점토에 혼합되어 있는데, 이를 채취하여 벽이나 온돌바닥 등에 바름하는 경우가 많다. 황토를 건조시켜 가루로 만든 황토분말(loess powder)은 자체가 적절한 온도의 자동조절기능, 적절한 습도 유지, 세균번식 억제 등의 기능이 있다하여 황토분말을 사용한 황토바름을 많이 하고 있다. 황토를 바른 벽을 황토벽이라 하여 근래에 흔히 볼 수 있다.

새벽흙은 새벽질(plastering)하는 데 쓰는 황갈색의 차지고 고운흙을 말하는데 벽이나 방바닥 등의 새벽을 바르는데 사용한다.

짚여물은 볏짚을 잘라 진흙반죽(clay dough)에 혼입함으로써 균열을 방지할 목적으로 쓰이는데, 이 대신 섬·가마니·새끼 등의 헌 것을 이용하기도 한다.

황토 및 황토 바름면

11 도장재료

11-1 개 요

도장재료(painting materials, coating materials)란 도장용 재료의 총칭으로서, 여기서 도장(painting, coating, coating with paint)이라 함은 물체의 표면에 도료(paint and varnish)를 사용하여 도막(paint skin)을 형성케하는 작업공정을 말하며, 건축물이나 공작물 등의 표면에 도장하면 내식성 · 방부성 · 내후성 · 내화성 · 내열성 · 내구성 · 내화학성 등을 증가시키고, 방수성 · 방습성 · 내마모성 등을 높이며, 착색 · 광택 · 무늬 등으로 외관을 아름답게 미화시킨다. 또한 도료란 물체의 표면에 도포(application), 즉 칠하면 굳어져 피막(membrane)을 형성함으로써 주로 미감을 부여하고 물체를 보호하는 물질을 말한다.

도료를 사용함에 있어서 도장의 목적과 특성을 충분히 이해하고 도장할 개소에 적합한 도료를 선택하는 것이 중요하다. 도료의 종류는 매우 많고 특히 제조회사가 개발한 제품에 특유의 제품명을 표시하여 시판도료로 내놓은 경우가 많은데 이러한 도료에 대해서 도료의 본질을 식별하기란 매우 어렵다. 따라서 도료는 한국산업규격(KS)에 합격한 것을 사용함을 원칙으로 하고, 특정제품은 제조회사의 도료일람표(도료총람) 등에서 도료의 용도 · 특성 · 건조시간 · 사용방법 등을 검토한 후 사용목적에 적합한 것을 선정하여 사용하도록 한다.

근래에는 도료의 성분에 따라 대기오염, 수질오염, 산업폐기물, 악취 등 공해의 발생원으로 지적을 받게 됨에 따라 공해문제를 고려한 무공해(nothing pollution) 및 저공해(low pollution) 도료를 개발하여 사용하고 있는 추세이다.

11-2 도료의 구성 및 원료

11.2.1 도료의 구성

① 도료는 다음에 표시한 것과 같이 도막형성 요소(coating film forming agent)와 도막형성 조요소(helping-coating film forming agent)로 구성되어 있다.

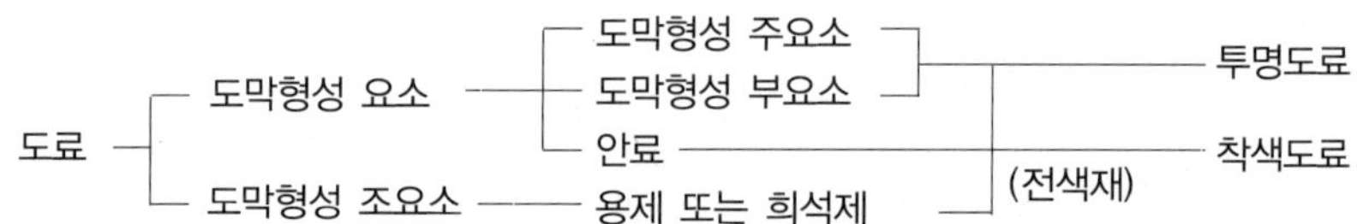

② 도막형성 요소는 도막을 형성하기 위해 도료에 포함되는 성분, 즉 도포(application)한 후 도막으로 남는 성분으로서 투명도료(clarity paint)에서는 유지·수지 등과 같은 도막형성 주요소(main-coating film forming agent)와 건조제·가소제와 같은 도막형성 부요소(sub-coating film forming agent)로 나눈다. 도막형성 요소는 도료의 가장 중요한 성분이며, 옻·기름·카세인·천연수지와 같은 천연물에서부터 각종 합성수지나 섬유소유도체까지 광범위하다.
안료(pigment)는 도료에 색·은폐력을 주는 불용성 미분말로서 유기·무기안료와 착색·체질안료가 있다. 특히 안료가 함유되어 있는 도료에서 안료를 제거한 부분을 전색제(vehicle)라고 한다.

③ 도막형성 조요소는 도막의 형성을 도와주기 위해 도료에 포함되는 성분으로서 용제(solvent) 또는 희석제(thinner, dilution)를 말한다. 용제는 도막을 형성하는데 필요한 유동성을 얻기 위하여 배합하는 것으로 알코올(alcohol) · 케톤(ketone) · 에스테르(ester) · 탄화수소(hydro-carbon) 등 여러 가지가 있다. 희석제는 페인트 · 바니시 등의 점도(viscosity)를 적게 하여 솔질이 잘 되게 하는 것으로 휘발성 용제(spirit solvent) 또는 신전제(thinner dilution)라고도 한다.

11.2.2 도료의 원료

도료의 원료는 도료의 종류에 따라 여러 가지가 있지만 구성상 유지 · 수지 · 안료 · 용제 · 희석제 · 건조제 · 가소제 등으로 분류한다.

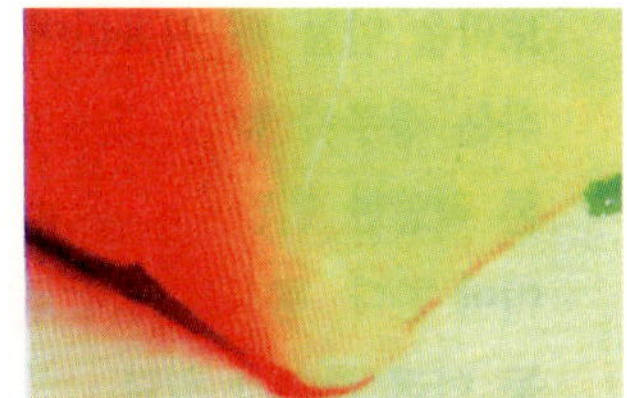
유지 · 수지

안료(착색제)

건조제 · 가소제

- 유지(fats and oils)는 도장 후 공기중의 산소와 화합하여 경화되고, 건조 후에는 견고한 도막의 일부가 되는 것으로서 건성유(drying oil)인 아마인유(linssed oil) · 대두유(soybean oil) · 대마유(hempseed oil) · 어유(fish oil)와 이들을 정제(refining)하여 높은 건조성을 갖게 하는 기름인 보일드유(boiled oil)가 있다.
- 수지(resin)는 용제나 유지에 용해되어 있으나 도장 후에는 도막의 일부가 되는 것으로서, 천연수지(natural resin)와 합성수지(synthetic resin)로 대별되며, 여러 종류의 수지가 있다.
- 안료(pigment)는 물 · 기름 · 알코올 · 기타 용제에 녹지 않는 착색분말(colouring powder)인 착색제(colouring agent)로서 도료를 착색하고 유색의 불투명한 도막을 만듦과 동시에 도막의 기계적 성질을 보강하는 것으로서 색 및 성분상 여러 종류가 있다.
- 용제(solvent)는 도막 주요소를 용해시키고 적당한 점도로 조절 또는 도장하기 쉽게 하기 위하여 각종 용제가 사용된다.
- 희석제(thinner)는 도료의 점도를 저하시킴과 동시에 증발속도를 조절하

기 위하여 사용하는 것으로 도료용 신너 · 래커용 신너 · 염화비닐수지도료용 신너 등 여러 종류가 있다.

- 건조제(drying agent)는 도료의 건조를 촉진시키기 위한 것으로서 일반적으로 연(Pb) · 망간(Mn) · 코발트(Co)의 수지산(resin acid)이나 지방산염류(fatty acid salts) 등이 사용된다.
- 가소제(plasticizer)는 건조된 도막에 탄성(elasticity) · 교착성(stickiness) · 가소성(plasticity) 등을 줌으로써 내구력을 증가시키는 데 쓰이는 것으로서 프탈산티부틸(dibuthyl phthalic acid) · 프탈산디옥틸(diocthyl phthalic acid) · 피마자유(castor bean oil) 등이 있다.

11-3 도료의 종류

도료의 종류는 매우 많아서 분류하는 방법도 여러 가지가 있다. 도료의 주요 종류를 성분에 따라 분류하면 다음과 같다.

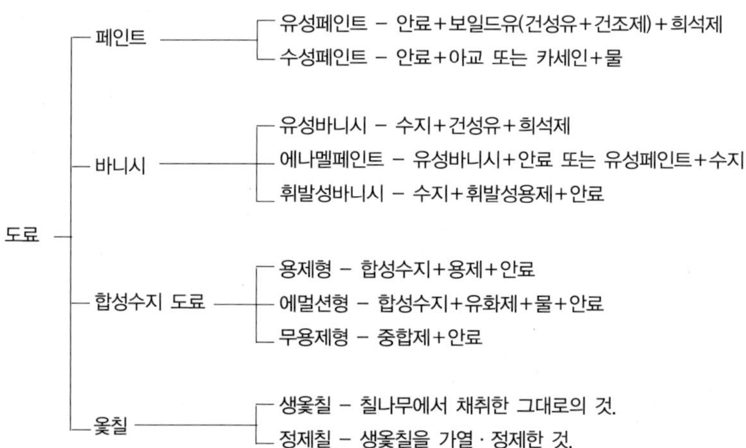

또한 도료의 종류를 다음과 같이 분류하기도 한다.

① 도료용도에 의한 분류 : 목재용 도료, 금속용 도료, 콘크리트용 도료, 내부용 도료, 외부용 도료

② 도료상태에 의한 분류 : 된반죽페인트, 중반죽페인트, 용해한 조합페인트, 분체도료, 에멀션도료
③ 도장목적에 의한 분류 : 내열도료, 녹방지도료, 내산도료, 절연도료, 방부도료
④ 도장방법에 의한 분류 : 솔칠도료, 뿜칠도료, 전기이동식 도료, 침지도료, 정전도장용 도료
⑤ 경화구조에 의한 분류 : 상온건조도료, 가열건조도료, 자외선 경화도료, 전자선 경화도료
⑥ 도막성상에 의한 분류 : 광택도료, 무광택도료, 투명도료, 불투명도료

11-4 유성페인트

유성페인트(oil paint)는 보일드유(boiled oil)에 안료(pigment)를 혼합시킨 도료이다. 페인트(paint)란 광의로는 도료 전반을 뜻하며, 협의로는 유성페인트를 뜻한다. 따라서 유성페인트를 단순히 페인트라고 부르는 것이 일반적이다.

건성유 자체로도 도막을 형성할 수 있으나 건성유를 가열처리하여 점도·건조성·색채 등을 개량한 것이 보일드유이다. 유성페인트의 주성분은 보일드유와 안료로서 품질·목적에 따라 사용되는 보일드유와 안료의 종류는 다

유성페인트(조합페인트 : 목재면 바름)

르다. 희석제는 일반적으로 테레빈유(turpentine oil) · 벤젠(benzine) · 휘발유(gasoline)가 사용된다. 특히 광택을 좋게 하기 위하여 바니시(varnish)를 가하기도 한다. 유성페인트는 보일드유량의 다소에 따라 견련페인트(stiff paste paint)와 조합페인트(ready mixed paint)로 구분하며, 목재 · 석고판류의 도장에 무난하게 널리 사용된다. 또한 옛부터 많이 사용된 것으로 값은 저렴하지만 건조가 늦고 내후성 · 내약품성 · 변색성 등의 도막 성질이 나쁜 결점 때문에 새로운 합성수지도료(synthetic resin paint)로 대치되고 있다.

조합페인트의 품질은 한국산업규격(KS F 5312)에 규정되어 있다.

11-5 바니시

(1) 유성 바니시(oil varnish)

유성 바니시는 유용성 수지를 건성유에 가열 · 융합하여 이것을 휘발성 용제로 희석한 것으로서 무색 또는 담갈색의 투명도료로 목재부에 도장하면 나뭇결(wood grain)을 아름답게 보이게 한다. 염료를 넣은 바니시를 바니시 스테인(varnish stain)이라 하며, 일반적으로 유성페인트보다 내후성이 떨어지므로 옥외에는 별로 사용하지 않는다.

오일(oil)의 종류 및 양, 수지의 종류에 따라 여러 가지가 있는데, 그 중 스파바니시(spar varnish)는 로진(rosin)에서 만들어진 내알칼리성 에스테르(ester)로서 수지에 동유(tung oil)를 사용하는 것을 말하고, 배의 스파[마스트(mast)]에 사용되었다고 해서 스파(spar)로 부른 것이다. 내수성 · 내마모성이 우수하여 목재의 외부용으로 많이 쓰이고, 보디바니시(body varnish)라고도 하며, 품질은 한국산업규격(KS M 5603)에 규정되어 있다.

(2) 휘발성 바니시(spirit varnish)

휘발성 바니시는 수지류를 휘발성 용제에 녹인 것으로서 천연수지를 주체로 한 것을 래크(lack)라 하고, 합성수지를 주체로 한 것을 래커(lacquer)라 하여 구분하고 있다. 래크는 휘발성 용제로 녹인 투명도료의 일종이고 피막은 유성바니시보다 약하다. 래크의 원료는 래크벌레(주로 암컷)의 대사기능에 의하여 나뭇가지에 분비한 노르스름한 진 같은 물질이다. 주로 목재부나 가구 등에 쓰인다.

11-6 래 커

래커(lacquer, lacker)는 섬유소(cellulose) 또는 합성수지 용액에 수지·가소제·안료 등을 섞은 도료로서 주요성분은 섬유소, 즉 니트로셀룰로오스(nitrocellulose)이다. 래커에는 클리어래커와 래커에나멜이 있는데 보통 래커라 하면 후자를 말한다.

래커는 건조가 빠르고, 도막이 견고하며, 광택이 좋고, 내마멸성·내수성·내유성·내후성 등이 강한 고급도료로서 용도에 따라 금속용·목부용·외부용·솔칠용 등이 있다.

(1) 클리어래커(clear lacquer)

클리어래커는 니트로셀룰로오스와 합성수지를 주성분으로 한 자연건조형의 도료인 투명래커로서 안료가 들어가지 않은 래커로 주로 목재면의 투명도장에 사용한다. 유성바니시에 비하여 도막은 얇으나 견고하고 담색으로 우아한 광택이 있다. 내후성이 떨어지므로 외부에 사용하기에는 적당하지 않고 주로 내부용으로 쓰인다. 금속 전용 래커는 금속면의 변속(denaturaliz-

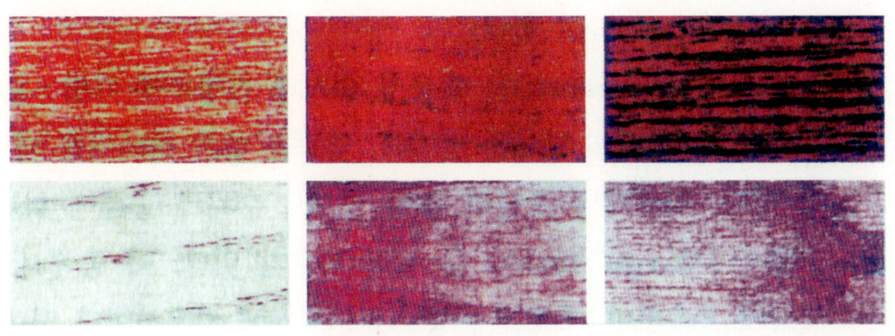

클리어래커(목재면)

ation of speed)을 방지하는 성질을 가지며, 광택을 보호한다. 품질은 한국산업규격(KS M 5326)에 규정되어 있다.

(2) 래커에나멜(lacquer enamel)

래커에나멜은 불투명도료로서 클리어래커에 안료를 첨가한 도료로서 내후성에 따라 외부용 또는 내부용으로 나누어진다. 외부용은 내후성이 높게 만들어진 것으로 주로 외부 도장에 사용되며, 내부용은 내후성이 낮은 실내의 도장에 사용된다.

래커에나멜은 도막이 얇고 밀착력이 떨어지기 때문에 도장시 바탕칠을 잘 해야 한다.

11-7 에나멜페인트

① 에나멜페인트(enamel paint)는 바니시에 안료를 혼합하여 만든 유색 불투명도료로서 보통 에나멜(enamel)이라고도 하며, 유성페인트와 유성바니시와의 중간성 도료이다. 특히 유성바니시에 안료를 혼합한 것을 유성에나멜(oil enamel)이라 하고 합성수지바니시에 안료를 혼합한 것을 합성수지에나멜(synthetic resin enamel)이라 부른다. 에나멜페인트는 건조가 대체로 빠른 편이며, 광택이 잘 나고, 내수성·내열성·내유성·내약품성이 좋은 고급도료이다.

② 에나멜페인트를 사용하는 원료에 따라 목재면 초벌용 에나멜·무광택 에나멜·은색 에나멜·알루미늄 페인트로 분류한다. 이 중 은색 에나멜(silver colour enamel)은 알루미늄분말(aluminum powder)과 골드사이즈(gold size)를 혼합한 액상품으로 온수관·라디에이터 등에 사용하며, 알루미늄 페인트(aluminium paint)는 알루미늄분말을 넣은 안료를 스파바니시(spar varnish)에 혼합하여 만든 도료로서 은색 에나멜과 거의 같으며, 이를 칠한 도장면은 금속광택이 나고, 열에 견디며, 내구성이 우수하여 녹막이도료·내수도료로 쓰인다.

11-8 합성수지 도료

① 합성수지 도료(synthetic resin paint)는 합성수시를 수체로 하여 만든 도료의 총칭이고, 사용하는 합성수지에 따라 여러 종류의 합성수지 도료가 있다.

합성수지 도료는 일반적으로 유성페인트와 바니시에 비해 건조시간이 빠르고, 도막은 단단하고, 방화성이 있으며, 내산 · 내알칼리성이 있으므로 콘크리트면 등에 바를 수 있을 뿐만 아니라 투명한 합성수지를 사용하면 더욱 선명한 색을 낼 수 있는 등 우수한 장점이 있어서 여러 방면에 주로 많이 사용되고 있는 도료이다.

② 합성수지 도료를 조성상 합성수지페인트(synthetic resin paint), 합성수지바니시(synthetic resin varnish), 합성수지 수성페인트(synthetic resin water paint), 페놀수지도료(phenol resin paint), 비닐계 수지도료(vinyl resin paint), 에폭시수지도료(epoxy resin paint), 멜라민수지도료(melamine resin paint), 실리콘수지도료(silicon resin paint), 알키드수지도료(alkyd resin paint), 폴리에스테르수지도료(polyester resin paint), 합성수지 에멀션페인트(synthetic resin emulsion paint) 등으로 분류한다. 이 중 합성수지 수성페인트는 에멀션페인트(emulsion paint)라 하여 시판하고 있는 것으로서 외부 도장에 많이 사용되고 있는 도료이다. 그리고 에폭시수지도료는 내산 · 내알칼리성이 특히 우수하고 단단하며 내마모성이 좋기 때문에 콘크리트 및 모르타르 바탕면 등 여러 방면에 사용되고 있다. 또한 알키드수지도료는 부착성, 내후성, 건조성, 보색성 또는 다른 도료와의 혼합성, 용해성 등이 일반적으로 좋으며 유성도료와 같이 간단하게 취급할 수 있어 많이 이용되고 있다. 그리고 합성수지 에멀션페인트는 물을 사용하므로 화재 · 폭발의 위험성이 없고 용제의 냄새가 없으므로 위생적이며, 작업성이 좋을 뿐만 아니라 내알칼리성이 강하여 콘크리트 · 모르타르 · 플라스터 바탕 등에도 칠할 수 있는 이점을 가지고 있어, 옥내 · 외 도장에 널리 사용되고 있으며, 품질은 한국산업규격(KS M 5320)에 규정되어 있다.

합성수지 도료

11-9 수성페인트

수성페인트(water paint)는 수용성 교착제(water soluble sticking agent)인 아교(glue) · 아라비아고무(Arabia rubber) · 전분(starch) · 카세인(casein) 등의 수용액에 안료를 가하여 물반죽하여 칠하는 도료이다. 즉 물을 용제로 하는 도료를 총칭한 것이다.

수성페인트를 칠한 면은 광택이 없어서 외관은 온화하지만 내수성이 없으므로 실내용 도료로서 회반죽면 또는 모르타르면의 칠에 적당하다. 또한 희석제(thinner diluent)로서 물을 사용하므로 독성 및 화재발생 위험이 없으므로 저공해 및 무공해의 도료로 많이 사용하고 있다.

수성페인트의 일종인 에멀션페인트(emulsion paint)는 수성페인트에 합성수지와 유화제(emulsifier)를 섞은 것으로서 수성페인트와 유성페인트의 특징을 겸비한 유화액상(emulsion liquid-like)의 페인트인데, 실내 · 외 어느 곳에서나 매우 광범위하게 사용되며, 피막(membrane)의 먼지 등으로 오염된 것을 비눗물로도 쉽게 제거할 수 있는 장점을 가지고 있다.

수성페인트

11-10 수용성 도료

① 수용성 도료(water - soluble paint)는 수용성의 수지를 도막형성 요소로 만든 도료이다. 수지는 도막형성시 경화되며, 물이 증발함에 따라 물에 불용성(infusibility)의 도막이 형성된다. 이러한 수용성 도료를 수용성

수지도료(water soluble resin paint)라고도 한다.

수용성 도료에는 수용성 에나멜, 수용성 목재프라이머, 수용성 방청페인트 수성낙서방지용 페인트 등이 있다.

② 수용성 에나멜(water soluble enamel paint)은 유기고분자 물질을 물에 녹게 하기 위해 분자 중에 친수성(hydrophile property)이 강한 기(radical)를 부여한 수용성 수지(water soluble resin)로 제조된 도료로서 희석제(thinner)로 물을 사용할 수 있으므로 경제적이며, 유성에나멜을 대체할 수 있는 정벌용 광택도료(luster paint)이다. 주로 건축용 도료에 사용되는 수용성 수지로는 수용성 알키드(water soluble alkyd), 수용성 아크릴(water soluble acryl), 수용성 아크릴 알키드(water soluble acrylic alkyd), 수용성 에폭시(water soluble epoxy)가 있다.

③ 수용성 목재프라이머(water soluble wood primer)는 수용성 알키드와 연마성(polishedness)이 우수한 안료를 혼합·분산한 도료로서 유성프라이머(oil primer)의 단점인 건조가 느린 것을 해결하며, 정벌칠의 접착효과를 높여주고, 목재의 바탕을 보강해주는 프라이머(primer)로서 가격도 저렴하다.

④ 수용성 방청페인트(water soluble rustproof paint)는 수용성 에나멜과 구성 성분이 유사하다. 무독성(unvirulence)의 특수방청안료(special anticorrosive pigment)와 산화철(iron oxide)을 사용하고 수용성 알키드수지로 철재 표면에 염(salt)을 형성시켜 방청성·부착성·내수성을 증진시킨 도료로서 광명단페인트(red lead paint)에 비해 무독성이고, 가격이 매우 저렴하다.

⑤ 수성낙서방지용 페인트(water soluble scribble preventive paint)는 미세한 입자의 아크릴에멀션(acrylic emulsion)에 안료와 습윤제(wetting agent), 균염제(leveling agent) 등의 첨가제(addition agent)를 혼합하여 제조된 것으로서, 주로 낙서 및 오염이 심한 콘크리트면이나 시멘트 제품 도장에 적합하다.

11-11 특수 도료

(1) 방청도료(rustproof paint)

방청도료는 금속면의 보호와 금속의 부식방지, 즉 녹이 슬지 않게 할 목적으로 사용되는 도료로서 녹막이도료, 녹막이페인트 또는 방식도료(anti-corro ive paint)라고도 한다. 금속에는 방청도료로 초벌을 하고, 그 위에 내후성이 있는 도료를 사용한다.

방청도료에는 광명단도료(red lead paint), 광명단조합페인트(red lead base ready mixed paint), 방청산화철도료(rust proof iron oxide paint), 알루미늄도료(aluminium paint), 역청질도료(bituminous paint), 에칭프라이머(etching primer), 아연화프라이머(zinc white primer), 크롬산 아연 방청페인트(zinc chromate rust preventing paint), 징크로메이트(zincchromate paint), 규산염도료(silicate paint) 등의 종류가 있다.

이 중에 광명단조합페인트는 도장에 직접 사용할 수 있도록 각 재료를 알맞게 배합하여 제조된 도료로서 철재 등의 녹막이도료로 많이 사용되고 있다. 품질은 한국산업규격(KS M 5311)에 규정되어 있다. 에칭프라이머는 금속면의 바탕처리를 위한 도료로서 이를 바른 위에 방청도료를 바르면 부착성이 좋고 방청효과도 크다. 아연화프라이머는 접착력, 내구력, 부식방지력이 우수하여 심한 부식환경에 놓여 있는 철재물의 방식용 프라이머(primer)로 사용된다. 품질은 한국산업규격(KS M 5325)에 규정되어 있다.

(2) 방화도료(fire retardant paint)

방화도료는 가연성(inflammability) 물질에 도장하여 인화·연소를 방지 또는 지연시킬 목적으로 사용되는 도료이다.

방화도료는 도막이 화염으로 인하여 분해·발포되어 부풀어서 일종의 방화벽을 만들므로 이 방화벽 자체가 단열층 역할을 한다. 따라서 발포성 방화도료라고도 하며, 건축용 방화도료의 품질은 한국산업규격(KS M 5328)에 규정되어 있다.

(3) 발광도료(luminous paint)

발광도료는 형광체(fluorescent body)·인광체(phosphorescent body)의

안료를 적당히 전색제에 넣어 만든 도료이다. 이 도료는 선전·광고·어두운 곳에서의 식별이 필요한 계기류의 눈금·지시판·스위치(switch) 등의 표시에 사용되며, 종류로는 형광도료(fluorescent paint)와 인광도료(phosphorescent paint)가 있다. 발광도료의 품질은 한국산업규격(KS M 5334)에 규정되어 있다.

(4) 방균도료(fungus resistant paint)

방균도료는 수지에 곰팡이 제거제(remover agent)를 섞어 만든 도료로서, 습기가 많은 장소에는 곰팡이가 발생하고 미관상 좋지 않을 뿐만 아니라 금속의 부식이나 누전의 원인이 되므로 이를 사전에 제거하기 위하여 사용하고 주로 콘크리트 또는 모르타르면에 칠한다.

(5) 다채무늬도료(multi color pattern paint)

다채무늬도료는 한 번 칠하여 두 가지 이상의 다채로운 표면을 형성하는 도료, 즉 스프레이 코팅재(spray coating materials)의 일종이다. 도장면의 색 표면상태에 변화를 주어서 미장효과를 올릴 목적으로 내부 벽면에 주로 사용한다. 시중에는 무늬코트(pattern coat), 큐비코트(cubic coat) 등으로 불리고 도장은 뿜칠로 한다.

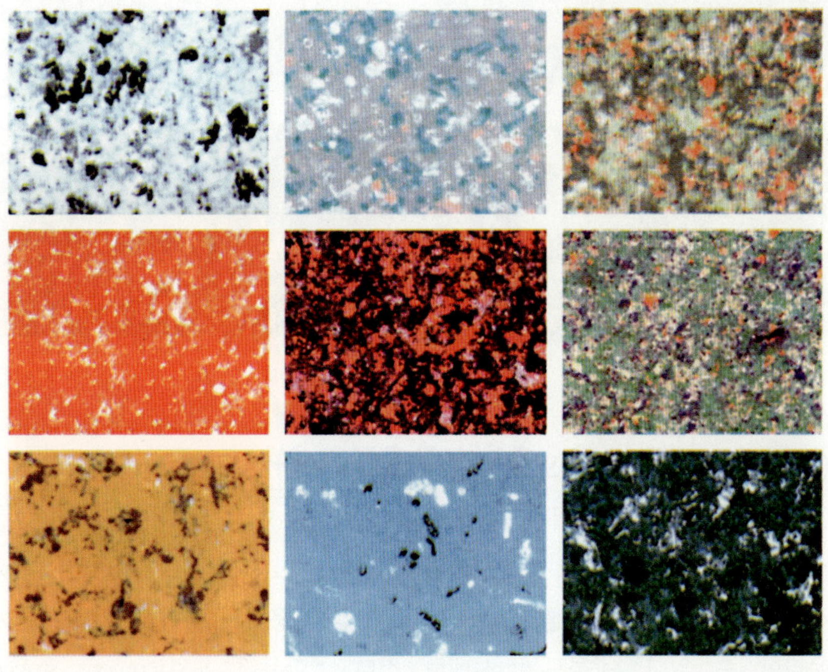

다채무늬도료

(6) 해머스톤도료(hammer-stone paint)

실리콘수지(silicon resin)와 알루미늄분말(aluminium powder)을 섞어 만든 도료로서, 금속면을 해머(hammer)로 잘게 두드린 것 같은 아름다운 은색의 입체적 모양을 한 것이다. 목재면이나 금속면에 쓰인다.

(7) 복층무늬도료(maisonette pattern paint)

합성수지와 체질안료(body pigment)를 혼합한 입체무늬(solid pattern) 모양을 내는 뿜칠용 도료(spraying paint)로서 콘크리트 및 모르타르 바탕의 내·외부 벽면에 뿜칠하여 요철무늬를 형성하도록 도장하는 도료이다. 복층무늬도료를 통상 본타일(bone-tile)이라고 한다. 종류로는 수용성본타일(water soluble bone-tile), 아크릴본타일(acrylie bone-tile), 에폭시본타일(epoxy bone-tile), 탄성본타일(elastic bone-tile)이 있다. 탄성본타일은 경량기포콘크리트의 외부 마감을 위한 도료로 주로 사용되며, 수성본타일은 내부용이고, 기타 본타일은 내·외부용이다.

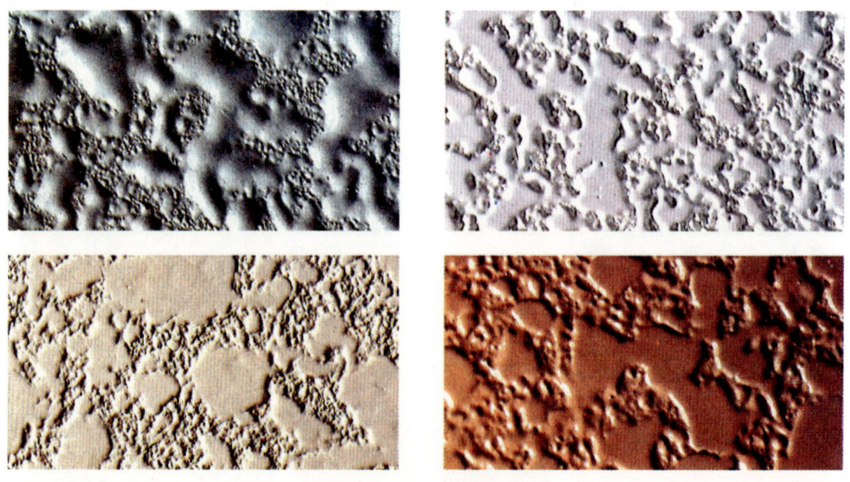

복층무늬도료

(8) 롤러무늬 마무리 도료(roller pattern finishing paint)

합성수지페인트와 무기질혼화재, 안료 등을 공장에서 배합하여 제품화한 수용성 도료로서, 시멘트계와 합성수지 에멀션계로 대별할 수 있으며, 각종 무늬를 형성시키는 무늬롤러(pattern roller)를 사용하여 다양한 모양으로 마무리할 수 있다. 종류로는 시멘트 스터코 마무리 도료(cement stucco finishing paint), 시멘트계 롤러무늬 마무리 도료(cement roller pattern finishing paint), 합성수지계 롤러무늬 마무리 도료(synthetic resin roller pattern finishing paint)가 있다. 주로 내장용으로 사용한다.

11-12 옻칠 · 캐슈칠 · 단청 도료

(1) 옻칠(oriental lacquer)

옻칠은 옻나무 껍질에서 상처를 내어 그 분비물을 채취한 수액(fluid)으로 만든 천연수지도료로서, 가공한 종류로는 생칠(생옻칠) · 정칠(정제옻칠)이 있다. 옻칠은 견고한 도막을 만들고 산 · 알칼리에 변화가 없으며, 공기중의 산소를 흡수하여 산화(oxidation)됨으로써 건조되는 것이 타도료와 다른 특징이 있으나 건조가 더딘 결점이 있다. 실내장식 칠 또는 한옥건물의 내부 목재치장재의 도장용으로 사용되고 있다.

(2) 캐슈칠(cashew paint)

열대성 식물인 캐슈나무 과실의 씨액에 함유된 액을 원료로 하여 석탄산 · 멜라민 · 알키드 등과 알데히드(aldehyde)로 공중합(copolymerization)하여 만들어진 도료이다. 표면은 거의 옻칠과 같이 단단하고, 내약품성 · 내수성 · 내후성이 우수하며, 광택도 좋다. 옻칠 대용으로 주로 사용된다.

(3) 단청 도료(colorful paint)

단청 도료는 각종 안료를 주로 아교풀(glue)에 묽게 개어서 솔칠을 좋게 할 수 있도록 만든 도료이다. 안료는 자체만으로는 부착성이 없기 때문에 여기에 교액(liquid glue)인 아교풀(glue) 등을 사용하는 것이다.

단청도료는 목재의 내부를 보호하고 균열 · 부식을 방지하며, 화사하고 장엄하게 외관을 갖추는데 주로 쓰인다. 여기서 단청이란 주로 건축물의 내 · 외부 · 목재부 · 벽면 · 천장면 등에 여러 가지 색으로 무늬를 놓고, 그리거나 색칠한 것을 말하며, 단호(丹臒) · 단벽(丹碧) · 채색(彩色)이라고도 한다. 단

단청도료

청은 한 가지 색만 칠하고, 부분적으로 각색의 무늬를 그려넣기도 한다. 단청을 가칠단청(바탕 단색칠), 긋기단청(먹선·색선으로 구획하는 장식선 두루기), 모로단청(부재의 끝머리만에 각색무늬를 그린 단청), 금단청(부재의 온면에 각색 무늬로 화려하게 장식한 단청)으로 대별한다.

근래에 와서는 수용성 도료(수용성 수지도료)가 개발되어 합성수지접착제를 이용하게 되었다.

III 성능별 재료

12 방수재료
13 단열재료
14 음향재료
15 방화재료 · 내화재료
16 접착제 · 실링재

12 방수재료

12-1 개 요

방수재료(waterproof material)는 방수용 재료의 총칭으로서, 그 사용 목적은 방수층(waterproof layer)을 형성하여 건축물의 구성부재를 불투수성(imperviouness) 상태로 만드는 데 있다. 방수층은 연속적인 얇은 막재료(membrane materials)를 이용하여 물의 이동을 방지하는 장치라 할 수 있다. 따라서 구조물 외부에 피막(membrane)을 구성하는 방수공법(waterproofing method)을 멤브레인방수(membrane waterproof)라 하여 아스팔트방수(asphalt waterproofing) · 시트방수(sheet waterproofing) · 도막방수(coating waterproofing)가 이에 해당된다. 이 외에도 시멘트방수제(waterproof agent of cement)를 모르타르 또는 콘크리트에 혼입하여 방수작용을 하게 하는 시멘트액체방수(liquid waterproofing of cement), 발수제(water repellent agent)를 방수제(waterproof agent)로 시멘트에 혼입하여 쓰거나 모르타르벽면 등에 발라 발수(repellent)하게 하는 간단한 방수방법인 발수방수(repellent waterproof), 시멘트방수제로 특수하게 철분(iron powder)을 화학적으로 산화제(oxidizing agent)와 섞어 만든 금속성 방수컴파운드(metallic waterproofing compound)라는 방수제를 사용하여 방수작용을 하게 하는 금속판방수(metallic type waterproof) 등이 있다. 또한 실링(sealing)재를 건축물 각 부분의 접합부나 스틸새시 주위 등에 충전(filling up)하여 빗물 등을 방지하는 방수방법인 실링방수(sealing waterproof)가 있다.

12-2 아스팔트 방수재료

12.2.1 아스팔트

- 아스팔트(asphalt)는 석유(petroleum)를 구성하는 성분 중에서 경질의 부분이 인위적으로 또는 자연의 힘에 의하여 증발하고 남은 흑색 내지 암갈색의 결합력이 있는 고형(solidity) 또는 반고형상의 물질로서, 이를 가열하면 서서히 액화(liquefaction)한다. 지표상에서 자연의 힘에 의하여 산출된 아스팔트를 천연아스팔트(natural asphalt)라 하며, 천연으로 산출된 원유에서 인위적으로 만든 아스팔트를 석유아스팔트(petroleum asphalt)라 한다. 건축공사에는 주로 석유아스팔트가 쓰인다.
- 석유아스팔트는 증류방법(distillative method)에 따라 스트레이트아스팔트(straight asphalt)와 블로운아스팔트(blown asphalt)로 나눈다.
- 스트레이트아스팔트는 원유를 건류(dry distillation) 또는 증류(distillation)한 잔류유(찌꺼기)를 정제(refining)한 것으로서 신장성 · 점착성 · 방수성은 풍부하지만 연화점(softening point)이 비교적 낮고 내후성이 약하고 온도에 의한 변화가 큰 것이 결점이다. 따라서 지하실 방수공사 외에는 사용하지 않는다.
- 블로운아스팔트는 잔류유(residuary oil)를 다시 공기 또는 공기와 수증기를 분출시키면서 저온으로 장시간 증류한 것으로서, 스트레이트아스팔트에 비하여 내구성은 크지만 연화점이 높고 온도에 대한 감수성이 작다. 신장성 · 점착성 · 방수성은 스트레이트아스팔트보다 약하다. 표면처리용으로 사용할 수 있으며, 품질은 한국산업규격(KS F 2204)에 규정되어 있다.

12.2.2 아스팔트제품

(1) 아스팔트유제(asphalt emulsion)

아스팔트유제는 유화제(emulsifier, emulsifying agent)에 의하여 아스팔트를 수중에 분산시킨 자갈색의 액체로서 방수층 또는 도로의 간이포장 등에 쓰인다. 유화제로는 비누 · 식물유 · 탄닌산(tannic acid) · 규산나트륨(silicic acid natrium) 등이 쓰인다.

(2) 아스팔트컴파운드(asphalt compound)

아스팔트컴파운드는 블로운아스팔트의 내열성 · 내한성 · 점착성 · 내후성 등을 개량하기 위하여 동물섬유나 식물섬유를 혼합하여 유동성을 부여한 것으로서, 주로 방수층에 쓰인다.

(3) 아스팔트프라이머(asphalt primer)

아스팔트프라이머는 아스팔트를 휘발성 용제(spirit vehicle)로 용해(dissolution)한 비교적 저점도의 흑갈색 액상재료(liquid material)로서 바탕재에 도포하여 아스팔트 등의 접착력을 향상시킨다. 따라서 방수재의 접착제로 쓰인다.

(4) 아스팔트루핑(asphalt roofing)

① 아스팔트루핑은 펠트(felt)에 연질 스트레이트아스팔트를 침투시키고, 앞면과 뒷면에 블로운아스팔트를 주재료로 한 컴파운드(compound)를 피복하고 그 위에 활석(talcum) 또는 운모(mica)의 가루를 부착시켜 규정된 치수로 절단하여 롤형(roll type)의 제품으로 만든 것이다.
평지붕의 방수층과 슬레이트 평판 · 금속판 등의 지붕깔기 바탕 등에 이용되고, 임시건축물 등의 간단한 지붕재료로도 이용되고 있다.
아스팔트루핑 1롤(두루마리)의 폭은 1m, 길이는 21m이고, 종류는 1롤의 중량에 의하여 25kg품, 30kg품, 35kg품, 45kg품이 있으며, 품질은 한국산업규격(KS F 4902)에 규정되어 있다.

② 특수루핑(asphalt special roofing)으로는 모래붙임루핑(sand surfaced roofing) · 망상아스팔트루핑(woven fabrics asphalt roofing) · 알루미늄루핑(aluminium roofing) · 합성고분자루핑(synthetic polymeric roofing) ·

스트래치아스팔트루핑(stretchy asphalt roofing) 등이 있다.

- 모래붙임루핑은 모래붙임용 루핑 원지에 아스팔트를 침투시켜 여기에 내후성이 큰 아스팔트컴파운드를 도포하고, 그 한쪽 면에 광물질 입자(mineral matter powder)를 압착시킨 것으로 지붕방수의 최상층용으로 사용되며, 품질은 한국산업규격(KS F 4906)에 규정되어 있다.
- 망상아스팔트루핑은 망상으로 짠 원단에 아스팔트를 침투시켜 롤형(roll form)으로 만든 것으로서 주로 아스팔트 방수층의 보강재로 중간층에 사용되며, 품질은 한국산업규격(KS F 4913)에 규정되어 있다.

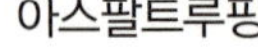

아스팔트루핑

아스팔트싱글

- 알루미늄루핑은 알루미늄판 또는 박(aluminum plate and thin)에다 아스팔트를 도포하거나 루핑과 알루미늄판을 붙여서 롤형으로 만든 것으로 지붕재 · 내외벽 · 천장 · 마루 등의 방습재료로 이용된다.
- 합성고분자루핑은 고무 · 비닐계수지 · 아크릴 등의 고분자 재료를 아스팔트에 혼입하여 아스팔트의 인성 · 탄성 · 감온성 등의 개선을 목적으로 만든 것으로서 주로 철근콘크리트 구조물의 방수에 사용되며, 품질은 한국산업규격(KS F 4911)에 규정되어 있다.
- 스트래치아스팔트루핑은 합성수지를 원료로 한 펠트(felt)상의 부직포(non-woven fabric) 원단에 아스팔트를 침투 · 도포시켜 표면과 배면(rear)에 광물질분말(mineral matter powder)을 부착시킨 시트(sheet)상 제품으로 만든 것이다. PC 또는 ALC 패널 바탕재처럼 균열이나 변형 등이 발생하기 쉬운 방수바탕 등에 사용한다. 품질은 한국산업규격(KS F 4904)에 규정되어 있다.

(5) 아스팔트펠트(asphalt felt)

아스팔트펠트는 목면 · 양모 · 마사 · 폐지 등을 펠트(felt)상으로 만든 원지에 연질 스트레이트아스팔트를 가열 · 용융하여 충분히 흡수시킨 후 회전로에서 건조와 함께 두께를 조정하여 롤형으로 만든 것으로서 주로 아스팔트 방수 중간층 재료로 이용되고 내 · 외벽 라스(lath) · 모르타르 바탕의 방수 · 방습재료로도 이용한다. 품질은 한국산업규격(KS F 4901)에 규정되어 있으며, 1롤(두루마리)의 폭은 1m, 길이는 21m이고, 종류는 1롤의 중량에 의하여 20kg품, 25kg품, 30kg품, 35kg품, 45kg품이 있다.

(6) 아스팔트싱글(asphalt shingle)

아스팔트싱글은 두께 3mm 정도의 아스팔트루핑을 30cm 각 정도로 4각형 또는 6각형 등의 모양으로 절단하여 만든 판재로 된 지붕재를 말한다. 여기서 아스팔트루핑은 아스팔트 사이에 강인한 유리섬유매트(glass fiber mat)나 다공성 원지를 심재로 하되 표면에는 채색된 돌 입자로 코팅(coating)한 것이다.

아스팔트싱글은 다양한 색상의 소재로 지붕의 외관을 미려하게 할 수 있고, 방수성 · 내후성 · 내변색성이 우수할 뿐만 아니라 녹인 아스팔트 또는 합성수지 접착제로 손쉽게 붙일 수 있다는 장점 때문에 지붕재료로 많이 사용되고 있다.

12-3 시멘트 방수재료

(1) 시멘트방수제(waterproof agent of cement)

시멘트방수제는 모르타르 또는 콘크리트에 혼입하면 물리적 · 화학적으로 모체(parent body)의 공극을 메우고, 이를 수밀하게 하여 방수작용을 하는 재료이다. 종류를 상태에 따라 분류하면 액체방수제 · 분말방수제 및 교질방수제로 구분되지만 그 종류는 여러 가지가 있으며, 이들의 대부분은 특허품으로 제조 · 판매되고 있다.

- 액체방수제(liquid waterproof agent)는 액상(liquids)으로 만들어진 방수제로서, 모르타르에 혼입하여 방수효과를 내는 액체방수에 주로 사용한다.
- 분말방수제(powder waterproof agent)는 분말상(powder state)으로 만들어진 방수제로서, 물에 풀어 쓰거나 시멘트나 모래 등에 건비빔으로 혼합하여 사용한다. 주로 방수모르타르에 쓰인다.
- 교질방수제(colloidal waterproof agent)는 교질상(stickiness state)으로 만들어진 방수제로서, 죽모양으로 만들어 용기에 담아 운반과 저장 등이 간편하게 만든 것이다. 사용할 때 물을 가하여 적당한 농도(concentration)로 풀어 쓴다.
- 시멘트방수제를 주성분에 따라 그 종류를 들면 염화칼슘계 방수제(chloride calcium waterproof agent), 규산소다계 방수제(silicic acid soda wateproof agent), 지방산계 방수제(fatty acid waterproof agent), 파라핀계 방수제(paraffin waterproof agent), 수용성 폴리머계 방수제(soluble polymer waterproof agent) 등이 있다.

(2) 시멘트 액체방수(liquid waterproofing of cement)

시멘트 액체방수에는 시멘트, 모래, 물, 방수제 또는 보조재료를 사용하여 방수제 제조자가 지정한 비율로 배합하여 사용한다. 시멘트는 보통포틀랜드 시멘트를 사용하고 방수제는 액체방수제를 사용하는 것을 원칙으로 한다. 보조재료로는 필요에 따라 지수제, 접착제, 방동제, 보수제, 경화촉진제, 실링재 등을 사용하게 되는데 종류 및 품질은 방수제 제조자가 지정하는 것을 사용한다.

(3) 방수모르타르(waterproof mortar), 방수시멘트풀(waterproof cement paste)

방수모르타르는 방수제를 혼입하여 만든 모르타르로서 방수성능이 있는 것으로서 시멘트 액체방수층 바름에 사용한다. 방수시멘트풀은 방수모르타르에서 모래를 넣지 않고 시멘트와 액체방수제(liquid waterproof agent)를 혼합하여 만든 것으로서 시멘트 액체방수층에 얇게 바르는 데 사용한다.

12-4 시트 방수재료

시드빙수(sheet water - proof)는 합성수지 또는 개량아스팔트 등을 주원료로 하여 적층 성형한 얇은 시트(sheet)를 접착제나 토오치(torch)를 사용하여 모체(parent body)에 방수층을 형성시키는 것을 말하는 것으로서 1층 시트 방식(single - ply sheeting system)에 의한 방수효과를 기대할 수 있는 방수 공법이다. 이것은 물을 쓰지 아니하는 냉간공법이고, 방수층은 신축성이 크고, 방수성 · 내후성 · 내약품성 · 내알칼리성 · 내산성도 우수하다. 또한 방수층은 경량이고 시공도 비교적 간편하다. 평지붕, 목욕탕, 지하실, 수압이 큰 저수탱크, 지하철공사 등에 많이 쓰인다.

시트 방수재료는 개량아스팔트 시트(improvable asphalt sheet)와 합성고분자계 시트(synthetic polymeric sheet)로 구분할 수 있으나 합성고분자계 시트가 주로 사용되고 있다. 개량아스팔트 시트는 기존의 아스팔트방수의 장점을 확보하면서 용융아스팔트(liquid asphalt)를 사용하지 않으므로 아스팔트 냄새 · 화상 등의 우려를 개선하고 대체로 1겹의 방수층으로 시공할 수 있는 시트 방수재료로서 대표적인 것으로는 아스팔트에 합성고무 또는 합성수지를 첨가해서 성질을 개량한 폴리머 개량아스팔트(polymer improvable asphalt)가 쓰인다. 합성고분자계 시트는 합성고분자 재료를 적층 · 성형한 얇은 시트로서 1겹의 방수층으로 시공할 수 있는 시트 방수재료로서 합성고무계 시트(synthetic rubber sheet)와 합성수지계 시트(synthetic resin sheet)로 대별한다. 합성고무계 시트는 신장 능력이 크고 시공성도 우수하지만 사용시 인장(tension)하며 조여 붙이면 열화(degradation)를 받기 쉽다. 합성수지계 시트는 여러 종류가 있을 뿐만 아니라 특허품도 다양하고 가격이 싸고 비교적 견고하며 신장능력이 작으므로 시공하기 쉽다. 일반적인 제품으로는 염화비닐계 시트(polyvinyl sheet), 폴리에틸렌계 시트(polyethylene sheet), 클로로프렌고무계 시트(chloroprene rubber sheet), 폴리이소부틸렌고무계 시트(polyisobutylene rubber sheet), 부틸고무계 시트(butyl rubber sheet)가 있다.

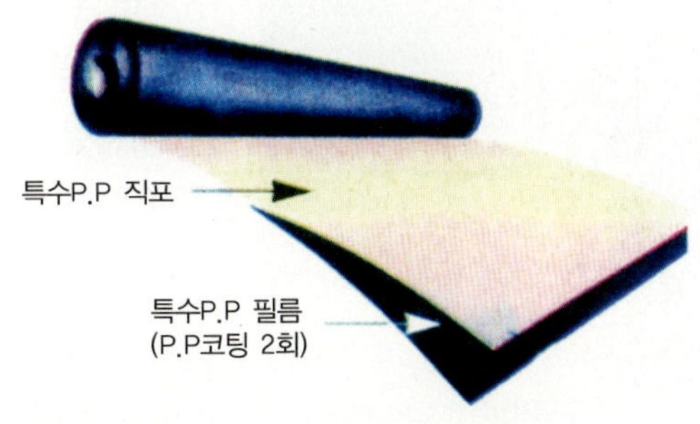

시트방수

12-5 도막 방수재료

도막방수(coating waterproof)는 방수바탕에 합성고무나 합성수지의 유제(emulsion) 또는 용제(solvent)를 도포하여 소요 두께의 방수피막(waterproof membrane)을 형성시켜 방수층을 만드는 방수방법을 말한다. 도막방수에는 유제형(emulsion type) 도막방수와 용제형(solvent type) 도막방수로 구분한다. 또한 1성분형(one element system type)과 2성분형(two element system type)으로 구분한다.

- 유제형 도막방수는 수지유제(resin emulsion agent)를 바탕 콘크리트면에 여러 번 발라 두께 0.5~1.0mm 정도의 바름막을 형성하여 방수층으로 한 것으로서, 아크릴수지(acrylic resin)계, 아크릴스티렌(acryle styren) 공중합, 초산비닐, 합성고무 등이 쓰인다.
- 용제형 도막방수는 합성고무를 휘발성 용제(solvent)에 녹인 일종의 고무도료를 여러 번 칠하여 두께 0.5~0.8mm의 방수피막을 형성하여 방수층으로 한 것으로서, 클로로프렌고무계, 클로로설폰화폴리에틸렌계, 우레탄고무계, 아크릴고무계, 고무아스팔트계 등이 쓰인다.
- 도막 방수재료를 사용한 방수층의 시공은 굴곡 등 복잡한 부위나 수직부위 같은 곳에 용이하고 신속하게 할 수 있으며, 또한 재료 자체가 내약품성 및 접착성이 우수하고 신축성이 있기 때문에 바탕면의 미세한 균열에도 견딜 수 있다. 그리고 누수시 결함 발견이 용이하고 국부적으로도 보수가 가능한 장점을 가지고 있는 방수재료이다.
- 1성분형은 미리 시공 가능한 상태로 배합되어 있어 현장에서 그대로 사용할 수 있도록 만들어진 도막 방수재료를 콘크리트바탕 등에 여러 번 바르거나 칠하여 도막을 형성하는 것이다. 이에 해당하는 도막 방수재료로는 아크릴수지계, 아크릴고무계, 클로로프렌고무계, 고무아스팔트계 등이 있다.
- 2성분형은 현장에서 사용하기 직전에 용제 또는 필요한 혼화제(admixture) 등을 혼입하거나 또는 다른 재료의 분말을 첨가하여 배합하고 비벼서 만들어진 도막 방수재료로서 이에 해당하는 도막 방수재료로는 우레탄고무계, 에폭시고무계 등이 있다.

도막방수

13 단열재료

13-1 개 요

단열재료(adiabatic materials, heat insulating materials, thermal insulating materials)는 열을 차단할 수 있는 성능을 가진 재료를 총칭하며, 건축에서는 필요한 열의 유출과 유입을 방지하여 에너지절약을 촉진하고 표면결로 및 실내온도의 편중을 방지하여 쾌적한 거주환경을 확보하는 것을 목적으로 사용된다.

단열재료는 보통 다공질의 재료가 많으며, 열전도율(thermal conductivity)이 낮을수록 단열성능(thermal-insulation pertormance)이 좋다. 같은 두께인 경우 경량재료인 것이 단열에 더 효과적이고, 열을 표면에서부터 반사해버리는 재료도 단열재료의 일종이라 할 수 있다. 단열재료의 대부분은 차음(sound insulation), 방음(sound isolation), 흡음(sound absorption) 등 음향효과도 동시에 발휘함으로써 음향재료(acoustical materials)에 속한다고 볼 수 있다. 단열재료를 통상 단열재라고 부른다.

최근에는 에너지절약에 대한 관심이 높아짐에 따라 에너지절약형 재료인 단열재료 사용과 음환경에 대처한 음향재료(acoustical materials) 사용이 점차 증대되어 가고 있다.

13-2 단열재의 분류 및 형상

13.2.1 단열재의 분류

건축용 단열재는 재질 · 형태 및 사용온도에 따라 분류할 수 있으나 대체로 무기질단열재 · 유기질단열재로 · 화학합성물 단열재로 분류할 수 있고, 형태에 따라 섬유상단열재 · 다공성단열재 · 공기층단열재로도 구분할 수 있다.

무기질단열재로(inorganic adiabatic materials)는 유리면 · 암면 · 석면 · 규산칼슘보온재 · 규조토보온재 · 펄라이트보온재 · 질석 · 광재면 · 다포유리 등을 들 수 있고, 유기질단열재(organic adiabatic materials)로는 셀룰로오스보온재 · 코르크판 · 발포폴리스티렌보온재 · 폴리우레탄폼 · 발포폴리에틸렌보온재 · 요소발포보온재 · 페놀발포보온재 · 우레아폼 등을 들 수 있으며, 화학합성물 단열재(chemical compound adiabatic materials)로는 발포폴리우레탄폼 · 경질우레탄폼 · 발포폴리스티렌보온재 · 발포폴리에틸렌보온재 · 요소발포보온재 · 페놀발포보온재 · 우레탄폼 · 발포염화비닐 등을 들 수 있다.

13.2.2 단열재의 형상

단열재는 분말 또는 섬유상으로 된 것을 이용할 때도 있으나 이들의 2차제품으로 성형하여 여러 가지 형태로 만들어 시공이 용이하게 하고 있다. 단열재의 성형(making mould)재로서 보통 사용되고 있는 것을 들면 다음과 같다.

① 보온판(heat insulating board) : 단열재를 넓은 판상(plate form)으로 성형한 것으로서 단열판(insulation board, adiabatic board)이라고도 한다. 열의 전달을 방지하기 위하여 바닥 또는 벽 등의 구조부에 끼워대는 데 주로 사용한다.

② 블랭킷(blanket) : 단열재를 판상으로 성형한 것에 종이 · 천 또는 메탈라스(metal lath) 같은 것으로 외피를 보강한 것이다. 한 면에 천 등을 대어 매트형(mat type)으로 만든 것을 보온매트(heat insulating mat)라고도 한다. 열의 전달을 방지하기 위하여 바닥 또는 벽 등의 표면에 붙여 대거나 구조부 내에 끼워대는 데 사용한다.

③ 펠트(felt) : 단열재를 탄력 있는 시트(sheet) 형태로 성형한 것으로서, 펠트의 뒷면에 종이·천 또는 메탈라스(metal lath) 등을 대어 보강한 것도 있다. 바닥 또는 벽 등에 다른 마감재로 마감하기 전에 열의 전달을 방지하기 위한 목적으로 붙여대는 데 사용한다.

④ 보온통(heat insulating pipe-cover) : 단열재를 원형 또는 반원형으로 성형한 것으로 냉난방용 파이프의 보온용으로 쓸 수 있게 만든 것으로서, 유제(emulsion)로 표면을 처리하고, 크라프트지(craft paper)를 붙이기도 한다.

⑤ 보온대(heat insulating belt) : 단열재를 펠트(felt) 모양으로 만든 것을 일정한 너비로 절단하고, 한 면에 종이 또는 천을 대어 마무리한 띠형(band type)으로서, 대부분 냉난방설비 또는 위생배관의 보온(heat insulation) 또는 보냉(cold reserving)에 쓰이도록 만든 것이다.

13-3 단열재와 그 제품

13.3.1 유리섬유와 그 제품

유리섬유(glass fiber)는 유리의 원료를 녹인 유리액(glass liquid)을 압축공기로 비산(scattering)시켜 가는 섬유 모양으로 만든 것으로서, 탄성이 작고 인장강도·전기절연성·내화성·단열성·흡음성·내식성·내수성 등이 우수하며 경량이다. 그러나 굴곡에 약한 것과 집속(gather bundle)된 것은 모세관현상(capillarity)에 따라 흡수성이 있다는 것이 결점이다.

유리섬유는 플라스틱제품의 보강용으로 쓰이고, 단열재·방음재·보온재·전기절연재 등에 사용되며, 규격은 한국산업규격(KS L 9102)에 규정되어 있다. 유리섬유를 이용한 제품으로는 유리면(glass wool), 유리면 보온판(glass wool insulating board), 유리면 보온매트(glass wool insulating mat), 유리면 보온통(glass wool insulating pipe-cover), 유리면 블랭킷(glass wool blanket), 유리면 보온대(glass wool insulating belt)가 있다. 유리섬유 단열재의 규격은 한국산업규격(KS F 6305)에 규정되어 있다.

유리면 / 유리면 보온판 / 유리면 보온 매트 / 유리면 보온통

유리섬유

13.3.2 발포폴리스티렌보온재

발포폴리스티렌보온재(foam polystyrene heat insulating material)는 폴리스티렌수지에 발포제(gas-foaming agent)를 넣어 다공질의 기포(foam)를 형성시켜 만든 것으로서 다공질의 기포플라스틱재(foam plastic material)의 일종이다. 발포폴리스티렌보온재를 국내에서는 스티로폴(styropor)로 더 많이 알려져 있는데, 이는 독일 BASF사의 상표명이 유래된 것이다. 때로는 스티로폼(styrofoam)이라 하여 미국 다우케미칼사의 단열재 상품명을 쓰기도 한다.

발포폴리스티렌보온재(스티로폼)

발포폴리스티렌보온재는 1l 당 300~600만 개의 완전 독립된 미세한 기포로 구성되어 있으며, 체적의 약 97%는 공기이므로 열과 냉기의 침입에 대하여 효과적인 차단기능(function of interruption)을 가지고 있다. 따라서 단열효과가 다른 단열재에 비하여 비교적 크고 흡수율 및 비중이 작을 뿐만 아니라 시공성이나 내부식성이 좋기 때문에 단열재로서 여러 방면에 많이 사용되고 있다. 국내에서 생산되고 있는 난연성 발포폴리스티렌폼(incombustible foam polystyrene-form)은 발포폴리스티렌보온재에 난연제(incombustible agent)를 첨가하여 자기소화성(self fire extinguishableness)을 갖도록 만든 것으로서 청색으로 착색하여 난연제를 사용하지 않는 것과의 구별을 용이하게 하고 있다. 규격은 한국산업규격(KS M 3808)에 규정되어 있다. 제품으로는 발포폴리스티렌보온판(foam polystyrene heat insulating board), 발포폴리스티렌보온통(foam polystyrene heat insulating pipe cover)이 있다.

13.3.3 암면과 그 제품

암면(rock wool)은 석회·규산을 주성분으로 하는 내열성이 높은 광물질인 현무암·안산암·혈암·돌로마이트(dolomite) 등을 용융한 것을 원심력 압축공기 또는 고압증기 등으로 섬유화시킨 것으로 일명 광석면(mineral fiber)이라고도 한다. 암면은 단열·보온 및 흡음성 등이 우수하고, 내화성도 있으므로 절연재(isolated material), 즉 열이나 음의 차단재(interceptive material)로 이용되고 있다. 암면단열재의 규격은 한국산업규격(KS F 6304)에 규정되어 있다.

암면을 이용한 제품으로는 암면보온판(rock wool insulating board), 암면보온통(rock wool insulating pipe - cover), 암면보온대(rock wool insulating belt), 암면펠트(rock wool felt), 암면블랭킷(rock wool blanket), 암면보온매트(rock wool insulating mat), 암면흡음판(rock wool acoustical board), 암면스프레이코팅재(rock wool spray coating material) 등이 있다.

13.3.4 폴리우레탄폼

폴리우레탄폼(polyurethane foam)은 폴리올(polyol)과 폴리소시아네이트(polyisocyanate) 및 발포제를 사용하여 만든 것으로서, 단열성이 크고 화학

암면　암면보온판

암면보온매트　암면펠트

암면블랭킷　암면보온통

암면과 그 제품

약품에 견디는 성질이 강하다. 가격이 비싸기 때문에 보온재료는 별로 사용되지 않고, 단열성을 높이기 위한 복합재료로 사용된다. 경질과 연질이 있으나 단열재의 용도로는 경질의 제품이 사용되며, 경질우레탄폼 단열재의 규격은 한국산업규격(KS M 3809)에 규정되어 있다.

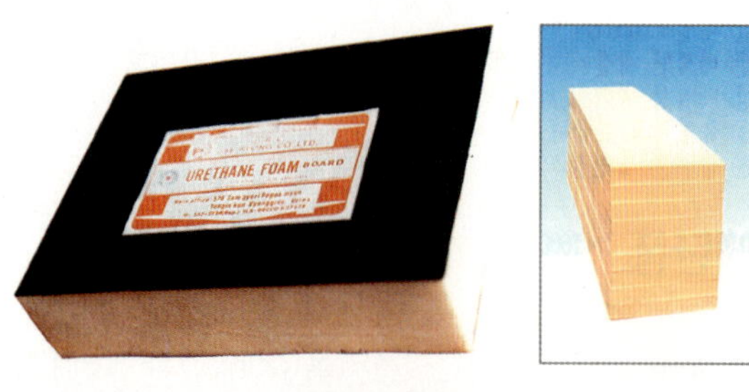

폴리우레탄폼

13.3.5 펄라이트보온재

펄라이트보온재(pearlite heat insulating material)는 펄라이트와 접착제 및 무기질 섬유를 균등하게 혼합하여 성형한 발수성(water repellency) 펄라이트보온판 및 발수성 펄라이트보온통을 말한다. 펄라이트(pearlite)는 화산석으로 된 진주석을 900~1,200℃로 소성한 후 분쇄하여 소성·팽창한 것으로서 매우 가볍고 단열성이 크며 화학적으로 안정되어 있을 뿐만 아니라 내화성도 크다. 주로 단열·보온·흡음 등을 목적으로 사용한다. 일반적으로 모르타르 또는 플라스터의 골재로 사용되지만 흡수성이 있으므로 외부마감재료로는 사용되지 않고 있다.

펄라이트

펄라이트 보온판

펄라이트 및 그 제품

13.3.6 질 석

질석(vermiculite)은 운모계의 광석을 1,000℃ 정도로 소성하여 유공질로 만든 무기질로서 화학적 유해물(유기불순물·염분·황산 등)에 안전한 재료이다. 또한 단열·보온·불연·방음·결로방지의 특성을 가지고 있으므로 방화벽이나 단열벽판 또는 천장 등에 많이 사용되고 있다. 질석의 색채는 금색·은색 및 갈색으로 나타나는데 소성한 것은 황금색으로 나타나며, 품질은 한국산업규격(KS F 3702)에 규정되어 있다.

질석제품으로는 질석을 주재료로 만든 질석단열보드·질석하드보드·질석벽돌·질석블록·질석텍스·질석골재 및 합성수지에 질석을 혼합한 각종 성형품 등이 있다.

13.3.7 규산칼슘보온재 · 페놀발포보온재

① 규산칼슘보온재(calcium silicate heat insulating material)는 규산질 분말 · 석회 및 무기질 섬유를 균일하게 배합하여 가열 · 성형한 것으로서, 일반적으로 경량이고 강도가 높으며 내열 및 내수성이 우수하다. 따라서 보온재료는 물론이고 원자력 플랜트(plant)에도 많이 이용되며, 최근에는 철골의 내화피복재료(fire resistive covering materials)로도 많이 사용되어 그 용도가 점차 확대되어가고 있다. 제품으로는 규산칼슘보온판과 규산칼슘보온통이 있고, 그 규격은 한국산업규격(KS L 9101)에 규정되어 있다.

② 페놀발포보온재(phenol form heat insulating material)는 석탄수지(coal resin) 및 발포제를 주원료로 하여 제조한 것으로 양면에 유리섬유로 표면을 피복한 판상의 보온판과 보온통 및 현장발포용 분무식 페놀발포체(phenol gas-foaming body)가 있다. 난연성이며 발포플라스틱 중에서 최고 안전사용온도가 130℃로 높은 것이 특징이고 단열성이 경질우레탄폼 단열재 다음으로 높은 편이다.

13.3.8 코르크판 · 셀룰로오스보온재

① 코르크판(cork board)은 코르크나무 껍질의 탄력성이 있는 부분을 주원료로 하여 톱밥(sawdust) · 마사(hemp yarn) 등을 혼합한 것에 접착제를 첨가한 후 가열 · 강압 · 성형 · 접착하여 널판지처럼 만든 것으로서, 증기로 가열한 것은 마감재로 쓰이고, 직접 불로 가열한 것은 탄화코르크판(carbonization cork boards)이 되어 단열재로 쓰인다. 코르크판은 불에 잘 타지 않는 성질을 가지고 있으므로 불연재료로도 쓰이고, 표면이 평평하고 유공질이므로 탄성 및 흡음성이 있어 흡음판용으로도 쓰인다.

② 셀룰로오스보온재(cellulose heat insulating material)는 재생된 식물성 섬유(vegetability cellulose fiber)에 난연제(incombustible agent) 등의 첨가제(additive agent)를 첨가하여 공기를 주입하거나 부어넣을 수 있는 상태로 제조된 것으로서 단열 · 보온 · 보냉 · 방습 등을 목적으로 사용한다.

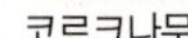

코르크나무

코르크나무 껍질

코르크판

코르크나무 · 껍질 및 코르크판

셀룰로오스보온재

13.3.9 우레아폼 · 광재면

① 우레아폼(ureafoam)은 비료공장에서 생산되는 요소(urea)와 포르말린(formalin)으로 만들어진 요소수지를 경화제와 공기를 사용하여 현장에서 발포시켜 시공 부위에 주입 또는 분사시키는 단열재로서, 분사식(jet system) 단열재의 일종으로 현장시공이 편리한 재료이다.

우레아폼

② 광재면(slag wool)은 제철(iron manufacture)의 용광로에서 선철(pig iron)을 뽑아내고, 용선철(blast pig iron)의 윗면에 남은 찌꺼기인 고로 광재(blast-furnace slag, foamed slag)에 압축공기 또는 분사증기를 뿌려 급랭시켜 섬유상으로 만든 광물질 섬유로서, 석면(asbestos) 대용으로 단열·보온·보냉·방습·흡음 등을 목적으로 사용된다.

13-4 단열재의 특성과 선택

13.4.1 단열재의 특성

단열재는 종류에 따라 그 성능과 특징이 다르고 자체적으로 장점과 단점을 가지고 있다. 따라서 단열재는 어떤 조건에서든지 충분히 모든 조건을 만족시키기는 어렵다.

단열재의 특성은 열전도율, 화학적·물리적, 흡습성과 흡수성, 불연성, 시공성 측면에서 들 수 있다.

① 열전도율(thermal conductivity) : 일반적으로 단열재의 열전도율은 0.02~0.05kcal/mh℃ 사이에 있는 것이 보통이다. 열전도율값은 그 단열재의 사용온도에 따라 달라지기 때문에 반드시 몇 도의 온도에서의 값인지를 확인해야 한다.

열전도율의 값은 밀도와 밀접한 관계가 있다. 즉 밀도가 작을수록 열전도율의 값은 작아진다. 그러나 열전도율이 반드시 밀도에 비례한다고만은 할 수 없다.

② 화학적 및 물리적 특성(chemical & physical properties) : 단열재는 비교적 화학적으로 안정된 재료이다. 다만 단열재의 결합재가 물에 녹는 경우 약간의 알칼리성(alkaline)을 나타내는 경우가 있으므로 알칼리에 약한 재료와의 접촉은 피하고, 특히 시공용 접착제를 사용하는 경우 어떤 용제에는 침식될 가능성이 있으므로 주의가 필요하다.

모든 단열재는 역학적인 강도가 매우 작고, 일반적으로 다기포의 구성을 가지고 있기 때문에 구조체 역할의 재료 사용은 적합하지 않고, 시공시에도 파손 등에 특히 주의해야 한다.

③ 흡습성과 흡수성(hygroscopicity & absorptivity) : 단열재는 일반적으로 다기포구조로 되어 있으므로 흡습과 흡수를 하기 쉽다. 단열재 내부의 공기층이 공기 대신에 물로 채워져 있으면 단열효과가 저하되고, 이와 접촉되어 있는 내·외장재 등의 표면도 부식시킬 우려가 있으며, 더욱이 유기질단열재(organic adiabatic materials)의 경우에는 단열재 자체가 부식될 가능성도 있다.

④ 불연성(incombustibility) : 무기질단열재(inorganic adiabatic materials)는 일반적으로 불연재료에 속하지만 유기질단열재를 모두 불연재라고는 할 수 없으며, 플라스틱계통의 단열재도 불연재는 아니다. 따라서 불연재에 속하지 않는 단열재는 제조과정에서 난연처리를 하여 자기소화성을 갖도록 처리하기도 한다.

⑤ 시공성(constructability) : 단열재는 각기 독특한 성능이 있어서 나름대로 시공성에 대한 장·단점을 가지고 있다. 한 예로서 발포폴리스티렌폼(스티로폴)은 운반해서 설치하기 쉽지만 이음부분에 틈새가 생기지 않도록 하는 등 연결부분을 정교하게 고정시키는 것이 문제이고, 암면이나 유리면은 융통성을 가지고 있으므로 연결부분을 좋게 할 수는 있으나 벽체 등에 수직으로 이용할 때에는 자중 또는 진동에 의하여 밑으로 처지거나 내려 앉는 것을 방지하기 위한 별도의 보조조치를 취해야 하는 어려움이 뒤따른다.

13.4.2 단열재의 선택

단열재는 밀도나 비중에 따라 열전도율이 달라지므로 알맞은 밀도와 비중을 가진 것을 선택해야 한다. 또한 갑작스런 화재시에 대비하여 난연성 단열재나 불연재를 피복한 단열재를 선택하는 것이 좋다. 단열재가 구비해야 할 조건, 즉 단열재 사용을 위한 선택조건은 다음과 같다.

① 열전도율 및 흡수율이 낮고 비중이 작을 것.

② 내화성 및 내부식성이 좋을 것.

③ 어느 정도의 기계적인 강도가 있을 것.
④ 유독성 가스가 발생되지 않고, 사용년한에 따른 변질이 없을 것.
⑤ 균질한 품질에 가격이 저렴할 것.
⑥ 시공성(가공 · 접착 등)이 좋을 것.

14 음향재료

14-1 개 요

음향재료(acoustical materials)는 흡음(sound absorption) 및 차음(sound insulation, sound isolation) 등 음향을 고려하여 설계된 재료를 말한다. 음향을 조절하기 위한 건축상의 설계인 음향설계(acoustic design)는 강당 · 극장 · 음악당 등에서 소리가 선명하게 잘 들리도록 하고, 외부로부터의 소음(nois) 또는 공장 내의 소음 등을 방지 · 차단하여 쾌적한 생활환경을 도모하는 데 그 목적이 있다. 따라서 음향설계시 건축물에 음향을 고려하여 이에 맞는 음향재료나 구조를 선택하는 것이 가장 중요하다.

음향재료를 일반적으로 흡음재료와 차음재료로 구분한다.

14-2 흡음과 차음

① 흡음(sound absorption)이란 재료 표면에 입사(incidence)하는 음에너지(sound energy)의 일부를 흡수하여 반사음(reflected sound)을 감소시키는 재료의 특성이라 정의할 수 있다.

재료에 음파가 입사하면 아래 그림에서 나타낸 바와 같이 일부는 반사되고, 나머지 에너지는 재료 내부의 점성저항(viscosity resistance), 마찰저항(friction resistance) 등에 의하여 열에너지(heat energy)로 발산되거나 재료를 투과한다. 음의 에너지가 재료에 따라서 흡수되어지는 효율, 즉 흡음효율(sound absorbing efficiency)은 재료의 흡음률(sound absorbing coefficient)로 나타낸다. 이 흡음률이 바로 흡음의 정도를 나타내는 수치가 된다. 흡음률을 다음 식으로 표시할 수 있다.

$$\alpha = (I_i - I_r)/I_i = 1 - I_r/I_i$$

여기서, α : 흡음률

I_i : 재료면에 입사하는 음의 에너지(입사음에너지)

I_r : 재료면에 반사되는 음의 에너지(반사음에너지)

위 식에서 흡음률(α)은 0과 1 사이의 값($0 < \alpha < 1$)을 갖는데, 흡음률이 0이라 함은 재료가 입사하는 음에너지의 전부를 반사시키는 것을 뜻하며, 1에 가까우면 입사하는 음에너지의 대부분을 흡수하는 것을 뜻한다. 다시 말하면 흡음 효율이 전혀 없는 것은 $\alpha = 0$이고, 완전히 흡음하는 것은 $\alpha = 1$이 된다. 그러나 흡음률이 0인 재료는 실제로 없으며, 반사성이 높은 재료라 하더라도 매우 적은 양의 흡음을 하기 마련이다. 흡음률은 재료에 따라서 각각 서로 다른 값을 가지고 있을 뿐만 아니라 같은 재료라 할지라도 입사하는 음의 주파수(frequency), 입사각(angle of incidence), 재료가 설치되는 공간적 위치 또는 고정방법에 따라서도 달라진다. 따라서 재료의 흡음률은 각 음의 주파수에 대응하

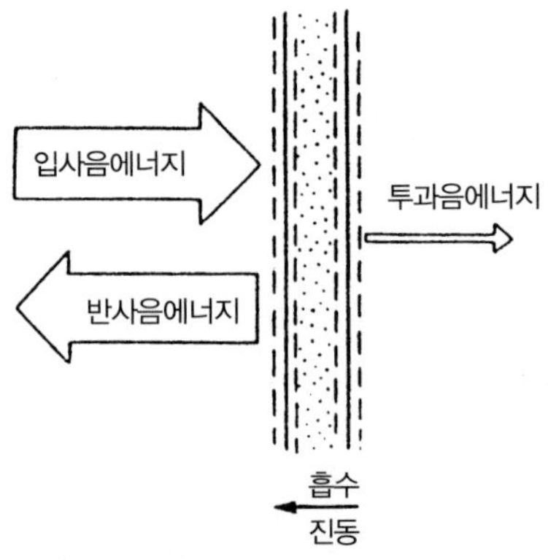

음의 반사 · 흡수 · 투과

는 흡음률 전체로 이해하는 것이 바람직하다.

② 차음(sound insulation, sound isolation)이란 음원(sound source)에서 발생된 음이 수음점(receptive sound point)으로 전달되는 것을 방해하는 성질을 말한다. 일반적인 재료의 차음성능은 다음과 같이 정의되는 투과손실(transmission loss, 약칭 TL)을 사용하여 나타낸다.

$$\text{투과손실}(TL) = 10\log_{10}\frac{1}{\tau}(\mathrm{dB})$$

여기서, τ는 투과율(transmission factor)로서 재료면에 입사하는 음의 에너지(I_i)에 대한 재료면에서 투과되는 음의 에너지(I_t)의 비율이다. 즉 $\tau = I_i / I_t$이다.

투과손실(TL)이 클수록 차음성능이 뛰어난 것을 의미한다.

차음에는 공기전송음 차단과 충격음 차단의 2종류가 있다. 전자는 공기 중에서 발생하는 소음을 차단하는 것이며, 후자는 충격에 의하여 생기는 소음을 차단하는 것이다. 이와 같은 소음은 실제로 충격과 공기전송이 복합된 것으로 음원실(sound generating room)에서 충격음은 공기전송 소음을 함께 발생하게 만들어서 수음실(sound receiving room)에 전달되기 때문이다. 또한 음원실에서 발생한 진동은 수음실에 전달되어 바닥과 벽을 진동하게 만들고 이로 인하여 약간의 소음을 발생시킨다. 여기에서 음원실이란 소음이 발생되는 방을 말하고, 수음실이란 소음이 전달되는 방을 말한다.

③ 흡음과 차음은 서로 상대적인 개념으로 생각하기 쉽다. 일반적으로 흡음성능이 좋은 재료는 차음성능이 나쁜 경우가 많다. 이것은 연속세공(continuous slit)이 많으면 입사된 음에너지가 연속세공을 통과하여 다른 공간으로 쉽게 전달되기 때문이다. 다음 그림은 흡음성능이 좋은 재료의 예로서 입사된 음에너지의 5%를 반사하고 75%를 다른 음에너지로 변환시키며, 나머지 20%를 투과하여 95%의 흡음효과를 갖는다. 그러나 투과음에너지(transmission sound energy)는 1/5로 줄었으며, 이것은 음강도(sound intensity)가 7dB 감소된 것을 뜻한다. 그러나 차음성은 매우 나쁘다. 소음을 고려할 때는 이 점을 염두에 두어야 한다. 여기서 dB는 음의 세기(크기)를 나타내는 단위인 데시벨(decibel)의 기호를 나타내는 것으로서 일상회화의 음성은 보통 70~75dB일 때 가장 잘 들리고, 50dB 이하가 되면 급격히 나빠진다.

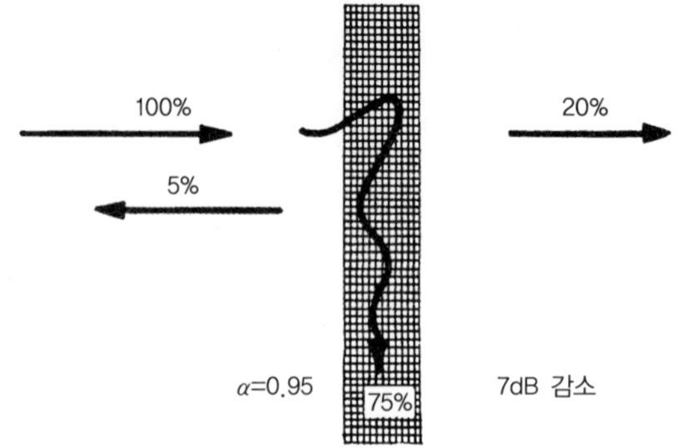

차음과 흡음의 관계

14-3 흡음재료

흡음재료(sound absorbing materials, absorbing materials)는 흡음성능(character and ability of sound absorbing)이 높은 재료 또는 음을 흡수시킬 목적으로 사용하는 재료라고 말할 수 있다.

흡음재료의 종류 및 구성방법에는 여러 가지가 있으며, 흡음재료의 흡음성능은 주파수에 따라 현저하게 달라지는 경우가 많다. 흡음재료가 설치되어 있는 위치, 표면마감의 상태, 두께 및 밀도 등에 따라서도 그 흡음성능이 변화한다. 또한 같은 흡음재료라 하더라도 두께 · 밀도 · 설치방법 · 기타 재료나 공기층(air layer)의 구성방법 및 표면마감처리 등에 따라서도 흡음성능은 변화한다. 특히 표면마감처리를 달리하면 본래의 재료보다 흡음성능이 낮아지기도 하므로 주의할 필요가 있다.

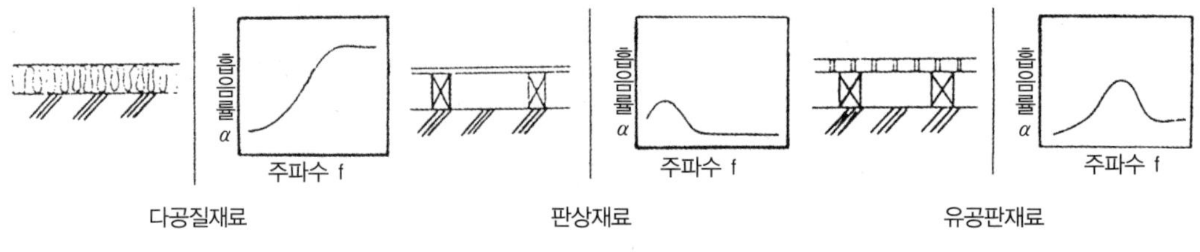

흡음재료의 예시

흡음재료의 용도로는 건축물의 내부마감에 가장 많이 사용되는데 그 대상 건축물로는 공연장 · 방송실 · 공회당 · 극장 · 음악당 · 회의장 · 체육관 등을 들 수 있다.

흡음재료를 크게 분류하면 판상 및 막상흡음재료, 다공질흡음재료, 유공흡음재료의 3가지가 있으며, 흡음재를 특수하게 성형 및 구성한 흡음체(sound absorbing body)도 있다.

14.3.1 판상 및 막상흡음재료

- 판상흡음재료(panel sound absorbing materials)는 그 자체는 음의 반사성이 높은 재료라 할 수 있지만 그 판상의 뒷면에 공기층을 만들어 설치하는 경우에는 음에 의한 판상의 진동이 뒷면 공기층으로 전달되어 음에너지를 감소시키는 효과가 있다. 판상흡음재료의 특성은 저음부분에서 흡음성능이 좋지만 중음 · 고음 부분에서는 흡음성능이 많이 떨어진다. 판상흡음재료로 사용되는 합판 · 섬유판 · 석고보드는 음이 판을 진동시킬 때 음에너지가 소모되어 흡음하며, 판상의 성질 · 두께 · 중량 · 강성 · 붙임 방법에 따라 다르다.
- 막상흡음재료(membrane sound absorbing materials)로서의 막(membrane) 자체로는 그다지 많은 흡음효과를 기대할 수 없지만 이 흡음구성방법은 막 뒷면의 공기층 또는 공기를 다량 함유한 섬유재료에 의해 막의 진동을 전도(conduction)하여 반사음에너지(reflected sound energy)를 저감하는 효과가 있다. 막상흡음재료로는 폴리염화비닐시트(polyvinyl chloride sheet), 폴리에틸렌시트(polyethylene sheet), 범포(canvas) 등이 사용된

섬유판

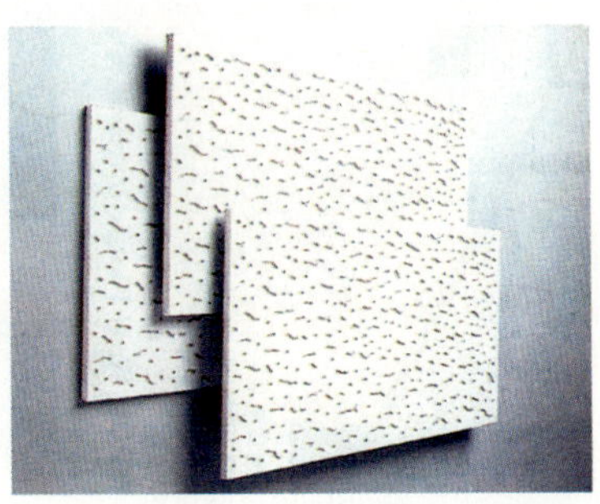

석고보드

판상흡음재료

다. 그러나 이들 재료만으로 흡음성은 떨어지기 때문에 일반적으로 뒷면에 섬유재료를 이용하거나 적당한 공기층을 둔다.

14.3.2 다공질흡음재료

다공질흡음재료(porous sound absorbing materials)는 표면 또는 내부에 거의 균일한 작은 구멍이 많이 분포되어 있는 조직을 갖고 있는 재료로서, 경량이고 흡음성능뿐만 아니라 단열성능도 우수한 재료이다. 이 재료에 음이 작용하면 반사횟수가 많아지는데, 이로 인하여 음의 에너지가 열에너지로 변화된다. 이 때문에 반사음이 작아질 수 있는데 이런 재료에서는 주파수가 높은 음일수록 흡음효과가 크다.

유리면 / 목모보드 / 유리면판에 직물붙임 / 암면판에 직물붙임

다공질 흡음재료

일반적으로 사용되고 있는 다공질흡음재료로는 암면·유리면 등의 무기질 섬유재료인데 그밖에 목모시멘트판(wood-wool cemented board)·목편시멘트판(wood-chip cemented board) 등의 유기질섬유재료가 있다. 흡음효과를 증내시키기 위해 이들 재료의 한 표면에 다공 형상의 직물(fabric)류를 붙여서 만든 것도 있다. 이렇게 만든 다공질흡음재료는 미세하고 수많은 연속성 공극을 형성하고 있어 음이 흡수되면 음의 파동이 정지되고 여러 형태로 음이 사라짐으로써 흡음효과를 더욱 증대시킨다. 이들 재료는 직접 표면재료로서 사용하는 경우도 있지만, 대부분 벽이나 천장 등의 형틀 조립에서 그 속을 메우는 데 널리 이용되고 있다.

14.3.3 유공흡음재료

유공흡음재료(perforated panel for sound absorbing materials)는 판에 구멍을 뚫어 흡음성능을 갖도록 만든 것으로서, 구멍을 관통시킨 것과 판의 중간까지 구멍을 뚫은 것으로 구분하기도 한다. 일반적으로 후자를 유공(perforation)이라고 말한다.

유공흡음재료로는 구멍뚫린 합판, 구멍뚫린 석고보드, 구멍뚫린 알루미늄판, 구멍뚫린 규산칼슘판 등이 있다. 구멍의 지름은 2~10mm 정도, 구멍과 구멍의 간격은 9~20mm 정도의 것이 많다. 최고의 흡음률을 얻을 수 있는 음의 주파수(Hz, hertz)는 구멍의 지름 및 간격, 재료의 두께, 뒷면 공기층(air layer)의 두께 등에 따라 크게 달라지기 때문에 그 선택에는 충분한 고려가 필요하다. 이런 음의 주파수와 최고 흡음률의 일반적 관계를 나타내면 다음 식과 같다. 이 식에서 흡음률은 구멍의 면적(P)에 정비례함을 알 수 있다.

$$f_0 = \frac{c}{2\pi}\sqrt{\frac{P}{(t+0.8d)L}}$$

여기서, f_0 : 최고흡음률을 얻을 수 있는 음의 주파수(Hz)

c : 음속(m/s) P : 유공흡음재료의 개공률(開空率)

t : 판의 두께(m)

d : 구멍의 지름(m)

L : 뒷면 공기층의 두께(m)

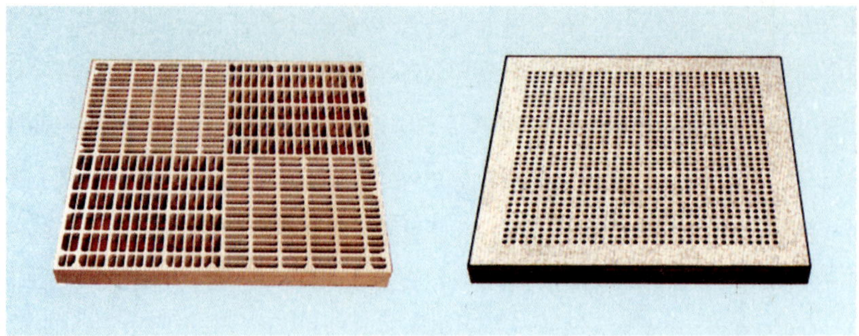

유공흡음판

14-4 차음재료

① 차음재료(sound insulation materials)는 차음성능(character and ability of sound insulation)이 높은 재료, 즉 투과음(transmission sound)이 적은 재료를 말한다. 재료에 음이 입사하면 그 일부는 반사되고, 일부는 흡수되며, 나머지 음은 재료의 후면으로 투과된다. 재료의 차음성능은 이 투과음 에너지의 대소로 평가되고, 그것이 클수록 차음성능이 우수한 것이다. 차음재료는 재질이 단단하고, 무거우며, 정밀한 것에 비하여 흡음재료는 다공질 또는 섬유질이다.
우리는 일상생활에서 교통소음, 생활소음, 기계류의 소음 등 각종 소음에 의해 정신적으로 여러 악영향을 받는 경우가 있다. 근래에 와서는 소음이 점점 증가하는 경향 때문에 생활환경의 건전화를 위해 유효한 소음대책을 강구해나가야 하고, 건축물 설계시 더욱 관심을 가지고 고려해야 한다.

② 단일재료의 차음성능은 다음 표와 같다. 이 표에서 ALC판과 같이 두꺼운 재료에서는 비교적 높은 차음성능을 얻을 수 있지만 일반적인 보드류에서는 그 자체에 의한 차음성능은 그다지 기대할 수 없다. 이 때문에 더욱 높은 차음성능을 기대할 경우 2 이상의 재료를 사용하여 적당

단일재료의 투과손실

재료(두께 : mm)	면밀도 (kg/㎡)	진동수					
		125Hz	250Hz	500Hz	1,000Hz	2,000Hz	4,000Hz
알루미늄판(0.15)	0.366	-	3.7	5.6	7.7	12.6	-
알루미늄판(0.63)	1.71	-	17.9	13.2	17.7	23.2	-
철판(0.4)	2.89	4.0	20.0	23.5	22.0	32.5	-
철판(1.0)	8.20	17	21	25	28	34	38
철판(4.5)	36.9	28	33	37	41	40	38
아연판(1.0)	11.3	28	26	29	33	38	43
석면시멘트판(4)	7.1	19	22	23	29	34	36
석고보드(9)	8.7	20	22	25	28	34	28
ALC판(100)	55	34	33	34	41	50	54
ALC판(75)-플라스터 양면마감 6mm	60	27	31	31	41	48	54
콘크리트블록(100)-양면플라스터 15mm	160	33	37	42	49	56	60
유리판(1.9)	4.85	8.0	17.5	23.0	31.0	38.0	-
유리판(6.2)	17.1	-	32.6	30.9	33.5	34.2	-
합판(6)	3.0	11	13	16	21	25	22
합판(9.1)	-	21.0	12.0	18.0	19.0	30.5	-
합판(12.1)	-	12.0	21.5	18.0	26.5	25.0	-
합판(6)-2중벽, 목조바탕, 공기층 100mm	-	11	20	29	38	45	42
펠트(25)	3.66	4.9	4.6	6.0	7.1	6.1	-
연질섬유판(12.7)	-	12.5	22.0	23.5	20.5	21.0	-
연질섬유판(14.6)	4.18	5.0	23.0	27.5	21.5	33.0	-

한 공기층을 만드는 복합판을 이용한다. 복합판(combined board)의 차음성능을 나타낸 것이 다음 표와 같다. 여기서 2 이상의 재료, 즉 복수의 재료를 조합하여 구성할 경우 전체적인 차음성능은 각각의 재료가 갖는 차음성능의 합으로 나타나지 않으며, 조합하는 방법에 따라서는 차음성능이 저하하는 경우도 있으므로 유의해야 한다.

차음이 필요한 실내에 대해서는 평면계획상 음원과 격리하는 것이 가장 근본적인 대책이지만 그 외에도 개구면적을 될 수 있는 한 작게 하고, 벽이나 반자 등에는 차음재료를 사용한다. 그러나 벽체 등에 치밀하고 두꺼운 한 가지 재료만을 사용하는 것보다는 중간에 공기층을 두는 이중벽 또는 서로 다른 재료를 겹친 합성벽(composite wall)이 더욱 유리하다.

복합판의 투과손실

명 칭 ( )내는 재료의 두께(mm)	두께 (mm)	면밀도 (kg/㎡)	주파수(Hz)		
			125	500	2,000
GB(9)+GW(45)+GB(9)	59	15	22	28	56
FB(4)+GW(40)+FB(6)	50	27	24	35	43
합판(4)+우레탄폼(12)+합판(4)	20	-	13	21	29
GB(9)+합판(5.5)+GB(9)	23.5	-	24	30	29
GB(9)+목모시멘트판(25)+GB(9)	43	-	23	31	32
FB(3)+기포콘크리트판(30)+FB(3)	36	36	31	33	43

비고) GB : 석고보드, FB : 플렉시블보드, GW : 유리섬유

15 방화재료 · 내화재료

15-1 개 요

방화재료(fire protecting materials)는 일반의 가연재료(combustible materials)에 비하여 화재가 발생하기 어렵고 또한 화재가 발생한 경우에도 그 화재의 성장을 촉진하지 않게 하는 성능을 가진 재료를 말하고, 내화재료(fire proofing materials)는 화재 최성기의 고온시에도 일정한 강도를 유지하고, 구조체를 유지하며 화재구획으로부터 다른 구획으로의 연소(combustion)를 저지하는 성능을 가진 재료를 말한다. 따라서 방화재료는 화재 초기에서 성장기까지를 대상으로 하고 내화재료는 구조재료와 내화피복재료에 대해서 화재시에 있어 요구성능을 만족시키는 재료를 지칭하지만 양자를 모두 방화재료라 부르는 경우도 있다.

건축재료의 연소 특성인 발열성, 착화성, 화염전파성 등에 따라 방화재료를 건축법 및 동법 시행령에서는 불연재료, 준불연재료, 난연재료의 3종류로 분류하고 있다.

15-2 건축물의 화재성상

건축재료의 연소 성상(properties)에 따라 다음의 4과정으로 구분할 수 있으며, 건축재료가 건축물 화재성상에 가장 큰 영향을 미치는 단계는 실내확대단계, 즉 플래시오버(flash - over) 과정이다.

① 초기화재 과정 : 착화원(ignition origin)에서 화염(flame)이 발생하여 주위에 열을 확산시킴과 동시에 연기층을 형성하는 과정으로 실내의 온도는 그리 높지 않다. 이 과정에서는 불이 번지기 어려운 재료나 연소해도 발열량이 그다지 크지 않는 재료를 사용하는 것이 효과적이다.

② 플래시오버 과정 : 급격한 온도상승을 수반하며, 연소범위가 화재실 전체로 확대되는 과정으로 유독가스(poisonous gas)를 함유한 연기가 실 전체에 확산된다. 이 과정에는 열분해(heat analysis)하기 어려운 재료를 사용하는 것이 좋다.

③ 최성기화재 과정 : 화재실 전체가 격심(severity)하게 연소하지만 화재실의 온도는 거의 일정하며, 안정된 연소가 계속되는 과정으로서, 화염이나 연기가 외부로 분출하여 인접실과 건축물로 확산된다. 이 과정에서는 연소속도(combustion speed)를 억제할 수 있는 재료, 즉 불에 타지 않고 고온에서도 견디는 성질의 내화성(refractoriness) 있는 재료를 사용한 구조 및 공법을 사용하는 것이 바람직하다.

④ 화재감쇠 과정(하강기) : 가연물의 대부분이 타서 불길이 꺼져가는 과정이다.

15-3 방화재료

방화재료(fire protecting materials)는 목조건축물 또는 건축물의 내장재 등이 화재시에 그 이웃으로 번져 연소(combustion)되는 것을 지연시키거나 방지하는 성능 또는 일반적 가연재료에 비하여 화재가 발생하기 어려운 성능을 가진 재료를 말한다.

화재시 건축물 내장재의 연소로 인하여 화염이 다른 부위로 확산되는 것을 지연시킴으로써 화재의 규모를 최소화하고, 내부마감재(interior finishing material)의 연소로 연기 및 유독가스의 발생을 억제함으로써 질식으로 인한 인명피해 등을 줄이기 위한 대책의 일환으로 방화재료의 사용이 필요하다. 따라서 건축법 및 동법 시행령에서 불특정 다수인이 거주하는 건축물의 실내마감 부분에 사용하는 방화재료를 불연재료 · 준불연재료 · 난연재료로 등급을 구분하여 이중 어느 것을 사용하도록 규정하고 있으며, 피난(fire escape)의 통로가 되는 복도 · 계단의 경우와 지하층에 설치하는 거실에 대해서는 난연재료를 제외한 불연재료 · 준불연재료를 사용하도록 그 규정을 강화하고 있다.

(1) 불연재료(noncombustible materials)

불연재료는 불에 타지 아니하는 성질을 가진 재료로서 통상의 화재시 가열에 대하여 연소되지 않고 또한 방화상 유해한 변형 · 용융 · 균열 · 기타 손상을 일으키지 않으며, 방화상 유해한 연기나 가스를 발생시키지 않는 성능이 요구되는 재료로 방화재료 중에서 등급이 가장 높은 것이다.

법령에 따르면 '건축법시행령에서 불연재료를 불에 타지 않는 성질을 가진 재료로 콘크리트, 석재, 벽돌, 기와, 석면판, 철강, 알루미늄, 유리, 시멘트 모르타르, 회반죽 및 기타 이와 유사한 불연성의 재료를 지칭하고 있으며, 국토교통부장관이 정하여 고시하는 불연재료의 성능기준을 충족하는 것을 말한다' 로 규정하고 있다.

(2) 준불연재료(semi-noncombustible materials)

준불연재료(準不燃材料)는 불연재료에 준하는 성질을 가진 재료로서 통상의 화재시 10분간의 화열(최고온도 약 650℃)에 대하여 방화성능상 약간의 피해는 인정하지만 변형 · 파손 · 연소성의 발염이 없어야 하며, 10분간 가열 후 잔염시간이 30초를 초과하지 않는 것으로 석고보드, 목모시멘트판, 목편시멘트판 등이 해당된다.

준불연재료는 불연재료와 달리 나무 · 종이 · 플라스틱 등의 유기재료를 함유하고 있으나 재료의 대부분이 무기질 재료이므로 연소에 의해 화재를 확대시키지 않는 재료이다. 또한 복합재료로는 난연재료와 불연재료를 적층한 석고보드에 철판, 페놀폼에 철판, 파티클보드에 철판을 조합한 것 등이 있다.

법령에 따르면 '건축법시행령에 준불연재료를 불연재료에 준하는 성질을 가진 재료로서 국토교통부장관이 정하여 고시하는 준불연재료의 성능기준을 충족하는 것을 말한다' 로 규정하고 있다.

(3) 난연재료(incombustible materials)

난연재료는 불에 잘 타지 아니한 성질을 가진 재료로서 통상의 화재시 6분간의 화열(최고온도 약 500℃)에 대하여 방화성능상 유해한 변형·파손·발염 등이 생기지 않는 것으로 난연합판, 난연섬유판, 난연플라스틱판 등이 해당된다.

난연재료는 원래 불에 타기 쉬운 나무나 플라스틱 등에 특수한 약제를 가하거나 금속판으로 싸는 등의 처리를 하여 불에 타기 어렵게 한 것이며, 방화성능상으로는 불연재료, 준불연재료의 다음에 해당되는 것이다.

법령에 따르면 '국토교통부장관이 정하여 고시하는 난연재료의 성능기준을 충족하는 것을 말한다' 로 규정하고 있다.

15-4 내화재료

① 내화재료(fire proofing materials, fire resisting materials)는 내화성을 가진 재료를 최성기화재(golden age fire)의 고온시에도 일정한 강도와 구조체를 유지케하며, 화재구획(fire section)으로부터 다른 구획으로의 연소를 저지하는 성능을 가진 재료이다. 건축물의 화재성상으로 보면 방화재료는 초기화재(early day fire)에서 플래시오버(flashover) 과정까지를 대상으로 사용된 재료인데 대하여 내화재료는 최성기화재 과정까지를 대상으로 사용된 재료라 할 수 있다. 또한 내화재료는 구조재료나 내화피복재료(fire proofing materials)가 화재시에 요구성능을 만족시키는 재료라 할 수 있으며, 양자를 모두 방화재료라 부르기도 한다. 내화재료는 광의의 뜻으로 고온에 견뎌낸다는 의미에서 구조체에 사용되는 벽돌, 블록, 콘크리트, 모래 등을 포함한 재료라 말할 수 있으나 건축

에서는 일반적으로 내화피복재료(fire proofing protective materials)를 의미한다. 따라서 내화재료는 기둥·보·바닥·벽 등의 강구조부재의 피복재로 쓰이며, 이들 부재의 내화저하 등을 방지하는 역할을 한다.

② 내화재료는 대부분 불연성(noncombustibility)을 갖는 무기질재료로 구성되어 있고, 무기질성형판, 광물섬유, 모르타르, 플라스터, 콘크리트로 대별할 수 있다.

무기질성형판으로는 규산질분말·석회·석면을 혼합하여 성형한 석면 규산칼슘판이 대표적이다. 광물섬유로는 뿜칠암면과 뿜칠석면이 있는데 주로 뿜칠용으로 사용되고 있으며 뿜칠석면은 공해문제로 현재 사용되지 않고 있다. 모르타르나 플라스터는 내화피복용으로 사용되는데 내화성능(fire resistance of efficiency)을 향상시키기 위해서 모래 대신 질석이나 펄라이트 등의 경량골재를 사용하기도 한다. 내화피복용으로 사용되는 콘크리트에는 경량이고, 단열성이 우수한 경량콘크리트, 기포콘크리트, 경량기포콘크리트(ALC) 등이 있다.

15-5 각종 방화재료

(1) 불연재료 및 내화재료

불연재료의 종류에는 여러 가지가 있으나 주로 사용되고 있는 것을 들면 다음과 같고, 이 가운데 특히 고온가열로 성능저하가 낮은 재료를 내화재료로 취급하기도 한다.

① 콘크리트 및 모르타르 : 500℃ 이하에서 가열된 콘크리트는 1차적으로 강도나 탄성저하가 발생하더라도 그 후에는 약간 회복을 보이기 때문에 내화성에서 뛰어난 재료라 할 수 있다.

② 석재 : 전체적으로 내화성이 높은 재료라 할 수 있는데 석영이 570℃ 전후에서 이상팽창을 나타내기 때문에 석회암은 내화성에서 떨어진다. 또한 대리석은 700~1,000℃에서 석회로 분리되는 성질을 보이는 등, 석질에 따라 내화성이 떨어지는 것도 있다. 안산암 및 응회암은 내화성

이 높은 석재라 할 수 있다.

③ 점토기와 및 유리 : 점토기와는 고온에서 구워 제조한 제품이기 때문에 내화성이 뛰어나고 고온 아래에서 안정된 성질을 나타내는 재료라 할 수 있다. 그러나 유리는 일반적으로 500~550℃ 정도에서 연화(softening)하기 때문에 화재 초기에 열로 인한 비틀림에 따른 파괴가 발생하기 쉽다.

④ 암면 및 보드류 : 암면은 고온에서도 안정된 성질을 나타내기 때문에 시멘트와 혼합하여 뿜칠공법으로 철골조 기둥 및 보의 내화피복재로 이용된다. 보드류로서 섬유강화시멘트판은 내외장 및 지붕재로 사용되고, 규산칼슘판이나 석고보드 등이 있다.

⑤ 강재 : 강재는 융점(melting point)이 1,400~1,500℃로 높은 온도에서 융해(melting)되지만 500℃ 이상에서는 강도 및 탄성계수(modulus of elasticity)의 저하가 크기 때문에 내화구조물의 주요부재에 이용하는 강재에는 내화피복 또는 이에 준하는 피복이 필요하다. 알루미늄은 경량으로 외관이 아름답기 때문에 창문틀 등에 널리 사용되고 있는데 융점이 660℃로 낮아 내화성은 그다지 기대할 수 없다.

(2) 준불연재료

① 석고보드 및 펄프시멘트판 : 석고보드는 내화성도 있을 뿐만 아니라 단열성 · 차음성 · 방수성 등도 있어 내외장으로 많이 사용되고 있다. 펄프시멘트판은 주로 내장재로 이용한다.

② 목모시멘트판 및 목편시멘트판 : 목모시멘트판은 판상제품으로 천장 · 지붕 · 내벽 등에 사용한다. 목편시멘트판은 판성제품 또는 유공블록제품이 있는데 주로 칸막이용으로 사용된다.

(3) 난연재료

① 난연합판 : 인산염 · 붕산염 등의 난연제로 처리한 합판으로 내장재로 사용한다. 또한 이에 멜라민수지 등을 적층한 화장판도 있다.

② 난연섬유판 : 원료에 약액(medical fluid) 또는 섬유판의 제조공정중에 무기질재료를 혼합하여 난연성을 갖도록 한 것으로 내장재로 사용한다. 난연경질섬유판, 난연파티클보드 등이 있다.

15-6 방화재료의 시험

방화재료는 불연재료·준불연재료·난연재료로 구분하고 한국산업규격(KS)이 정하는 바에 의하여 시험한 결과 난연1급에 해당 하는 것을 불연재료, 난연2급에 해당하는 것을 준불연재료, 난연3급에 해당하는 것을 난연재료라고 한다. 따라서 이들 재료에 대한 성능평가 및 확인은 한국산업규격(KS F 2271)에서 정한 난연성 시험방법(testing method for incombustibility)에 의한다. 이 난연성 시험방법은 화재 초기에 있어서 건축물 내장재료의 방화성능을 파악하기 위해 행하는 시험으로서 다음 표에 표시한 바와 같이 난연성의 급별에 따라 기재시험(基材試驗), 표면시험(表面試驗), 부가시험(附加試驗)으로 시행한다.

난연성의 급별에 따른 시험방법

난연성의 급별	시험방법
난연 1급	기재시험, 표면시험
난연 2급	표면시험, 부가시험
난연 3급	표면시험

① 기재시험은 재료로부터의 발열 유무를 조사하는 것으로서 불연재료의 시험에 적용된다.

② 표면시험은 재료를 표면에서 가열했을 때의 발열성·발연성 등을 측정하는 것으로 모든 방화재료의 시험에 적용된다.

③ 부가시험은 장치 및 시험방법은 표면시험과 같으나 재료의 줄눈부분을 상정하여 줄눈 대신에 시험체 표면에 3개의 구멍을 뚫어 시료로 하는 것으로 준불연재료의 시험에 적용된다.

위와 같은 시험 외에도 가스유해성 시험을 시행한다. 가스유해성 시험은 재료가 연소할 때 발생하는 가스의 유해성(injuriousness)을 조사하는 것으로서, 준불연재료 또는 난연재료의 시험에 적용된다. 이 시험은 22cm×22cm의 시험체를 표면시험과 같은 조건으로 가열하여 발생되는 연소생성 가스를 흰쥐 8마리에 폭로시켜 흰쥐의 행동정지시간으로 가스의 유해성을 평가한다. 또한 내장재료의 화재성상을 파악하기 위하여 최근에는 모형상자시험을 시행하기도 한다. 모형상자시험은 내장재료 사용 등 실제 상태의 형태와 구조로 된 수납상자에 화재를 발생시켜 발생하는 발열량에 의해 방화성능을 평가하는 것으로 준불연재료의 시험에 적용한다.

16 접착제 · 실링재

16-1 접착제

접착제(adhesive agent)란 재료를 서로 견고하게 접합시킬 수 있는 능력을 가진 물질의 총칭으로서 교착제(sticking agent)라고도 한다. 주로 목재 등의 유기재료를 접합시키는데 사용되어 왔으나 근래에 와서는 금속 · 유리 · 시멘트제품들도 접합시킬 수 있는 성능의 합성수지계 접착제(synthetic risin adhesive)가 개발되어 건축용 복합재료(composite materials)의 생산이나 내장공사 등에 폭넓게 사용되고 있다.

접착제는 접합면(binding surface)을 잘 적실 수 있고, 유동성(liquidity)을 가져야 하며, 고화(solidification)시 체적수축 등에 의한 내부변형을 일으키지 않고, 진동 · 충격의 반복에도 잘 견디며, 내수성 · 내알칼리성 · 내산성 · 내열성 · 내후성이 있는 성능을 가져야 한다. 또한 취급이 용이하고 독성(virulence)이 없는 것이 건축용 접착제로서 우수한 제품이라 할 수 있다.

16.1.1 접착제의 분류

접착제는 일반적으로 주결합체(main combined body)의 종류에 따라 다음과 같이 분류할 수 있다.

① 동물질 접착제 : 동물아교, 알부민, 카세인 등

② 식물질 접착제 : 전분(쌀풀 : 밀가루풀), 콩(대두)풀, 덱스트린 접착제, 해초풀 등
③ 광물질 접착제 : 규산소다 접착제, 아스팔트 접착제, 땜납 등
④ 고무계 접착제 : 천연고무 접착제, 합성고무계 접착제, 치오콜 등
⑤ 합성수지계 접착제 : 에폭시수지 접착제, 페놀수지 접착제, 비닐수지 접착제, 요소수지 접착제, 멜라민수지 접착제, 실리콘수지 접착제, 아크릴수지 접착제 등
⑥ 섬유소계 접착제 : 초화면 접착제, 나트륨 칼폭시메틸 셀룰로오스 등

16.1.2 동물질 및 식물질 접착제

(1) 동물아교(animal glue)

동물아교를 수교(animal glue)라고도 하며, 동물의 가죽 · 힘줄 · 뼈 등을 석회수(lime water)로 처리하고 물에 끓여서 끈적거리는 아교의 성분만을 뽑아낸 것이다. 제품은 봉형(bar type)의 가락으로 된 것과 판형(plate type)으로 된 것이 있으며, 빛깔이 맑고 깨끗한 것이 상품이고, 흑갈색이고 불순물이 섞인 듯한 것은 하급품이다. 고체상의 아교를 미리 하루 동안 물에 담가 불게 한 후 끓여서 균질액(uniform liquid)이 되게 하여 사용한다. 접착력은 양호하지만 내수성은 작다.

(2) 알부민(albumin)

가축의 혈액에서 알부민(단백질의 일종)을 분리 · 건조시켜 만든 반투명한 황갈색의 딱딱한 물질이다. 알부민은 물에 녹는 단백질이지만 가열하면 응고(solidification)하여 불용화된다. 이 응고작용(solidify action)으로 높은 접착력과 내수성을 발휘한다. 물에 녹여서 사용할 수 있으며, 암모니아수 · 석회 등을 첨가하면 더욱 좋은 접착제가 될 수도 있다. 합성수지접착제가 나온 후로는 사용법이 복잡하고, 내수성도 작아서 잘 사용되지 않고 있다.

(3) 카세인(casein)

카세인은 우유 중에 포함되어 있는 단백질(albumen)을 말한 것으로서, 소석회(hydraulic lime)와 결합된 상태로 우유 중에 존재하고 있으며, 적당량의

물을 섞으면 점성(viscosity)이 있는 풀이 된다. 산(acid)을 가하면 분리되며, 산 · 젖산(lactic acid)을 이용하면 질이 좋아진다. 카세인에 소석회 · 소다염(soda salt) 등을 가하고 물로 잘 혼합하여 사용한다. 내수성과 접착력이 좋아서 접착제로 사용되어 왔었으나 합성수지접착제로 인해 많이 사용되지 않고 있으며, 우리나라에서는 거의 수입품에 의존하고 있다.

(4) 전분풀(starch paste) · 콩풀(soybeam paste)

전분풀은 쌀 · 밀 · 감자 · 고구마 · 옥수수 등의 가루를 물에 타서 가열하여 풀로 만든 것으로서, 가정용 풀과 직물용 풀로는 많이 쓰이지만 내수성이 없으므로 공업용 접착제로는 쓰이지 않는다.

콩풀은 콩에서 콩기름을 추출한 후 잔류액(residual liquid)을 가열하여 만든 것을 분말화 한 것으로서, 카세인보다 내수성은 좋지만 접착력이 떨어지고 값이 싸서 카세인이나 요소수지 접착제의 증량재(extender)로만 쓰일 뿐이다.

(5) 덱스트린 접착제(dextrin adhesive)

전분에 황산(sulphuric acid)을 가하여 건조한 후 가열하면 덱스트린이 된다. 덱스트린을 호정(dextrin)이라고도 한다. 전분의 가수분해 중간체로 물에 녹은 점성물(viscosity thin)을 주제로 하는 접착제이고 흡수성이 없고 냉수 · 알코올에는 녹지 않지만 물을 가하여 끓이면 풀이 된다. 직물 풀먹임 또는 판지용 풀 등으로 쓰인다.

(6) 해초풀(seaweed glue)

해초풀은 바닷말(seaweeds, marine algae) · 도박(grateloupia) · 청각(gloio peltis furcata var) 등을 말렸다가 물을 가하여 끓인 풀이고, 예부터 제지 · 직물의 마무리에 쓰였으며, 미장재에 첨가하여 접착력을 증가시키기 위한 용도로 쓰인다.

16.1.3 광물질 접착제

(1) 규산소다접착제(sodium silicate adhesive)

규산소다를 주제로 한 접착제로서 수분이 증발하면 고화(solidification)된다. 짙은 수용액(water solution)은 조청(treacle)과 같다 하여 물유리(water glass)라고도 한다. 다공질 재료의 접착에 쓰이며, 접착력이 커서 인조석·유리·도자기의 접합 또는 내화 및 내산성이 있는 도료의 제조 등에도 쓰인다.

(2) 아스팔트접착제(asphalt adhesive)

아스팔트를 주체로 하여 이에 용제(vehicle)를 가하고, 광물질분말(mineral matter powder)을 첨가한 풀모양의 접착제로서 아스팔트시멘트(asphalt cement)라고도 한다. 아스팔트타일·비닐타일·비닐시트·루핑·펠트·발포 단열재 등의 접착제로 쓰인다.

(3) 땜납(solder)

땜납은 금속접착용으로 용융점(melting point)이 낮고, 융착성(fuseness)이 좋은 납과 주석(tin)의 합금이다. 피착금속보다 용융점이 낮은 온도에서 녹아 유동성(fluidity)이 좋은 것으로 주석 90%의 것이 좋다. 연납(soft solder)은 비교적 순도가 높고 유연한 납을 말하며, 연질납(soft lead)이라고도 한다. 연납을 이용하여 400℃ 이하의 온도에서 납땜인두로 땜질하는 것을 땜질(soldering)이라 한다.

16.1.4 고무계 접착제

(1) 천연고무(natural rubber)

천연고무는 열대산 고무나무의 수액인 라텍스(latex)를 응고(coagulation)시켜 얻어지는 것으로서, 벤졸(benzol) 또는 석유에테르(petroleum ether) 등을 넣어서 용해(melting)시켜 접착제로 사용한다. 가죽·천·종이·펠트·목재·플라스틱보드 등의 접착에 사용되지만 내수성은 작다.

(2) 네오프렌(neoprene)

네오프렌은 미국 듀폰(Dupont)회사 제품인 합성고무의 상품명으로서 고무와 금속과의 접착 또는 콘크리트·유리·천·가죽 등의 접착에 사용된다. 천연고무보다 우수한 점이 많고, 석유계통의 기름에 녹지 않는다.

(3) 치오콜

알칼리 다황화물(polysulfide)과 폴리할로겐(polyhalogen) 탄화수소의 반응에 의하여 얻어지는 고무형태의 고분자물(highly polymer)로서 내유성이 우수하고, 내약품성도 우수하다. 줄눈재 또는 구멍을 메꾸는 데 사용되고 있다.

16.1.5 합성수지계 접착제

(1) 에폭시수지접착제(epoxy resin adhesive) · 비닐수지접착제(vinyl resin adhesive)

① 에폭시수지접착제는 비스페놀(bisphenol)과 에피클로로하이드린(epichlorohydrin)의 반응에 의해 얻어지는 것으로 내수성 · 내습성 · 내약품성 · 전기절연성이 우수하고, 다양한 종류의 물질을 강하게 접착하지만 피막(membrane)이 다소 단단하고 유연성(softness)이 부족하며 값이 비싸다는 것이 결점이다. 주로 금속 · 플라스틱류 · 도기 · 유리 · 목재 · 천 · 콘크리트 등의 접착에 사용한다.

② 비닐수지접착제는 초산비닐수지(polyvinyl acetate resin) 또는 초산비닐(polyvinyl acetate) 및 염화비닐(polyvinyl chloride)의 공중합체(copolymer)를 주성분으로 하는 접착제로서 용액(dissolution)형과 에멀션(emulsion)형으로 나눌 수 있다. 에멀션형은 카세인의 대용품으로 널리 쓰인다. 값이 싸고 작업성이 좋으며 다양한 종류를 접착하는 장점이 있어 가장 많이 사용되는 접착제의 하나이다. 목제가구 및 창호, 종이도배, 천도배, 논슬립(non - slip) 등의 접착에 주로 사용된다.

(2) 페놀수지접착제(phenol resin adhesive) · 요소수지접착제 (urea–formaldehyde resin adhesive)

① 페놀수지접착제는 페놀수지의 초기축합물(early day condensation)을 주성분으로 하고 이것을 메탄올(methanol) 또는 변성알코올(metamorphosis alcohol)에 녹여서 경화제와 증량제(규조토 · 목분 등)를 혼합하여 만든 접착제로서 주로 합판 · 목재제품 등에 사용된다. 접착력 · 내열성 · 내수성은 우수하지만 유리나 금속의 접착에는 적당하지 않다.

② 요소수지접착제는 요소(urea)와 포름알데히드(formaldehyde)·초기축합물을 탈수하여 축합(condensation)한 접착제로서 두꺼운 것의 접착에 적당하다. 주로 목재접착 또는 합판제조 등에 사용된다.

(3) 멜라민수지접착제(melamine resin adhesive)·실리콘수지접착제(silicon resin adhesive)

① 멜라민수지접착제는 멜라민수지와 포름알데히드(formaldehyd)의 반응에 의하여 얻어지는 액상 접착제로서 내수성·내열성 등이 좋고, 목재에는 접착성이 우수하므로 내수합판 등의 접착제로 쓰인다.

② 실리콘수지접착제는 실리콘수지를 알코올(alcohol)·벤졸(benzol) 등에 녹여서 만든 접착제로서 특히 내수성이 우수하다. 유리섬유판·텍스·피혁류 등 모든 재료에 접착할 수 있다.

합성수지 접착제

16.1.6 섬유소계 접착제

(1) 초화면 접착제(nitrocellulose adhesive)

초화면을 아세톤(acetone) 등으로 용해시킨 것으로서, 금속·유리·가죽·목재·천 등을 접착시키는 속건 접착제이다.

(2) 나트륨 칼폭시메틸 셀룰로오스(C.M.C)

알칼리섬유소(alkali cellulose)를 모노크롤(monochloral)과 초산소다(acetic acid soda)로 처리하여 만든 것으로서 종이·천 등의 접착에 사용되는 백색의 무독한 분상체(powder-like body)이다. 냉수에 잘 녹으며 종이, 천 등의 접착직물(adhesion cloth)로 사용되고 있다.

16-2 퍼티 · 코킹재 · 실링재

16.2.1 퍼 티

퍼티(putty)는 탄산칼슘, 연백(white lead), 아연화(zinc white) 등의 충전재를 아마인유(linseed oil)와 같은 각종 건성유(drying oil)로 반죽한 것이다. 퍼티를 현장에서는 '빠데'라고 부르고 있다.

건성유로는 아마인유 · 동백유(camellia oil) 등의 식물성유(vegetable oil)는 값이 비싸고, 어유는 저렴하지만 처리가공을 잘못하면 끈적거리고 고약한 냄새가 나므로 대부분은 합성수지를 사용한다.

종류로는 유리공사에 사용되는 유리퍼티, 도장공사에 사용되는 도장퍼티, 각종 배관 접합부에 사용되는 붉은퍼티 등 여러 종류가 있다.

(1) 유리퍼티(glass putty)

유리퍼티는 호분(gohun)에 아연화 또는 연백을 혼합하여 아마인유 · 동유 · 마실유 · 어유 등의 건성유로 반죽한 것이다. 근래에는 건성유를 식물성유나 어유 대신 합성수지를 사용한다. 좋은 건성유를 써야 좋은 유리퍼티를 만들 수 있다. 퍼티는 공기에 닿으면 건조되어 오래되면 부슬부슬 떨어지므로 주걱으로 마무리한 후 페인트칠을 하면 공기를 차단하므로 퍼티의 수명을 연장시킬 수 있다. 유리퍼티는 보통 30kg 용량으로 시판되고 있다.

(2) 도장퍼티(coating putty)

도장퍼티는 호분(gohun)과 아마인유를 중량비 10 : 1의 비율로 혼합하고, 여기에 아연화 페인트(zinc white paint)를 혼합하여 만든 것이다. 목부 유성페인트 도장시 바탕이 건조한 후 구멍 · 옹이 · 균열 · 흠이 있는 곳에 밀어넣어서 땜질용으로 사용한다. 도장퍼티의 종류로는 주로 눈먹임(pore filling)에 사용하는 불포화폴리에스테르퍼티(unsaturated polyester putty)와 하드오일퍼티(hard oil putty)가 있고, 주로 바탕만들기에 사용하는 페인트퍼티(paint putty)와 캐슈수지퍼티(cashew resin putty)가 있다.

(3) 붉은퍼티(red putty)

붉은퍼티는 광명단(red lead) · 주토(ferric oxide) 등을 아마인유로 반죽한 것으로서, 기성품이 아니고 현장에서 적당히 혼합하여 사용한다. 가스관 · 배수관 접합부에 삼실(hemp thread)이나 삼섬유(hemp fiber)로 감고 붉은퍼티 칠을 하면 방수 · 방청 등의 충전재(wetted deck, packing)가 된다.

16.2.2 코킹재

코킹재(caulking materials)는 유지 · 천연수지와 합성고무(부틸고무) · 실리콘고무 · 폴리우레탄수지와 같은 합성수지의 전색제(vehicle)와 석면 · 탄산칼슘 · 활석 같은 충전재(filler)를 혼합한 것에 용제(메틸벤젠 · 납사 등)와 가소제 등을 섞어서 접합부에 적합한 조성(composition)으로 만든 것이다. 따라서 코킹재의 종류는 여러 가지가 있다.

코킹재는 실링재(sealing materials)와 같은 뜻의 용어로 부재의 접합부에 충전(filling up)하여 접합부를 기밀, 수밀케하는 재료이다. 즉 창호 주위의 빗물막이 또는 각종 재료의 접합부, 줄눈, 익스팬션조인트(expansion joint)에서 사용되고, 또한 균열 · 보수재료로도 사용된다.

주로 사용되는 코킹재로는 유성코킹재(oil caulking materials)가 있는데 유지 · 천연수지 또는 합성수지에 충전재로서 탄산칼슘 · 석면 · 착색재 등을 균일하게 이겨서 만든 것으로서 실(seal)재료의 주체가 되고 있으며, 접착성 · 가소성 · 유연성이 풍부하여 벽체의 균열구멍에 충전 또는 익스팬션조인트, 창호틀의 주위 등에 쓰이고 있다. 반면에 전색제(vehicle)로서 유지나 수

코킹재

지 대신에 블로운아스팔트(blown asphalt)를 사용한 것을 아스팔트코킹재(asphalt caulking material)라 하며, 이는 값은 저렴하지만 흑색이고, 고온에서 녹아내리기 쉬우므로 주로 평지붕의 비막이공사 등에 사용된다.

16.2.3 실링재

실링재(sealing materials)란 각 접합부의 틈(gap)이나 줄눈(joint)을 충전하여 기밀성·수밀성을 높이는 재료를 말한다. 실(seal)이란 틈서리를 밀봉(tight sealing)하는 것을 뜻하는 것으로서, 실재(seal material)란 퍼티·코킹재·실링재의 총칭이다.

실링재는 사용시 페이스트(paste) 상태로 유동성(liquidity) 있는 상태이지만 공기 중에서는 시간이 경과함에 따라 탄성(elasticity)이 풍부한 고무상 고상체(solid phase body)로 된다. 접착력이 크고 수밀·기밀성이 풍부하여 충전재로 가장 적당한 재료이다. 코킹재와 구별하기 위해서 실링재라 하고 있다.

(1) 2액형 실링재(two-part liquid type sealing compound)

다황화물(polysulfide) 액상 폴리머(polymer)에 카본블랙(carbon black)과 기타 미량의 배합제(mixing agent)를 더한 것을 전색제(vehicle)로 하고, 여기에 이산화연(addioxide) 등의 경화제(hardened agent)를 혼합한 가소제(plasticzer)를 섞어 만든 재료이다. 전색제와 가소제를 분리하여 각각 다른 용기에 넣고 사용할 때 혼합하여 사용하는 것을 2액형이라 말한다. 2액형 실링재는 온도변화에도 안정적이며, 탄력성·내수성·내약품성·내유성·밀착성이 우수하다. 고온다습할 때는 경화(hardening)가 촉진되지만 저온·저습한 경우는 경화가 지연된다.

(2) 1액형 실링재(one-part liquid type sealing compound)

1액형 실링재는 2액형 실링재와 달리 현장에서 혼합할 필요 없이 그대로 사용할 수 있게 된 실링재이다. 여기서 1액형이란 미리 시공 가능한 상태로 배합되어 있으므로 현장에서 그대로 사용할 수 있도록 되어 있는 것을 말한다. 내후성·내구성은 유성코킹재(oil caulking material), 2액형 실링재보다 우수하다. 1액형 실링재로서 보통 실리콘 실링재(silicone sealing materials)

가 널리 사용되고 있다. 이는 1액형 무용제형(non-solvent model)으로 실리콘수지(silicon resin)에 실리카분말(silica powder)과 탄산칼슘(carbonic acid calcium) 등의 안료(pigment)를 섞어서 만든 것으로서, 특히 기온의 영향을 별로 받지 않고 광범위한 온도범위(−40~160℃) 안에서 탄력성을 유지하며, 반복되는 접합부 틈의 신축에도 견딘다. 실리콘실링재는 건축구성재의 줄눈부분, 창호 주위의 충전 및 유리끼우기 등에 광범위하게 사용된다. 규격은 한국산업규격(KS F 4909)에 규정되어 있다.

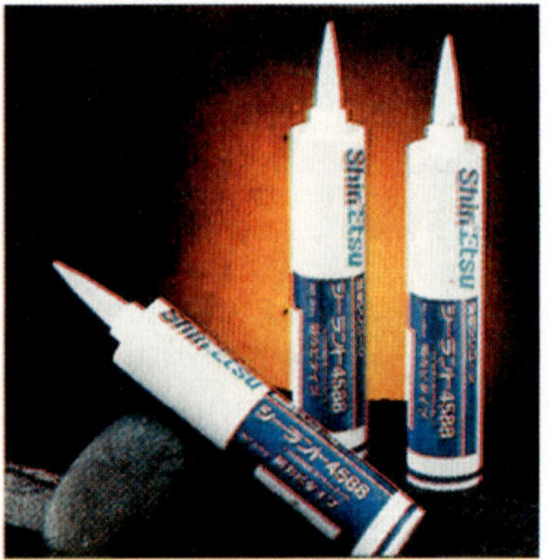

실링재

IV 부위별 재료

17 구조 · 지붕재료
18 외벽 · 내벽재료
19 천장 · 바닥재료
20 개구부 재료

17 구조 · 지붕재료

17-1 구조재료

17.1.1 개 요

구조재료(structural materials)는 구조체(structure)를 구성하는 재료이고, 구조체는 구조물의 자중 및 외력을 지지하고 구조계산의 대상이 되는 부위를 말한다. 구조재료는 구조형식, 즉 목구조, 철골구조, 철근콘크리트구조, 조적조 등에 따라 사용상 요구되는 조건 및 특징이 각각 다르다. 특히 구조재료는 역학적(mechanical) 성질을 갖고 있는 재료로서 다른 재료에 비해 안정성(stability)이 보장된 재료라고 볼 수 있다.

17.1.2 구조재료의 일반적 요구조건

구조재료는 구조형식(structural type)에 따라 또는 사용하는 부위와 용도에 따라 요구조건이 각각 다르다고 할 수 있으나 공통적인 사항을 들면 다음과 같다.

① 구조체를 구성하는 데 필요한 강도 · 탄성 등 역학적 성질을 갖고 있을 것.

② 내수성 · 내열성 · 내구성 등 장기간 안정성을 갖고 있을 것.

③ 내화성을 갖고 있을 것 또한 내화피복·난연처리 등으로 필요한 방화 성능을 얻을 수 있을 것.

④ 단일재 또는 적층재 및 복합재로서 보·기둥을 비롯하여 벽판·바닥판 등을 구성할 수 있을 것.

⑤ 가공이나 접합 또는 접착이 용이한 시공성을 갖고 있을 것.

⑥ 운반 및 취급이 용이하고 대량생산 및 다량으로 공급할 수 있을 것.

⑦ 경제적으로도 가격이 저렴할 것.

17.1.3 구조형식별 특징 및 재료의 요구조건

(1) 목구조

목구조(wood construction, timber construction)는 주요 구조부가 목재로 구성된 가구식(post-lintel system) 구조체이다. 목구조의 주재료는 목재이며, 대부분 이음 및 접합방법으로 구조를 형성하므로 접합철물(joint metal) 및 접착제 등을 사용하기도 한다.

목구조의 특징을 들면 다음과 같다.

① 장점

- 구조체의 자중이 경량인데 비해 허용강도가 비교적 크다.
- 일반적으로 구조체의 구법 및 시공방법이 간단하다.
- 열전도율이 적고 흡습조절 능력이 우수하다.
- 외관이 아름답고 경쾌하며, 감촉이 좋아 친근감을 준다.
- 재료의 구입이 비교적 쉽고 공사기간도 짧다.

② 단점

- 비내화적이고 부패 및 충해를 입기 쉬우므로 다른 구조에 비해 비내구적이다.
- 접합부의 구성이 다른 구조에 비해 어렵고 안정성이 요구된다.
- 건조·함수율의 변화에 따라 구조재료가 변형되기 쉽다.
- 가구식 구조이므로 특별한 보강을 하지 않고는 고층건축물이나 큰 간사이 건축물에는 부적당하다.

목구조용 재료(목재)로서 일반적인 요구조건을 들면 다음과 같다.

• 강도가 크고 곧고 긴 재료를 구할 수 있을 것.
• 건조·습윤으로 인한 수축·팽창과 변형이 적을 것.
• 내식성이 크고 충해에 대한 저항성이 클 것.
• 재질이 좋고 공작이 용이할 것.
• 색채 및 무늬가 미려할 것.
• 생산량이 많고 구입이 용이할 것.

(2) 조적조

조적조(masonry structure)는 벽돌·돌·시멘트블록 등의 재료를 각각 교착재(시멘트·석회 등)로 부착시켜 쌓아 만드는 구조로서 조적식 구조체(masonry structures)이다. 조적조는 벽돌구조(brick construction)·시멘트블록구조(cement block construction)·돌구조(stone construction)가 있다.

조적조의 특징을 들면 다음과 같다.

① 장점

• 일반적으로 구조나 시공이 간단하고 건축계획상 다양성을 충족시킬 수 있다.
• 불연성·내구성·내수성·내약품성이 크다.
• 압축강도가 커서 압축력에 대해서는 비교적 강하다.
• 열전도율이 작아 방한·방서적이다.
• 재료의 종류에 따라 특유한 색조와 광택이 있으므로 외관이 장중·미려하다.

② 단점

• 풍압력·지진력 등 횡력(lateral force)에 약해서 고층건축물이나 대규모 건축물에는 적합하지 않다.
• 다른 구조에 비하여 벽두께가 커지므로 실내면적이 줄어들게 되고, 또한 전단력 및 인장력에도 약하다.

조적조용 재료(벽돌·시멘트블록·돌)로서 일반적인 요구조건을 들면 다음과 같다.

• 강도가 크고 흡수율이 적은 것 등 소정의 품질을 갖추고 균질할 것.

- 형상이 바르고 갈라지는 등의 결함이 없을 것.
- 내수성 · 내구성 · 내약품성 등이 크고 내마모성도 갖추고 있을 것.
- 외관이 미려하고 색조와 광택이 변질되지 않을 것.
- 재료종류별 소정의 크기 등 규격이 일정할 것.

(3) 철근콘크리트구조

철근콘크리트구조(reinforced concrete construction)는 철근과 콘크리트가 일체로 결합되어 콘크리트는 주로 압축력(compressive force)에, 철근은 인장력(tensile force)에 유효하게 작용하도록 각각의 장점을 발휘시켜 이상적인 구조체를 구성하는 구조이다. 철근콘크리트구조의 주재료는 철근(steel)과 콘크리트(concrete)이다.

철근콘크리트구조의 특징을 들면 다음과 같다.

① 장점

- 콘크리트와 철근이 일체로 되어 있어서 내구적 · 내진적이다.
- 콘크리트로 철근을 피복함으로써 내화적 · 내식적이다.
- 부재의 형상과 치수를 자유자재로 제작할 수 있으므로 설계와 의장이 자유롭다.
- 재료의 구입이 용이하다.
- 유지비 · 관리비가 적게 든다.

② 단점

- 중량이 무겁다.
- 균일한 시공이 곤란하다.
- 시공기간이 길며, 공사비가 비교적 많이 든다.
- 형태의 변경이나 파괴 · 철거가 곤란하다.
- 재료의 재사용이 곤란하다.

철근콘크리트구조용 재료(철근, 콘크리트)로서 일반적인 요구조건을 들면 다음과 같다.

- 철근은 소요강도(인장강도 및 부착강도 등)를 얻을 수 있고, 균질한 품질을 갖추어야 하며, 굽거나 균열 등 유해한 흠이 없고, 붉은 녹이 슬지 않아야 하며, 지름 및 길이 등이 일정하고 표면에 유해한 부착

물이 붙어 있지 않아야 한다.

- 콘크리트는 소요강도(압축강도 · 휨강도 등)를 낼 수 있고, 적당한 반죽질기(consistency)와 워커빌리티(workability)를 갖도록 함으로써 시공성 있게 하며, 수밀성 등 수요자가 요구하는 성능을 만족시켜 품질의 균질성을 유지하도록 함으로써 내구성을 갖도록 해야 한다.

(4) 철골구조

철골구조(steel structure, steel skeleton construction)는 주요 뼈대가 철재로 구성된 구조로서 여러 단면형으로 된 형강과 강판을 짜맞춰 리벳이음, 볼트 또는 용접으로 조립된 구조이다.

철골구조의 주재료는 형강(shape steel) · 강판(steel plate) · 리벳(rivet) 및 고력볼트(high tensile bolt) 등이다.

철골구조의 특징을 들면 다음과 같다.

① 장점

- 균등한 품질을 기대할 수 있고, 내하력(load carrying capacity)이 큰 반면에 구조체 자체의 중량, 즉 철근콘크리트조에 비해 자중이 가볍다.
- 공법이 자유롭고 장대재를 이용할 수 있으므로 간사이가 큰 구조물이나 고층건축물을 축조할 수 있다.
- 공장에서 가공하고 현장에서 조립하므로 공기를 단축시킬 수 있다.

② 단점

- 부재가 세장(slender)하므로 변형 및 좌굴 등이 생기기 쉽다.
- 비내화적이므로 내화피복에 대한 조치를 별도로 고려해야 한다.
- 각 부재는 가공 및 조립을 엄밀히 하지 않으면 세우기가 불가능하거나 사용이 불가능하게 된다.

철골구조용 재료(형강 · 강판 · 리벳 · 볼트 등)로서 일반적인 요구조건을 들면 다음과 같다.

- 재질이 균등하고 소요의 강도를 갖고 있을 것.
- 형상이 바르고 곧은 것일 것.

• 두께 및 길이 등이 정확할 것.
• 들뜬 녹 · 뒤틀림 · 휨 · 갈라짐 · 기타 유해한 흠이 없을 것.

17-2 지붕재료

17.2.1 개 요

지붕(roof)은 건축물의 최상부를 덮어 건축물의 내부와 외부를 구획하고, 비 · 바람 등을 막는 기능을 가진 구조이다. 지붕재료(roofing material)는 지붕바탕(roof boarding)을 만들고 지붕잇기(roof covering)에 사용되는 재료로서 바탕깔기 재료와 지붕잇기 재료로 대별할 수 있다.

지붕재료는 건축물의 용도 · 구조 · 형태와 지붕의 모양 · 색상, 그리고 그 지방의 기후와 방수성 · 단열성 · 차음성 · 내구성 등을 종합적으로 고려하여 적당한 것을 선택 · 사용하도록 한다.

17.2.2 지붕에 요구되는 조건

① 건축물 외부로부터의 풍우 침입과 누수 등을 방지할 것.
② 건축물 내 · 외부로의 공기흐름을 차단함과 동시에 필요에 따라 환기작용을 할 수 있도록 하고, 단열성능을 갖도록 하여 실내를 쾌적하게 할 것.
③ 직사광선을 피할 수 있도록 함과 동시에 필요에 따라 채광이 되도록 할 것.
④ 실내음이 외부로 빠져나가는 것을 방지함과 동시에 외부로부터의 소음이 실내로 들어오는 것을 막는 등 방음성능을 갖도록 할 것.
⑤ 형태상 아름답게 함과 아울러 지붕재료의 형상 · 색조 및 질감이 함께 조화를 이루도록 할 것.
⑥ 자중이나 적설 및 풍하중 등의 하중에 대해 안전할 것.

17.2.3 지붕재료의 일반적 요구조건

① 수밀성이 크고 방수적일 것.

② 가볍고 내구성이 크며, 내후성, 즉 내광성 · 내풍성 · 내수성 · 내동결융해성이 우수할 것.

③ 내한 · 내열적이며, 열차단성이 클 것.

④ 방화성 또는 내화성이 우수할 것.

⑤ 대기 중의 부식성 가스 및 산성비(acid rain) 등에 대한 내식성이 강할 것.

⑥ 색깔이 있고, 모양이 좋아 건축물의 조화가 잘될 것.

⑦ 시공하기 쉽고, 수리에 편리하며, 값이 저렴할 것.

17.2.4 지붕재료의 종류

① 바탕깔기 재료 : 아스팔트루핑, 아스팔트펠트, 합성고분자계 시트, 수피(bark) 등

② 지붕깔기 재료

- 기와 : 점토기와(한식기와, 일식기와, 양식기와), 시멘트기와(보통시멘트기와, 가압시멘트판기와) 등
- 금속판 : 동판, 아연철판, 아연도금철판, 용융알루미늄 도금강판, 냉간압연 스테인리스 강판, 염화비닐골판, 폴리스티렌투명판 등
- 슬레이트 : 슬레이트기와, 후형슬레이트(평형, S형) 등
- 아스팔트 : 아스팔트루핑, 아스팔트펠트, 아스팔트싱글, 아스팔트프라이머 등
- 기타 : 막재료(에틸렌수지코팅 유리섬유포, PVC 코팅 폴리에스테르섬유포 등), 채광지붕재(망입유리, 경질염화비닐수지, 아크릴수지 등)

18 외벽 · 내벽재료

18-1 개 요

건축물 주위를 형성하고, 내부의 칸(partition)을 형성하는 수직된 것의 총칭으로 외벽과 내벽으로 나누어지며, 외벽(바깥벽, external wall, outer wall)은 건축물의 외곽을 만들기 위해 바깥에 수직으로 막아댄 벽이고, 내벽(안벽, internal wall)은 건축물 안쪽에 수직으로 막아 댄 벽으로서 칸막이벽(partition wall)을 포함한 벽을 말한다. 따라서 외벽재료(external wall materials) 또는 내벽재료(internal wall materials)는 외벽이나 내벽을 형성하는데 소요되는 재료인데, 이 재료에는 뼈대를 구성하는 것과 마감하기 위한 것으로 구분할 수 있다. 뼈대를 구성하는데 소요되는 재료는 구조재료로 보고 제17장 구조재료를 참조하고, 이 장에서는 외벽의 바깥쪽면 마감재료인 외벽재료와 외벽의 안쪽면 마감재료를 포함한 내벽 마감재료인 내벽재료로 구분하여 기술하고자 한다.

18-2 벽의 기능과 요구성능

벽이 갖는 가장 중요한 기능이라 함은 벽에 작용하는 여러 가지의 환경적 인자(factor)인 열·빛·공기·음 등을 차단하고 받아들이는 것이다. 또 사람이나 동물 등의 무단침입을 막고, 시각적 및 청각적 프라이버시(privacy)를 확보할 수 있도록 하는 것도 벽이 갖는 중요한 기능중의 하나이다. 이러한 기능은 벽의 재료·구조 및 공법에서 나타나는 현상에 따라 다르다.

외벽은 내벽보다 기능이 더욱 강조되며 벽 전체의 기능을 대표한다고 할 수 있다.

외벽은 실내와 실외를 구분하는 부위로서 빛과 열 또는 공기 등을 차단하고 받아들이며, 내벽은 실내를 구획하는 부위로서 음을 차단 또는 흡수하고 열을 차단하는 기능을 할 수 있어야만 쾌적한 실내환경을 만들어낼 수 있다.

벽의 요구성능으로는 방화·단열·차음·흡음·수밀·내후 등의 성능을 들 수 있다. 이 중 방화성능은 벽의 중요한 성능 중 하나로서 외벽의 경우 기본적으로 연소방지를 위한 방화성이 필요하며, 내벽의 경우에도 불연재료의 사용으로 내화성을 높여야 한다. 이 방화성능은 건축물의 규모·실의 용도별로 적용되는 건축법규에 따라 구조 및 마감재료가 어느 정도 정해진다. 단열성능·차음성능·수밀성능 및 내후성능은 외벽에서 특히 요구되는 성능으로서 실내의 열손실을 방지하기 위한 단열재의 사용 및 단열구조가 요구되고, 외부로부터의 소음을 차단하는 차음구조 또는 방습의 효과를 높이기 위한 수밀한 구조가 요구된다. 내후성능의 측면에서 보면 외벽의 경우 강우 시 실내로 빗물이 유입되지 않아야 함은 물론 장기적으로 비바람이나 태양광선에 노출되어도 성능저하가 일어나서는 안 된다.

단, 빗물처리와 내후성에 대해서는 건축물의 종류에 따라 요구되는 성능이 크게 달라질 수 있다. 예를 들어 비바람에 직접 노출된 고층건축물의 외벽과 처마로 보호된 저층건축물의 외벽은 요구조건이 다르다.

내벽에서는 차음 및 흡음성능이 요구된다. 특히 강당·극장·음악당과 같은 실의 내벽에 대해서는 음향을 고려한 음향재료의 사용과 구조가 요구된다.

18-3 외벽재료

18.3.1 외벽재료의 일반적 요구조건

외벽재료에는 여러 종류가 있고. 각 재료의 성능에 따라 외벽재료로서의 요구조건도 각각 다르다. 그러나 공통적인 사항을 들면 다음과 같다.

① 일광·풍우·건습·한기 등에 견디는 내후성(내광선·내열성·내풍성·내수성·내동결융해성 등)이 우수할 것.

② 방화성 또는 내화성이 우수하고 필요에 따라 단열성 및 차음성이 있을 것.

③ 수밀성이 크고 방수적이며, 흡수율이 적을 것.

④ 대기 중의 부식성 가스 및 산성비 등에 대한 내식성이 강할 것.

⑤ 외기온도변화에 의한 치수변화가 일어나지 않고, 휨·변형 등이 생기지 않는 견고한 재질일 것.

⑥ 재료 자체가 균열·들뜸·벗겨짐·변형·처짐 등의 결함이 없는 양질의 것으로서 균질한 품질을 가질 것.

⑦ 대기오염 등으로 인한 부식 또는 화학적 작용에 따른 열화현상(degradation appearance)에 저항하는 성능, 즉 내구성이 클 것.

⑧ 색조 및 질감이 뛰어나고 변색·퇴색되지 않을 것.

⑨ 소요의 강도와 외부충격에 견디는 견고성을 가지고 있을 것.

⑩ 시공하기 좋은 시공성과 가격이 저렴한 경제성을 가지고 있을 것.

18.3.2 외벽재료의 종류

외벽재료를 판벽·바름벽·붙임벽·커튼월(curtain wall) 등으로 구분하고, 일반적으로 많이 사용되고 있는 재료의 종류를 들면 다음과 같다.

① 판벽 : 판재, 쪽매판, 오림목, 비늘대 등

② 바름벽 : 시멘트모르타르, 회반죽, 돌로마이트플라스터, 석고플라스터, 흙바름재 등

③ 붙임벽 : 타일, 석재(화강암, 대리석, 인조석 등), 테라코타, 유리블록 등

④ 커튼월 : 조립식 패널(금속판, PC판, ALC판 등)

⑤ 기타 : 도장재료, 접착제 등

18-4 내벽재료

18.4.1 내벽재료의 일반적 요구조건

내벽재료는 외벽재료보다 종류가 더 많고, 외벽재료에 비하여 질감·색상·모양 등이 더욱 중요시되고 있다. 재료의 종류에 따라 내벽재료로서의 요구조건이 각각 다르다고 할 수 있으나 공통적인 사항을 들면 다음과 같다.

① 외부충격에 견디는 견고성과 소요강도를 가질 것(사람이나 물건의 충격을 받을 우려가 있는 실의 벽).

② 방화성 또는 내화성이 우수할 것 특히 연소시 유독가스 발생이 적을 것.

③ 재료 자체가 균열·들뜸·벗겨짐·변형·처짐 등의 결함이 없는 양질의 것으로서 균질한 품질을 가질 것.

④ 내구성(내수·내습·내열·내약품성 등)이 클 것.

⑤ 색조 및 질감이 뛰어나고 아름다운 모양과 문양을 가질 것.

⑥ 잘 오염되지 않고 변색·퇴색되지 않을 것.

⑦ 흡음성 또는 차음성이 있을 것(특히 강당·음악당 등의 벽재료).

⑧ 시공성과 경제성을 가지고 있고 보수하기에도 편리할 것.

18.4.2 내벽재료의 종류

내벽재료를 판벽·바름벽·붙임벽·특수벽으로 구분하고, 일반적으로 많이 사용되고 있는 재료의 종류를 들면 다음과 같다.

① 판벽 : 판재, 징두리널, 양판 등

② 바름벽 : 시멘트모르타르, 석고플라스터, 회반죽, 합성수지에멀션플라스터(수지플라스터), 인조석 바름재, 흙바름재 등

③ 붙임벽 : 합판, 섬유판, 합성수지판, 목모시멘트판, 금속판, 타일, 석재(화강암 · 대리석 · 인조석 등), 흡음판, 단열재 등

④ 특수벽 : 경량칸막이, 각종 특수재료(보온 · 방음 · 방화 · 방습 · 방사선 차단 등의 성능을 가진 재료) 등

⑤ 기타 : 도장재료, 접착제, 벽지, 걸레받이 등

19 천장 · 바닥재료

19-1 천장재료

19.1.1 개 요

천장(ceiling)이라 함은 지붕 밑 또는 위층의 바닥 밑을 막아서 댄 부분을 말하는데, 천정이라고도 한다. 또한 천장을 가리어 치장으로 꾸민 각 실의 상부 구조물을 반자(ceiling)라고 한다.

천장재료(ceiling materials)는 반자틀(ceiling frames)을 만들고 마감하기까지 소요되는 재료를 총칭하는 것인데, 이 장에서는 주로 마감재료를 대상으로 기술한 것이다. 천장은 사람이 직접 접촉하지 않는 부분이므로 벽 또는 바닥과 같이 마감재료에 요구되는 성능 정도가 비교적 낮다고 할 수 있으나 상부 구조재를 감추고, 실내의 미관을 높히며, 방화 및 음향조절 등의 중요한 역할을 하므로 쾌적한 내부공간을 구성하기 위해서 천장재료를 간과해서는 안 된다.

천장재료는 벽 및 바닥재료에 비해 가볍고, 덜 견경(hardness)한 것을 사용하지만 재료 자체가 흡음 또는 차음성이 있고, 단열성·내연성이 있으면서 의장효과를 낼 수 있는 것이 좋은 재료라고 할 수 있다.

천장재료는 실의 용도와 천장의 구조 및 기능에 따라 사용하고자 하는 재료의 종류가 선택되어지고 그 실의 분위기에 맞추어 재료의 모양과 색깔이 결정되는 것이 일반적이다. 경우에 따라서는 내벽재료와 같은 종류의 것을 천장재료로 사용하기도 한다.

19.1.2 천장재료의 일반적 요구조건

천장재료는 모양·색깔 및 무늬가 아름답고 난연성·흡음성 및 단열성이 우수해야 좋은 재료라 할 수 있다. 천장재료의 종류에 따라 각각 요구조건이 다르겠지만 공통적인 사항을 들면 다음과 같다.

① 아름다운 모양·색깔 및 무늬를 가지고 있을 것.
② 방화성 또는 내화성이 우수할 것.
③ 단열성이 있을 것(특히 건축물의 최상층에 사용하는 천장재료).
④ 흡음성 또는 차음성이 있을 것(특히 강당·음악당 등의 천장재료).
⑤ 균열·들뜸·벗겨짐·변형·처짐 등의 결함이 없는 것으로서 균질한 품질을 가질 것.
⑥ 잘 오염되지 않고 변색·퇴색되지 않으며, 내구성이 클 것.
⑦ 시공성과 경제성이 있고 보수하기에도 편리할 것.

19.1.3 천장구조에 따른 천장재료의 종류

천장구조는 붙임천장과 제물치장천장, 반자틀천장, 시스템천장(system ceiling)으로 구분되며, 이 천장구조에 따른 천장재료(마감재)로서 일반적으로 많이 사용되고 있는 것을 들면 다음과 같다.

① 붙임천장과 제물치장천장 : 철근콘크리트 바닥판 등의 하면에 직접마감을 하여 천장면을 구성하는 천장구조로서, 마감재료로는 모르타르, 플라스터, 합성수지 등의 바름재와 펄라이트, 질석 등의 뿜칠재 및 도배지 등이 사용된다.
② 반자틀 천장 : 보나 바닥판에 반자틀을 설치하여 천장면을 구성하는 천장구조로서, 목재반자틀과 강제반자틀로 구분되며, 바탕재로는 합판, 플라스틱보드, 석고보드, 플렉시블보드, 하드보드 등이 사용되고, 마감재로는 암면흡음판, 흡음텍스 등의 연질섬유판 또는 합성수지제품의 보드, 도배지 등이 사용된다.

③ 시스템천장 : 사무소건축물 등의 천장에 설치된 각종 설비기기를 명쾌하게 처리하기 위하여 제작된 천장구조로서, 마감재로는 암면흡음판, 흡음텍스, 합성수지제품의 보드 등이 사용된다.

19-2 바닥재료

19.2.1 개 요

바닥(floor, slab)은 공간을 수평으로 막아놓은 건축물의 수평구조체로서 그 위에 가해지는 하중을 받아 기둥 또는 벽에 전달하며, 수직구조체 등을 튼튼하게 연결시키는 구조체이다. 바닥재료는 바닥의 바탕을 만들고 마무리하기까지의 소요되는 재료의 총칭으로서, 보통 바닥재료(flooring materials)라 함은 바닥마감재료(floor finished materials)를 말한다.

바닥재료는 충분한 강도와 강성을 지녀야 함은 물론 마모에 대한 저항력이 있고, 충격에 대한 저항능력과 동시에 보행성이 좋은 촉감과 온도변화에 대한 저항능력이 있어야 한다. 또한 소리와 공기 등을 차단하는 기능도 가져야 하며, 미관도 아름답고 청소하기에 용이한 것이 좋다. 이러한 성능을 모두 만족시킬 수 있는 바닥재료는 없다. 따라서 될 수 있는 한 요구성능에 가깝도록 바닥바탕 및 바닥구조에 대하여 충분히 고려한 후 바닥재료를 선정해야 한다.

19.2.2 바닥재료의 요구성능

바닥은 인간의 신체와 항상 접하고 있는 부분으로서 요구되는 성능도 인간의 움직임과 관련된 것이 많다. 따라서 입식인가, 좌식인가하는 생활방식이나 실내에서 이루어지는 활동의 종류에 따라 바닥재료의 성능도 달라지고 그에 따른 재료의 종류도 달라지게 된다. 또한 옥외바닥인가, 실내바닥인가에 따라서도 달라진다. 실내바닥이라도 물을 사용하는 경우의 바닥 재료는 특히 방수성이 요구된다.

바닥재료의 성능은 바닥판 자체로서의 성능과 표면마감재료의 성능으로 이루어진다. 바닥판은 주어진 하중조건에 대응하는 충분한 강도와 강성을 가져야 함은 물론 단열성·차음성·방수성을 지녀야 한다. 표면마감재료는 우선 적당한 마찰저항을 들 수 있다. 비교적 평활한 표면은 좋으나 지나치게 미끄러운 것은 피로를 가중시킨다. 또한 서로 다른 마찰계수를 갖는 표면마감재료를 혼용하는 것도 좋지 않다. 청소성·내마모성·내열성·난연성·흡음성·빛의 반사성 등도 표면마감재료에 필요한 성능이지만 이들은 서로 상반되는 경우가 많으므로 요구되는 성능에 따른 종합적인 검토를 한 후 그에 맞는 바닥마감재료를 선택·사용하는 것이 좋다.

바닥재료의 요구성능은 각각의 사용 목적에 따라 여러 가지가 있으며, 요구성능 항목을 크게 나눠보면 다음과 같다.

① 내용성능 : 외부로부터의 작용에 저항하는 다음의 성능

- 외력에 의한 성능 : 내분포압성(인간, 가구 등의 하중에 견디는 내력), 내국부압성(국부의 압력 등을 발생시키지 않는 성능), 내충격성(낙하물 등의 충격력에 의한 파괴 및 균열이 발생하지 않는 성능), 내긁힘성(물체의 이동 등에 따른 자국에 견디는 성능), 내마모성(사람의 보행에 따른 마모작용에 견디는 성능), 내열성(열에 의한 변형과 파괴를 발생시키지 않는 성능), 내한성(동결융해에 따른 파손이 생기지 않는 성능)
- 물에 의한 성능 : 내수습성(물과 습기에 의한 변형 및 변질이 생기지 않는 성능)
- 불에 의한 성능 : 내화성(불에 의한 변형 및 변질이 생기지 않는 성능)
- 일광·공기에 의한 성능 : 내후성(햇빛과 공기에 의한 변형이 되지 않는 성능)
- 균류·충류에 의한 성능 : 내부식성(부패균에 의해 변형되지 않는 성능), 내충해성(벌레 등에 의해 변하지 않는 성능)
- 약품류에 의한 성능 : 내약품성(산·알칼리 및 기타 약품류에 대하여 견디는 성능)
- 먼지에 의한 성능 : 내오염성(잘 오염되지 않으며, 청소하기 쉬운 성능)

② 기능적 성능 : 주로 인간의 생리작용에 영향을 미치는 것으로 거주성에

관계되는 다음의 성능

- 빛에 의한 성능 : 반사성(빛을 적당하게 반사하는 성능), 광택성(적당한 광택을 가지고 눈부심을 발생시키지 않는 성능)
- 열에 의한 성능 : 단열성(외부로부터의 폭열이나 한기를 차단하는 성능)
- 음에 의한 성능 : 차음성(음을 차단하는 성능), 흡음성(음을 흡수하는 성능), 발음성(보행시 발생하는 음이 적당하게 느껴지는 성능)
- 공기에 의한 성능 : 기밀성(공기를 투과하지 않는 성능)
- 물에 의한 성능 : 방수성(흡수나 투수하지 않는 성능)

③ 감각적 성능 : 촉감으로 인하여 인간의 감각에 관계되는 다음과 같은 성능

- 접촉에 따른 성능 : 감촉성(단단하고 약함, 차갑고 더운 것 등 촉감이 적당하다고 느끼는 성능)
- 바라봄에 의한 성능 : 의장성(색채 · 모양 · 질감 · 형태 · 크기 등 미관에 관계되는 성능)
- 보행에 따른 성능 : 방활성(보행시나 주행시 미끄러짐이 적당하다고 느끼는 성능)

④ 시공 · 경제적 성능 : 생산과 시공에 관계되는 다음과 같은 성능

- 시공성(시공이 용이하고 공기가 짧을 것)
- 생산성(균질한 품질의 제품을 대량으로 얻을 수 있으며, 구입이 용이할 것)
- 경제성(재료의 가격이 저렴하여 공사비용이 적을 것)

바닥재료는 위와 같은 요구성능을 모두 만족시킬 수 없을 뿐만 아니라 그러한 바닥재료가 존재하지 않는다. 따라서 바닥바탕 및 구조와 바닥기능에 해당하는 성능을 설정한 다음 주요 성능 순위별로 면밀히 검토하여 이에 적합한 바닥재료를 선정한다.

19.2.3 바닥재료의 종류

바닥재료는 여러 가지 종류가 있다. 일반적으로 바닥의 마감공법에 따라 붙임바닥, 바름바닥, 깔기바닥, 특수바닥으로 분류하여 종류를 들면 다음과

같으며, 재료별로는 목질재, 석재, 요업제품, 금속제품, 플라스틱, 고무, 아스팔트, 식물섬유 등으로 분류하기도 한다.

붙임바닥 및 깔기바닥에 사용되는 바닥마감재료는 대부분 공장에서 대량 생산되는 것으로서 균질한 품질과 일정치수를 가진 것이 양호한 제품이라 할 수 있다. 그러나 성능면에서 부족한 부분이 있기 때문에 이를 보완하기 위하여 다른 재료를 복합해서 사용하는 경우도 있다. 즉 다른 재료를 복합해서 사용함으로써 부족한 성능인 내구성 · 단열성 · 차음성 등을 향상시킬 수 있다는 것이다.

바름바닥에 사용되는 바닥마감재료는 현장에서 시공하는 재료이므로 균질성의 확보가 어렵고, 균열이 발생할 우려가 있으며, 일반적으로 공기가 길다는 단점이 있다.

① 붙임바닥 : 바닥 바탕 위에 바닥마감재료를 고정철물 또는 접착제 등을 사용하여 붙인 공법으로 마감한 바닥으로서, 이에 사용되는 바닥마감재료로는 목재제품인 마룻널판, 플로어링블록, 무늬목마루판, 쪽매널 등이 있고, 요업제품인 보통벽돌, 도기질타일, 테라코타 등이 있으며, 석재제품인 대리석 · 화강암 · 안산암 등의 석재판, 인조석판, 테라조판, 테라조타일 등이 있고, 연질제품인 아스팔트타일, 염화비닐타일, 비닐타일, 고무타일, 리놀륨, 리놀륨타일, 비닐시트, 고무시트, 아스팔트시트 등이 있다.

② 바름바닥 : 바닥 바탕 위에 바닥마감재료를 사용하여 바름공법으로 마감한 바닥으로서, 이에 사용되는 바닥마감재료로는 시멘트모르타르, 인조석바름, 테라조바름, 아스팔트모르타르, 합성수지플라스터, 단열모르타르 등이 있다.

③ 깔기바닥 : 바닥 바탕 위에 바닥마감재를 사용하여 깔기공법으로 마감한 바닥으로서, 이에 사용하는 바닥마감재료로는 양탄자(카펫), 돗자리(왕골로 짠 자리), 삿자리(갈대로 걸어 만든 자리), 장판지 등이 있다. 깔기바닥은 붙임바닥과 혼용하고 있으나 여기서는 바닥마감재료의 설치와 제거가 자유로운 상태라는 점에서 구분한 것이다.

위와 같이 마감공법에 따른 바닥의 구분은 일반적으로 적용되는 바닥이고 특수목적을 위해 구조된 다음과 같은 특수바닥이 있다. 이 특수바닥의 구조에 따라 바닥마감재료도 각각 다르다.

① 유리블록바닥 : 유리블록을 바닥에 까는 구조로서 여기에 사용되는 유리

블록은 단면이 삼각형으로 된 유리블록인 프리즘유리(prism glass)이다.

② 내산바닥 : 페인트공장, 전지실, 화학공장, 방적공장, 제약공장, 제지공장 등 내산(acid-proof)이 필요한 장소의 바닥으로서 바닥마감재료로는 아스팔트 및 플라스틱제 재료가 많이 쓰인다.

③ 방진바닥 : 기계실이나 체육관의 바닥은 많은 충격과 진동을 받게 되는데 이를 차단하는 구조, 즉 바닥슬래브의 두께를 크게 하거나 뜬 바닥구조에 의한 이중바닥 또는 방진고무 및 스프링을 사용하는 구조로 하는 것 등이다. 이러한 구조의 바닥에는 유리면, 발포스티로폼, 코르크, 모래, 광재자갈 등의 완충재를 채워넣는 경우가 많고 바닥마감재료로는 마룻널, 매트(mat) 등을 사용한다.

④ 전도바닥 : 병원의 수술실에서 마취가스를 사용하는 경우 정전기의 스파크(spark)에 의한 가스폭발의 위험이 있다. 이를 방지하기 위하여 바닥마감재료로 전도타일(electric conductive tile), 전도비닐타일 등을 사용하여 인체나 수술칼과 같은 기구에 정전기가 축적되지 않도록 한다. 때로는 카본블랙(carbon black) 등의 혼화재를 섞어서 바닥마감을 하기도 한다.

⑤ 프리액세스바닥(free access floor) : 콘크리트의 바닥에 짧은 기둥을 세우고 그 위에 조립과 해체가 자유로운 호환성 있는 패널(panel)을 설치하여 이중바닥으로 만든 것으로서 기계의 배치나 변경이 자유롭고, 유지관리가 편리하며, 기계 사이에 케이블을 직선으로 배선할 수 있다는 장점이 있는 바닥구조이다. 따라서 인텔리전트빌딩(intelligent building)이나 컴퓨터실과 같이 바닥 배선이 많은 경우에 적합하다.

패널의 재료로는 알루미늄, 스틸, 프레스(press)된 고강도 암면판 등이 있으나 이 중에서 경량이며, 강도가 높은 알루미늄제품이 가장 많이 사용된다. 바닥마감재료로는 비닐타일, 카펫 등이 일반적으로 사용되고, 컴퓨터실의 바닥은 먼지를 방지하기 위해 방진페인트(dust preventive paint)를 칠하기도 한다.

20 개구부 재료

20-1 개 요

개구부(opening)라 함은 건축물에서 채광 · 환기 · 통풍 · 출입 등에 쓰기 위한 창호나 출입구의 부분을 말한다. 여기서 창호(doors and windows)란 창과 문을 총칭하는 것인데 채광과 통풍을 주목적으로 하는 것을 창, 사람이나 물품의 출입을 목적으로 하는 것을 문이라 한다. 그리고 출입구(doorway)는 벽에 설치한 통행용의 출입구, 즉 사람이나 물품이 드나드는 길목의 첫머리인 어귀(entrance)이다.

개구부에는 건축물 외부에 면한 문 · 창 · 셔터(shutter) 외에도 건축물 내부의 문과 맹장지(blind) · 장지(paper screen) · 돔(dome) · 천창 등도 포함된다. 이러한 개구부는 채광 · 환기 · 통풍 · 출입 등의 본래의 역할 외에도 방풍 · 방우 · 방서 · 방한 · 방도(thief prevention)의 역할도 한다.

개구부에는 대부분 창호이며, 창호는 벽체에 고정된 창호틀에 끼워넣어져 움직이게 되며, 건축물에서 유일하게 움직이는 부분이고, 디자인(design)상 중요한 부분이기도 하다. 따라서 개구부 재료는 외부충격 등에 견디는 견고성과 소요강도를 가지면서 모양도 아름답고 질감이 좋은 우수한 품질을 가져야 한다.

20-2 개구부의 요구성능

개구부가 요구되는 성능으로는 강도 · 기밀성 · 내충격성 · 내풍압성 · 수밀성 · 차음성 · 단열성 · 방로성 · 방화성 · 개폐성 · 내진성 · 내후성 · 모양 안정성 · 부품부착성 · 방도성 등이 있다. 이와 같은 성능은 바로 창호가 요구하는 성능이 되기도 한다. 창호는 요구 성능 모두를 만족시키기 어려울 뿐만 아니라 본래 성능상의 결함을 가지고 있는 부위라고 할 수도 있다. 그러나 성능상 부족한 부분과 결함을 보완하여 창호의 성능을 향상시킴으로써 건축물의 성능 향상도 도모하는 효과를 가져오게 한다. 따라서 건축물의 성능 향상에 대응하여 최근에는 창호의 성능을 향상시킨 단열창호, 방음창호, 방화창호, 방로창호 등 여러 가지 고성능 창호가 개발되고 있다.

개구부가 요구되는 성능으로서 주요 사항을 들면 다음과 같다.

① 기밀성 : 개구부는 창호의 가동성(movable) 때문에 벽보다 성능이 떨어지는 경우가 보통이다. 특히 기밀성은 벽의 경우 거의 문제되지 않지만 창호에서는 중요한 성능평가의 항목이 된다. 창호의 기밀성은 실내 열환경뿐만 아니라 빗물과 소음의 차단과도 깊은 관계가 있기 때문이다. 창호의 기밀성 시험방법은 한국산업규격(KS F 2292)에 규정되어 있다. 기밀성의 평가방법에는 1시간 동안의 통기량을 창의 단위면적으로 나누어 환산하는 단위면적당 통기량법($m^3/h \cdot m^2$)과 틈새길이로 환산하는 틈새길이당 통기량법($m^3/h \cdot m$)이 있다. 전자는 서로 다른 형식의 창호 간 기밀성 비교에 양호한 방법인 반면, 후자는 동일 개폐형식의 경우 닫혀짐의 양부를 평가하는데 유효한 방법이다. 한국산업규격(KS F 2292)에는 전자로 평가한다.

일반적으로 창호의 기밀성은 주택용은 $8.3m^3/h \cdot m^2$, 빌딩용은 $2.8m^3/h \cdot m^2$, 에어타이트새시(airtight sash) 등은 $1m^3/h \cdot m^2$ 이하가 요구된다.

② 내풍압성 : 외벽에 설치된 창호는 내풍압성이 요구된다. 고층건축물의 창호는 특히 내풍압성이 고려된 구조로 되어야 한다. 창호의 내풍압성은 한국산업규격(KS F 2296)에 규정된 시험방법에 의하여 판정한다. 창호의 외측으로부터 예상되는 풍속에 상당하는 풍압력을 걸 때 변형량 한계 및 유해한 손상이나 잔류변형이 생기지 않는 것을 확인하여 판정한다. 일반적으로 창호의 내풍압성을 말할 때에는 창호틀재의 성

능을 지칭하는 것으로서, 시험은 충분한 강도를 갖는 유리를 붙이고 행한다. 내풍압의 정도는 건축물의 입지조건 또는 높이에 따라 다르다. 내풍압성의 성능은 80, 120, 160, 200, 240, 280, 360kg/m²의 7단계 등급으로 구분되는데, 일반적으로 창호의 내풍압성은 저층주택용에서는 120, 160 등급이 사용되고 중층빌딩용에서는 240, 280 등급의 것이 사용되고 있다.

건축물 외부에 면한 개구부로서 특히 창호에 사용된 유리는 풍압에 견딜 수 있는 두께를 가져야 한다. 고층건축물일수록 외벽에 설치된 개구부의 유리에 대해서는 풍압에 대한 고려를 해야 한다.

판유리로서 풍압에 견딜 수 있는 최대면적은 아래 표와 같다.

풍압에 견딜 수 있는 판유리의 최대면적

(단위 : m²)

풍속 (m/s)	종류 / 두께 / 풍압(g/㎠)	보통유리 1.9mm	보통유리 3mm	보통유리 5mm	연마유리 8mm	연마유리 10mm	연마유리 12mm	강화유리 5mm
10	0.7	7.74	16.71	-	-	-	-	-
20	2.7	2.00	4.33	9.26	-	-	-	-
30	6.0	0.90	1.95	4.17	8.00	12.54	-	12.54
40	10.7	0.51	1.09	2.34	4.46	6.97	10.13	6.97
50	16.7	0.32	0.70	1.50	2.88	4.46	6.50	4.46
60	24.0	0.23	0.49	1.04	2.04	3.16	4.46	2.04

③ 수밀성 : 건축물의 개구부로서 창호의 누수는 건축물의 내구성 및 거주성에 중대한 결함을 가져오게 한다. 창호 전후에 압력 차이가 생길 때 외부의 물이 창호틀을 통하여 침입되는 한계의 압력으로서 수밀성을 나타내는데, 외부의 창호로서 강풍이 부는 지역과 고층건축물에는 특히 높은 수밀성이 요구된다.

창호의 수밀성은 한국산업규격(KS F 2293)에 규정된 시험방법에 의하여 판정한다. 창호 전체 면에 4*l*/분·m²의 물을 살수하면서 정해진 맥동(pulsation) 압력차를 10분간 가압하여 실내쪽에 누수가 생기지 않는 것을 확인하여 판정한다. 여기서 살수량의 4*l*/분·m²는 강우량 40mm/10분에 해당된다.

수밀성의 성능은 등급으로 표시하는데 10, 15, 25, 35, 50kg/m²의 5단계로 나누어 압력차로 정하고 있다. 주택용은 압력차 15, 25kg/m², 빌딩용은 25, 35kg/m² 정도가 이용된다. 수밀성 50kg/m² 등급의 새시는 일반적으로 순간 풍속 40.2m/sec, 평균 풍속 32.8m/sec 정도의 태풍·폭풍우에도 누수되지 않는 성능을 가진 것이라고 본다.

④ 차음성 : 건축물의 외벽에 부착된 창호의 음향투과손실량(dB)을 측정하여 차음성능을 나타낸다. 창호의 차음성은 한국산업규격(KS F 2235)에 규정된 시험방법에 의하여 측정한다. 측정대상 창호에 대하여 외부에서 시험음을 입사시켜 창호의 외부 및 내부의 음압레벨을 측정함으로써 창호의 음향투과손실량을 구한다.

차음성 등급은 25, 30, 35, 40의 4등급으로 나누어 규정하고 있는데, 5mm 두께의 유리를 사용한 미서기창은 25등급에 해당되고, 두꺼운 유리를 사용하고 기밀성이 좋은 창호는 30등급에 해당되며, 구조가 특수한 방음문 또는 2중 새시 등 특수 창호는 35 또는 40등급에 해당된다.

⑤ 단열성 및 방로성 : 개구부는 열손실되기 가장 쉬운 부분으로서, 특히 외벽에 면하는 창호에 대해서는 열손실을 방지하기 위한 기밀한 구조로 해서 단열성을 높여야만 한다. 단열성을 높이기 위하여 창호의 틀재 사이에 틈이 생기지 않게 기밀하게 하거나 창호의 유리를 복층유리 또는 2중, 3중으로 유리를 끼우는 등의 조치를 하는 것이 일반적이다.

단열성은 한국산업규격(KS F 2278)에 규정된 시험방법에 의하여 확인·판정하며 열관류저항치(m²·h·℃/kcal)를 측정하여 등급을 열관류저항치 0.25, 0.29, 0.33, 0.40m²·h·℃/kcal의 4단계로 구분하고 있다. 단열창호라 하면 0.25등급 이상을 말한다.

창호의 온도저하에 따라 생기는 결로의 방지성능, 즉 방로성은 온도저하 상황을 측정하여 판단한다. 방로성은 한국산업규격(KS F 2295)에 규정된 창 및 문의 결로방지 성능 시험방법에 의하여 확인·판정한다.

⑥ 개폐성 : 창호의 개폐성이라 함은 창호가 열리거나 닫히는데 필요한 난이 정도의 척도를 말하는 것으로서, 개폐력과 개폐반복 횟수 및 개폐상태에 따라 판단한다. 개폐력은 한국산업규격(KS F 2237)에 규정된 창 및 문의 개폐력 시험방법에 의하고, 경첩의 반복개폐성은 한국산업규격(KS F 2275)에 규정된 경첩의 반복개폐 시험방법에 의하여 확인·판정한다.

⑦ 강도 및 내충격성 : 창호의 강도는 부분 또는 전체의 면내 및 면외력에

견디는 정도를 측정하여 판단한다. 면내 및 면외의 변형은 한국산업규격(KS F 2294)에 규정된 창호의 구조적 성능 시험방법에 의하여 확인·판정한다.

창호의 내충격성은 창호의 부분 또는 전체가 충격력에 견디는 정도를 모양변화로 측정하는데 한국산업규격(KS F 2236)에 규정된 창 및 문의 모래주머니에 의한 내충격성 시험방법에 의하여 확인·판정한다.

⑧ 방화성 : 건축물에 화재발생시 확대방지 성능의 정도를 나타내는 것으로 한국산업규격(KS F 2268)에 규정된 건축용 방화 시험방법에 의하여 변형 등 변화를 평가한다.

⑨ 내후성·모양 안정성·부품부착성 : 창호의 강도 및 표면상태 등이 일정기간에 걸쳐서 사용에 견딜 수 있는 품질을 유지하고 있는 정도의 내후성과 환경변화에 대하여 모양치수가 변하지 않는 정도의 모양 안정성 또는 사용상태에서 부품부착부분에 생기는 지장 있는 변형, 헐거움, 덜거덕거림이 없는 정도의 부품부착 성능은 한국산업규격(KS F 2297)에 규정된 창 및 문의 성능 시험방법 통칙에서 정한 바에 따른다.

20-3 개구부 재료의 일반적 요구조건

개구부에 사용되는 재료는 소요의 강도와 경도를 가짐으로써 변형 및 치수변화를 나타내지 않으며, 촉감이 좋고 표면이 잘 오염되지 않으면서 모양이 미려하고 내화성 및 내구성이 우수할 뿐만 아니라 가격도 저렴한 것을 보통 요구하게 된다.

개구부 재료의 대표적인 것은 창호재료인데, 그 종류에 따라 성능이 다르기 때문에 요구조건도 각각 다르다고 할 수 있다.

① 목재창호에 사용되는 목재는 옹이·갈라짐·찢김 등의 흠과 변형이 없고 결이 좋으면서 촉감도 좋은 양질의 것으로서 함수율이 15% 이하로 완전건조된 것일 것.

② 금속제 창호에 사용되는 새시바(sash bar)는 변형·흠·녹 등이 없고

두께가 두꺼우면서 단단하며 표면의 색상이 변색되지 않고 강도 및 내충격성, 내후성, 모양 안정성 등이 우수할 것. 특히 많이 사용되고 있는 알루미늄 새시바는 피막이 두껍고 변색되지 않으면서 균일한 색상을 가질 것.

③ 합성수지제 창호에 사용되는 합성수지 형재는 겉모양이 매끈하고 갈라짐 · 찢김 및 요철 등의 흠이 없으며 내열성이면서 일광에 변색되지 않고 강도 및 내충격성, 내후성, 모양 안정성 등이 우수할 것.

20-4 개구부 재료의 종류

개구부 재료는 틀 및 새시(sash)의 재료에 따라 목재 · 강재 · 알루미늄합금재 및 플라스틱재 등으로 나눌 수 있다. 또한 창호용 유리 및 창호철물 등의 부속재료도 개구부 재료에 포함시킨다.

① 개구부가 목제인 경우 : 각재 · 판재 · 합판 · 집성재 · 섬유판 · 판유리 등

② 개구부가 금속제인 경우 : 강철판(스틸새시) · 스테인리스강판 · 알루미늄합금 압출형재 · 판유리 등

③ 개구부가 합성수지제인 경우 : 합성수지 압출성형재(합성수지 창 및 창틀) · 판유리 등

V 건축설계 · 시공 측면에서의 외장재료

1. 설계적 측면에서 건축재료의 의미와 목적
2. 건축재료의 역사적 변천과정
3. 외장재료의 시대적 변천경향
4. 시설별 건축 외부 마감재료 시대적 경향
5. 외장재료의 선택시 고려사항
6. 외장재료의 설계적 측면의 이미지
7. 외장재료의 시공적 특성
8. 국·내외 시설별 건축 외부 마감재료 특성
9. 앞으로의 방향

1. 설계적 측면에서 건축재료의 의미와 목적

일반인들의 건축에 대한 경험은 재료에 의해 표현되는 이미지의 반응일 수 있다.

건축재료는 건축에 있어 뼈, 살과 피부라 할 수 있다. 재료의 적절한 사용과 선택은 건축가가 일생을 통해 습득해야 하는 중요한 과제이다.

재료는 설계과정에서부터 하나의 형태결정 인자로 작용하여 외관을 결정하고 공간을 창조하는데 중요한 요인이 되고 있다.

따라서 건축가는 건물에 요구되는 성능을 구현할 수 있는 각종 건축재료의 기본 특성을 이해하는 것이 중요하다. 이를 근간으로 선정된 재료를 설계에 반영하고 제공함으로써 사용자를 만족시킬 수 있는 궁극적인 목적을 달성해야 한다.

이를 통해 건축재료를 결정함에 있어 건축의 설계적, 재료적, 시공적 특성을 고려한 미적, 구조적, 경제적인 효과를 증대할 수 있게 된다.

2. 건축재료의 역사적 변천과정

사례	시대	특성	사용 재료
	고대	천연재료 사용	· 천연벽돌, 저온소성 벽돌 · 나무 · 석고 · 석회 · 돌
⬇			
	중세	인공재료 사용	· 유리 · 고온소성벽돌 · 철 · 시멘트 · 콘크리트
⬇			
	근대	대량생산 및 과학적 연구의 재료개발	· 유리 · 고온소성벽돌 · 철 · 시멘트 · 콘크리트
⬇			
	현대 이후	친환경재료 개발 및 치유환경 신소재 개발	· 적삼목 · 황토 · 고분자재료 · 뉴세라믹류 · 합금(스테인리스, 알루미늄)

3. 외장재료의 시대적 변천경향

① 70~80년도 : 경제의 고속 성장기로 외장재료의 중요성이 크게 인식되지 못했다.

② 80년대 후반 : 올림픽 개최 이후, 국제교류의 활성화된 시기를 반영하

여 재료의 관심이 고조되고 있다.(복합수입패널, 건식공법, 패널공법 및 재료 개발)

③ 90년~2000년대 : 설계 및 시공기술력은 세계적 수준의 발전과 신소재 개발 및 친환경 재료 개발 필요성의 인식전환.

4. 시설별 건축 외부 마감재료 시대적 경향

1) 주거시설의 외부 마감재료

90년대 이전에는 붉은 벽돌과 같이 친근감을 주는 전통적 재료와 목재 패널을 사용하거나 석재를 부분적으로 사용했다. 90년대 이후부터 현재까지 드라이비트, 콘크리트 블록, 압축성형 시멘트 패널 등의 건축재료의 사용빈도가 높아졌다. 이는 주거공간이 개인의 개성을 반영한 공간 표현이기 때문이다.

2) 업무시설의 외부 마감재료

90년대 이전에는 자기질 타일, 화강석, 붉은벽돌이 사용되었는데 이는 기술성능의 우수성과 현대적 이미지 측면이 강조되었으며, 90년대 이후부터 현재까지는 적삼목, 반사유리, 내후성 강판 등의 건축재료의 사용빈도가 높아졌다. 이는 현대적이며 보다 실험적인 재료 선택의 경향에서 기인된다고 볼 수 있다.

3) 교육시설의 외부 마감재료

과거 90년대 이전에는 붉은 벽돌과 수성페인트, 자기질 타일, 화강석 등이 사용되었으며, 90년대 이후부터 현재까지는 블록과 노출콘크리트, 화강석 등이 사용되고 있다. 이는 벽돌을 교육시설의 주된 재료라는 고정관념에서 탈피한 재료의 다양한 시도라 할 수 있다.

4) 문화시설의 외부 마감 재료

수성페인트, 화강석, 붉은 벽돌이 사용되다가 이후 알루미늄 복합 패널, 노출콘크리트가 많이 사용되었다. 90년대 이후부터 현재까지 압출성형 시멘트 패널, 목판재, 골함석 등 다양한 재료의 시도가 증가되었다. 특히 화강석의 외관재료는 지속적으로 사용되고 있다. 이는 현대적이며 고급스러운 재료를 사용하여 도시적이고 현대적인 이미지를 표현하려는 시도라고 볼 수 있다.

5) 의료시설의 외부 마감재료

90년대 이전에는 붉은 벽돌, 화강석, 수성페인트 등의 재료들이 사용되다가 90년 이후부터 현재까지 외단열 시스템, 적삼목, 노출콘크리트, 내후성 강판 등이 사용되고 있는데, 이는 의료환경 변화에 따른 공급자 중심의 병원에서 사용자 중심, 환자 중심, 치유환경의 패러다임에 의한 시대적 배경을 반영한 재료 사용에 기인된다.

6) 종교시설의 외부 마감재료

90년대 이전에는 붉은 벽돌, 수성페인트, 화강석, 유리 등이 사용되었는데 이는 고전적이고 검소한 이미지에서 사용되었다. 90년대부터 현재까지는 노출콘크리트, 드라이비트, 반사유리, 내후성 강판, 적삼목 등이 사용되었다. 이는 고전적 이미지와 보다 친근감을 주는 재료를 사용함으로써 엄숙한 분위기와 익숙한 친교의 장소로써 공공성을 강조한 것으로 보인다.

5. 외장재료의 선택시 고려사항

① 외벽 자체가 건물의 구조체로서의 역할을 담당하는 중요한 건물의 요소임에도 불구하고, 외벽재료를 잘못 선정하여 심리적, 성능적 요인에 나쁜 영향을 끼치지 않도록 재료 선정 계획을 수립한다.

② 재료 선정 계획에 있어 건축의 설계적, 재료적 및 시공적 측면에서의 특성을 고려해야 한다.

6. 외장재료의 설계적 측면의 이미지

① 석재 : 남성적 자연적인 중량감, 강하고 영원함, 정적인 이미지, 비교적 친밀한 재료

② 금속마감재 : 현대적 경쾌함, 날카로움, 친밀감, 무게감

③ 벽돌 : 따뜻함, 친밀감, 단순함

④ 타일 : 가벼움, 인공적인 재료 이미지

⑤ 커튼월(유리) : 가벼움, 현대적·개방적 이미지, 깨끗함, 자연적 재료의 인공적 이미지, 투명성

⑥ 콘크리트 : 석재와 비슷한 중량감, 남성적, 친밀감, 정적 이미지

⑦ 목재 : 친밀함, 따뜻함, 환경 친화적, 고전적 이미지

⑧ 패널 : 가벼움, 현대적, 강직함, 표현의 다양성

⑨ 외단열 시스템 : 따뜻함, 자연스러움, 검소함, 친밀감, 다양성

7. 외장재료의 시공적 특성

① 도장재 : 저렴한 비용으로 콘크리트마감이나 미장마감 위에 간단한 도색을 할 수 있다.

② 플라스터(plaster)류 : 주로 외단열공법으로 시공하며, 디자인 표현에 한계가 있어 단순 저층 건축물에는 쓰이나 대형건물 및 리모델링용으로는 널이 보급되지 않고 있다.

③ 금속패널 : 현재 가장 많이 쓰이고 있으며, 각 재료의 특성이 다르므로 신중한 선택이 필요하다.

④ 석재 : 디자인, 컬러의 선택폭이 좁고 중량이며 가공성은 불리하나 내구성이 좋고 중후한 멋이 있다.

⑤ 타일류 : 종래에는 주로 습식시공으로 시공 불량에 따른 하자가 많이 발생하였으나, 최근에는 외장용 대형 타일(600×600, 600×900, 600×1,200)을 사용하여 건식공법으로 시공하여 호평을 받고 있다.

⑥ 목재 : 건축물의 중요한 재료로서 구조재에서 마감재에 이르기까지 옛날부터 다양하여 사용해 왔다. 그러나 현대건축에서는 철강 및 콘크리트 등이 사용 주재가 되면서부터 구조재료서의 쓰임은 점차 감소되어 가고 있는 반면, 수장재료서의 역할은 증대되어 가고 있다.

⑦ 유리 : 광선을 투과시키는 불연재료로서의 품질이 균일한 제품의 대량생산이 가능하고 내구성이 우수한 반영구적인 재료이다. 충격강도가 약한 취성재료로 파손되기 쉽고 열에 약한 것이 결점이다. 실내건축 및 건축공사에 사용되는 유리는 대부분이 소다석회유리이고 판유리와 유리블록으로 구분한다. 최근 경향에는 녹색건축 및 에너지절약 관련 재료 사용 요구로 일정 요구 기준에 적합한 열관류율 성능과 기밀성이 요구되는 재료들이 사용되고 있다.

⑧ 벽돌 : 고대로부터 이어져온 벽돌은 목재와 더불어 구조재, 치장재의 양 기능을 수용하는 건축재료로서 동·서를 막론하고 유구한 역사 속에 사용되어 왔으며, 지속적인 사용이 예상된다. 이는 다른 건축재료가 따를 수 없는 특유의 장점과 특성을 지니고 있기 때문이다. 흙의 질감과 색감이 순수하고 친밀감이 있어 세월이 지나도 싫증이 나지 않는다. 조그마한 개체로서 이루어지기 때문에 다양한 디자인이 가능한 재료 중의 하나이다.

8. 국·내외 시설별 건축 외부 마감재료 특성

용도	작품명	외장재료	설계적 특성	재료 및 시공적 특성	
				장점	단점
주거시설	 코쉬스트라세 집합주택 (독일)	패널	가벼움, 현대적, 강직함, 표현의 다양성	경량이며 시공성 우수. 방음성, 단열성 우수. 색상이 균일하며 평활도가 우수하다.	가공성이 떨어짐. 제조공법상 고가. 표면 오염기능으로 유지관리비가 증가.
	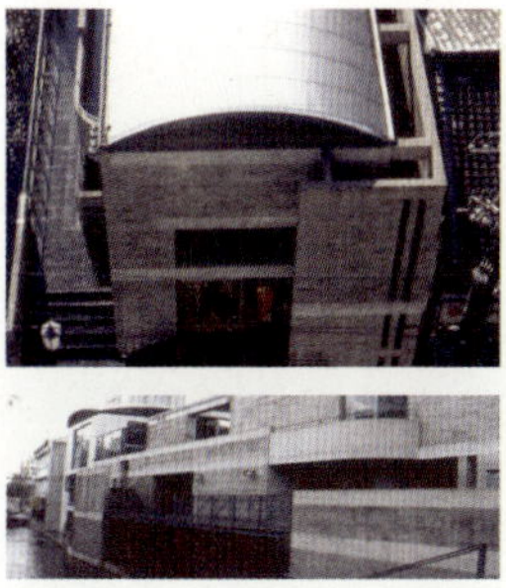 TIMES Ⅰ Ⅱ 1983–91, Tadao Ando, Kyoto)(일본)	노출 콘크리트	석재와 비슷한 중량감, 남성적, 친밀감, 정적 이미지	자연친화적이고 인공적이지 않아서 좋다.	시공단가도 높고 시공이 까다롭다.
	 사보아주택(프랑스)	콘크리트	중량감, 남성적, 친밀감, 정적 이미지	유동성이 있어 형틀을 만들어 부어서 건물을 손쉽게 만들 수 있다.	다루기 쉽고 유동성이 있어 틀만 짜여져 있다면 쉽게 지을 수 있다. 수분이 많이 함유되어 있어 수분 유지와 콘크리트가 굳을 때까지 기다려야 한다.

용도	작품명	외장재료	설계적 특성	재료 및 시공적 특성	
				장점	단점
주거시설	 빌라VPRO(네덜란드)  베를린집합주택(독일)	콘크리트	중량감, 남성적, 친밀감, 정적 이미지	유동성이 있어 형틀을 만들어 부어서 건물을 손쉽게 만들 수 있다.	다루기 쉽고 유동성이 있어 틀만 짜여져 있다면 쉽게 지을 수 있다. 수분이 많이 함유되어 있어 수분 유지와 콘크리트가 굳을 때까지 시간이 요구된다.
	 알미르실험 집합주택(네덜란드)	목재	친밀함, 따뜻함, 환경친화적, 고전적이다.	구조재로서 비강도가 크고 가공성이 좋으며 적당한 흡수성과 마감면이 아름답다.	건조하여 타기 쉽고 썩기 쉽다.
업무시설	 IJ타워(네덜란드)  벤츠 사옥본사(독일)	콘크리트	앞 페이지 콘크리트 참조	앞 페이지 콘크리트 참조	앞 페이지 콘크리트 참조
	 ING생명(네덜란드)	복합패널	가벼움, 현대적, 강직함, 표현의 다양성	광선을 투과시키는 반영구적이고 내구성이 있는 불연재료로서 품질이 균일하게 대량생산이 가능.	충격강도가 약하며 파손되기 쉽고, 연소에 약하며, 단열 차음효과도 다른 재료에 비하여 떨어진다.

용도	작품명	외장재료	설계적 특성	재료 및 시공적 특성	
				장점	단점
업무시설	포츠담 플라츠오피스(독일) LUGANO(마리오보타) 암스테르담증권거래소 (네덜란드)	조적	따뜻함, 친밀감, 단순함	온도 변화에 따른 팽창 수축이 미미함. 내화성이 뛰어남.	전도될 우려가 있어 높이 제한이 있다. 백화현상이 발생할 수 있다.
	DZ은행 내부(게리, 독일)	유리	가벼움, 현대적, 개방적 이미지, 깨끗함 자연적 재료지만 인공적 이미지, 투명성	광선을 투과시키는 반영구적이고, 내구성이 있는 불연재료로서 품질이 균일하게 대량생산이 가능	충격강도가 약하며 파손되기 쉽다. 연소에 약하며, 단열 차음효과도 다른 재료에 비하여 떨어진다.
	상하이 뱅크(홍콩)	커튼월	현대적이며 개방적 이미지, 깨끗함, 인공적 이미지, 투명성	건물 하중을 부담하지 않는 비내력벽으로서 설치와 제거가 자유롭게 골조에 설치되어 하중을 지지하게 됨. 공기 단축효과, 경량화, 가설공사의 간략화, 고성능, 조립접합.	풍압, 충격 등에 견뎌야 하고 외장재로써 필요한 방수, 단열, 차음, 내구성 등이 요구됨.

용도	작품명	외장재료	설계적 특성	재료 및 시공적 특성	
				장점	단점
업무시설	소니센터(독일) GSW행정본부(독일)	커튼월	현대적이며 개방적 이미지, 깨끗함, 인공적 이미지, 투명성	건물의 하중을 부담하지 않는 비내력벽으로서 설치와 제거가 자유롭게 골조에 설치되어 하중을 지지하게 됨. 공기의 단축효과, 경량화, 가설공사의 간략화, 고성능, 조립접합	풍압, 충격 등에 견뎌야 하고 외장재로써 필요한 방수, 단열, 차음, 내구성 등이 요구됨.
교육시설	대전대학교(한국)	아연도 강판	현대적 경쾌함, 날카로움, 친밀감, 무게감	에너지 절감, 시공이 빠르므로 공기단축, 인건비 절감, 가동을 증감	· 내후성이 부족·외부 충격에 약함 · 화재시 내화성이 문제
	밀알학교(한국)	콘크리트, 유리 커튼월	앞 페이지 콘크리트, 커튼월 참조	앞 페이지 콘크리트, 커튼월 참조	앞 페이지 콘크리트, 커튼월 참조
	인도경영대학(루이스 칸)	조적	앞 페이지 콘크리트, 커튼월 참조	앞 페이지 콘크리트, 커튼월 참조	앞 페이지 콘크리트, 커튼월 참조
	바이마르 바우스(독일)	석재	남성적, 자연적인 중량감, 강하고 영구적, 정적인 이미지, 비교적 친밀감.	일정한 규격으로 표준 시공시 간편하다.	기온변화에 따른 팽창, 수축이 있을 수 있음.

용도	작품명	외장재료	설계적 특성	재료 및 시공적 특성	
				장점	단점
문화집회시설	 군포시청소년수련관(한국)	노출콘크리트, 유리, 커튼월	앞 페이지 노출콘크리트, 유리, 커튼월 참조	앞 페이지 노출콘크리트, 유리, 커튼월 참조	앞 페이지 노출콘크리트, 유리, 커튼월 참조
	 리트벨트 파빌리온(네덜란드)	조적	앞 페이지 조적 참조	앞 페이지 조적 참조	앞 페이지 조적 참조
	 인천문화예술회관(한국)	석재	앞 페이지 석재 참조	앞 페이지 석재 참조	앞 페이지 석재 참조
	 루브르박물관(프랑스)	유리, 석재	앞 페이지 유리, 석재 참조	앞 페이지 유리, 석재 참조	앞 페이지 유리, 석재 참조
	 알미드극장(네덜란드)  포츠담 아이맥스극장(독일)	커튼월	앞 페이지 커튼월 참조	앞 페이지 커튼월 참조	앞 페이지 커튼월 참조

용도	작품명	외장재료	설계적 특성	재료 및 시공적 특성	
				장점	단점
문화집회시설	 오델로 끌로앤 뮬러 뮤지엄(네덜란드)	커튼월	앞 페이지 커튼월 참조	앞 페이지 커튼월 참조	앞 페이지 커튼월 참조
	 CENTER LE CORBUSIER (스위스)  구겐하임(미국)	콘크리트	앞 페이지 콘크리트 참조	앞 페이지 콘크리트 참조	앞 페이지 콘크리트 참조
	 가든파인아(일본)	강판	앞 페이지 강판 참조	앞 페이지 강판 참조	앞 페이지 강판 참조
	 파빌리온(미스반 데어 로에)	반사석재, 유리	앞 페이지 석재, 유리 참조	앞 페이지 석재, 유리 참조	앞 페이지 석재, 유리 참조
		유리, 철재	앞 페이지 유리, 철재 참조	앞 페이지 유리, 철재 참조	앞 페이지 유리, 철재 참조

용도	작품명	외장재료	설계적 특성	재료 및 시공적 특성	
				장점	단점
문화집회시설	킴벨미술관(루이스 칸, 미국)	노출콘크리트, 이태리 대리석	앞 페이지 노출콘크리트, 대리석 참조	앞 페이지 노출콘크리트, 대리석 참조	앞 페이지 노출콘크리트, 대리석 참조
	경기도미술관(한국)	유리 커튼월	앞 페이지 유리 커튼월 참조	앞 페이지 유리 커튼월 참조	앞 페이지 유리 커튼월 참조
	퐁피두센터(프랑스)	철골	현대적 경쾌함, 날카로움, 친밀감, 무게감	고강도이고 내진적으로도 유리하고 반복하중에 의한 열화가 적다. 높은 일체성을 가진다. 조립이 용이하고 공사기간이 단축된다.	공기나 물에 노출되면 부식하기 쉬우므로 정기적으로 관리가 필요하고, 열에 의한 강도저하가 커서 내화피복을 해야 하며, 응력반복에 의한 강도저하가 심하다.
	아랍문화원(프랑스)	유리, 알루미늄 프레임	앞 페이지 유리 참조	앞 페이지 유리 참조	앞 페이지 유리 참조

용도	작품명	외장재료	설계적 특성	재료 및 시공적 특성	
				장점	단점
문화집회시설	 국립중앙박물관(한국)	유리, 알루미늄프레임	앞 페이지 유리 참조	앞 페이지 유리 참조	앞 페이지 유리 참조
	 베를린유태인박물관(독일)  리빙투머로(네덜란드)  신토리박물관(일본)	강판	현대적 경쾌함, 날카로움, 친밀감, 무게감	충격강도가 약하며 파손되기 쉽고, 연소에 약하며, 단열 차음효과도 다른 재료에 비하여 떨어진다.	내화성에 약함
	  비트라미술관 (프랭크오게리, 독일)	노출 콘크리트	앞 페이지 노출 콘크리트 참조	앞 페이지 노출콘크리트 참조	앞 페이지 노출콘크리트 참조

용도	작품명	외장재료	설계적 특성	재료 및 시공적 특성	
				장점	단점
의료복지시설	 MNB여성병원(한국)  길 여성전문병원(한국)	화강암 회색계	남성적, 자연적인 중량감, 강하고 영구적, 정적인 이미지, 친밀감	일정한 규격으로 표준 시공 시 간편하다.	기온변화에 따른 팽창, 수축이 있을 수 있음.
	 샘 여성병원(한국)	외벽단열 시스템	따뜻함, 자연스러움, 검소함, 친밀감, 다양성	시공 간편, 시공비 저렴, 공사기간 단축. 안료들을 합성하여 다양한 색상을 인공적으로 만들 수 있다.	장구한 세월이 흘러 변색이 된다.
종교시설	 피사대성당	흰 대리석	남성적, 자연적인 중량감, 강하고 영원함, 정적인 이미지, 친밀감	강도는 크고 아름다운 색이나 무늬를 가진 것도 있고 순백색의 것도 있다. 연마하면 매끄러운 광택이 난다.	산화 약품에는 약하고 내수성은 적다.
	 성베드로 대성당(이탈리아)  피렌체 대성당(이탈리아)	석재	앞 페이지 석재 참조	앞 페이지 석재 참조	앞 페이지 석재 참조

용도	작품명	외장재료	설계적 특성	재료 및 시공적 특성	
				장점	단점
종교시설	 밀리노 대성당(이탈리아)  성마르코 성당(베네치아)  하기아소피아성당(이스타불)  베를린교회	석재	앞 페이지 석재 참조	앞 페이지 석재 참조	앞 페이지 석재 참조
	 롱샹교회(프랑스)	콘크리트	앞 페이지 콘크리트 참조	앞 페이지 콘크리트 참조	앞 페이지 콘크리트 참조
	 성 아폴리나레인클라세 (라벤나, 이탈리아)	조적	앞 페이지 조적 참조	앞 페이지 조적 참조	앞 페이지 조적 참조

용도	작품명	외장재료	설계적 특성	재료 및 시공적 특성	
				장점	단점
종교시설	 평안교회(독일)	목재	앞 페이지 목재 참조	앞 페이지 목재 참조	앞 페이지 목재 참조
기타시설	 카르로 스카르파 (브리온 가족묘지, 이탈리아)	노출 콘크리트	앞 페이지 노출 콘크리트 참조	앞 페이지 노출 콘크리트 참조	앞 페이지 노출 콘크리트 참조
	 바움슐렌버그소각장(독일)  베를린 국회의사당 관저 (독일)	석재와 커튼월	앞 페이지 석재, 커튼월 참조	앞 페이지 석재, 커튼월 참조	앞 페이지 석재, 커튼월 참조
	 갤러리라파에트(독일)	커튼월	앞 페이지 커튼월 참조	앞 페이지 커튼월 참조	앞 페이지 커튼월 참조

용도	작품명	외장재료	설계적 특성	재료 및 시공적 특성	
				장점	단점
기타시설	베를린 국회의사당 돔(독일)	커튼월	앞 페이지 커튼월 참조	앞 페이지 커튼월 참조	앞 페이지 커튼월 참조
	봉정사극락전(한국) 자금성(중국)	목조	앞 페이지 목조 참조	앞 페이지 목조 참조	앞 페이지 목조 참조
	공간사옥(한국)	벽돌, 유리	앞 페이지 벽돌, 유리 참조	앞 페이지 벽돌, 유리 참조	앞 페이지 벽돌, 유리 참조

9. 앞으로의 방향

건축가는 건축작품 수행을 위해 건축주가 요청하는 건축물의 용도와 기능, 이미지를 요구받는다. 이에 건축가는 형태 및 공간, 아이디어, 실용성 등 제반 여건을 고려하면서 선정된 재료를 적용하여 건축작품을 완성하게 된다.

다양한 형태와 공간본질의 속성은 재료사용의 선택조건에 따라 각각의 건물이미지 표현특성을 갖게 되는 것이다.

최근 재료들의 사용에 근거한 방향을 살펴보면, 환경친화 신소재 사용 및 개발, 대체재료 사용, 생태 및 재활용재료, 고효율 저에너지활용의 소비효율 성능이 높은 재료 사용이 요구되고 있다. 건축작품으로서 재료의 사용은 건축물의 창발적 이미지를 발현하는 미적 요인뿐만 아니라 사용자의 육체적·심리적·정서적 치유환경 공간으로서의 요구와 역할이 강조되고 있다.

따라서 건축가는 창의적이고 지속가능한 건축작품을 위해 건축디자인 개념과 의도에 근거한 재료 선정과 특성을 심도 있게 고려하여 인간, 건축, 도시, 자연환경에 적합한 상생의 재료로서 건축작품의 진정한 의미와 가치를 높일 수 있어야 할 것이다.

| 참고문헌 |

1. 건설교통부, 건축공사표준시방서, 대한건축학회, 1999.
2. 김무한 외, 건축재료학, 문운당, 1996.
3. 김생빈 외, 건설재료학, 기문당, 2001.
4. 김영수 외, 建築材料學, 예문사, 1999.
5. 김평탁, 건축용어대사전, 기문당, 1999.
6. 대한건축학회, 건축재료, 기문당, 1997.
7. 이동수, 석재응용의 이론과 실무, 한불문화출판, 2000.
8. 李鍾根, 無機材料工業槪論, 半島出版社, 1994.
9. 李弼宇, 木材工學, 鄕文社, 1997.
10. 笠井芳夫 外, 建築材料學, 理工圖書(株), 2000.
11. 정상진 외, 건축재료학, 보성각, 1995.
12. 鄭日榮 外, 建築材料實驗, 螢雪出版社, 1982.
13. 정헌수 외, 건축재료학, 세진사, 2002.
14. 조준현, 건축재료학, 기문당, 2003.
15. 한천구, 콘크리트의 특성과 배합설계, 기문당, 1998.
16. 목재디자인론, 남철균, 태학원, 2002.
17. 콘크리트 탐색, 최재진, 발언, 2009.
18. 건축재료실험, 한천구 외, 기문당, 2003.
19. 건축자재생산 및 판매업체의 각종 자재 카탈로그

최신 건축재료학

2003년 10월 15일 1판 1쇄 발행
2020년 2월 29일 5판 1쇄 발행
2024년 9월 10일 5판 3쇄 발행

저　　자　조준현 김봉주 홍정석 주진형 조민석

발 행 처　기 문 당
주　　소　서울시 성동구 무학봉28길 4-1
전　　화　02)2295-6171~2
팩　　스　02)6971-8188
홈페이지　http://www.kimoondang.com
I S B N　978-89-6225-837-0　93540

기문당

기문당은 1976년 창립이래 반세기동안 쌓아 온 건설 전문 콘텐츠를 바탕으로 도서출판 분야를 넘어서 전자책, 온라인 강의 등 디지털 교육 분야로 나아가고 있습니다.
건설분야 최고의 지식 콘텐츠 프로바이더로서 건설인 여러분에게 더욱 전문적인 지식과 풍부한 정보들을 다양한 방식으로 전달하겠습니다.

건설분야 최고의 전문가로 성장할 수 있는 콘텐츠와 환경, 기 문 당에서 제공해 드립니다.

KMD PLUS 기문당의 이러닝 교육 서비스는 KMD PLUS를 통해 제공됩니다.

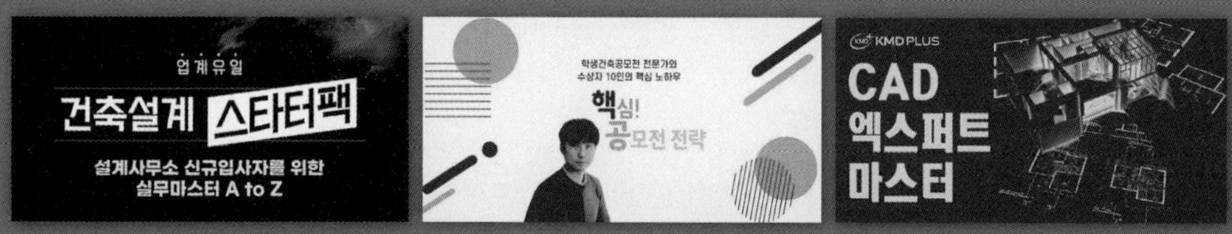

홈페이지에서 더 많은 강의를 확인해보세요. www.kmdplus.net